早期教育专业系列教材

U0652234

0~3岁 婴幼儿卫生 与保育

主 编／赵 青

副主编／胡玉敏 彭 宁

北京师范大学出版集团
BEIJING NORMAL UNIVERSITY PUBLISHING GROUP
北京师范大学出版社

图书在版编目（CIP）数据

0~3岁婴幼儿卫生与保育 / 赵青主编 . —北京：北京师范大学出版社，2021.8（2025.6 重印）

（早期教育专业系列教材）

ISBN 978–7–303–27037–8

Ⅰ . ① 0… Ⅱ . ①赵… Ⅲ . ①婴幼儿 – 哺育 – 高等职业教育 – 教材②婴幼儿 – 卫生保健 – 高等职业教育 – 教材

Ⅳ . ① TS976.31 ② R174

中国版本图书馆 CIP 数据核字（2021）第 121936 号

出版发行：	北京师范大学出版社 www.bnupg.com
	北京市西城区新街口外大街 12–3 号
印　　刷：	天津旭非印刷有限公司
经　　销：	全国新华书店
开　　本：	787 mm × 1092 mm　1/16
印　　张：	19.5
字　　数：	326 千字
版　　次：	2021 年 8 月第 1 版
印　　次：	2025 年 6 月第 6 次印刷
定　　价：	52.80 元

策划编辑：姚贵平　王　超　　　　责任编辑：王　超
美术编辑：焦　丽　　　　　　　　装帧设计：焦　丽
责任校对：段立超　　　　　　　　责任印制：赵　龙

前　言

党的二十大报告中指出，"群众在就业、教育、医疗、托育、养老、住房等方面面临不少难题"，还强调"我们深入贯彻以人民为中心的发展思想，在幼有所育、学有所教、劳有所得、病有所医、老有所养、住有所居、弱有所扶上持续用力，人民生活全方位改善"。由此可见，"幼有所育"是备受关注的民生问题。为了实现"幼有所育"到"幼有善育"，建设一支品德高尚、富有爱心和敬业精神、素质优良的婴幼儿照护服务队伍势在必行。

本教材聚焦婴幼儿托育岗位要求，体现"以职业活动为导向、以职业能力为核心"的指导思想，将内容分为婴幼儿生理特点及保健、婴幼儿生长发育及评价、婴幼儿心理健康与保育、婴幼儿照护与保健、婴幼儿常见疾病与意外伤害的预防及护理、托育机构的环境卫生、托育机构的卫生保健、特殊儿童的早期发现及干预。全书共计 8 章。本教材具有以下特点。

1. 紧跟形势，对标新要求

本教材在编写过程中参考了国务院办公厅印发的《关于促进 3 岁以下婴幼儿照护服务发展的指导意见》，国家卫生健康委颁布的《托育机构设置标准（试行）》《托育机构管理规范（试行）》《托育机构保育指导大纲（试行）》《托育机构婴幼儿伤害预防指南（试行）》以及中华人民共和国住房和城乡建设部发布的《托儿所、幼儿园建筑设计规范》（2019 年版）等最新有关托育的政策、规范和标准，同时，吸收了国际儿童发展导师资格认证（CDA）和我国台湾儿童及少年福利机构专业人员资格与训练办法有关 3 岁以下婴幼儿托育职业服务能力的要求，体现了现代托育的新标准、新观念。

2. 对接岗位，体现职业性

内容贴合托育实际工作岗位的需求，包含婴幼儿托育相关工作岗位群所应具备的专业知识和技能，联系岗位工作任务，注重背景知识的积累与应用，同时结合实践体验项目，在建构知识的同时，强调职业能力的发展，以切实适应现阶段我国早期教育专业的特点，重点突出基础理论的应用和实践技能的培养。

3. 案例丰富，提高应用性

0～3岁婴幼儿卫生与保育是专业基础课，在大一第一学期开设。由于学生对婴幼儿照护和托育机构工作没有前期的体验，本教材根据教学目标和课程内容，选用合适的案例，使案例对接托育工作岗位实际，以文本、视频或图片的方式呈现，将理论知识和保育实际紧密结合，有利于学生对知识的理解和应用，并内化为学生运用知识解决实际问题的能力。

4. 对接"1+X"，突出实践性

本教材结合"1+X"证书制度（"学历证书+若干职业技能等级证书"制度），与母婴护理、幼儿照护等技能等级考核相对接，将职业技能等级标准融入本教材，构建基于岗位任务的实践体验模块，使学生及其他使用者在学习教材内容的同时掌握"1+X"证书考核所需知识和技能。为便于读者直观了解和学习婴幼儿日常照护的方法，本教材随文提供婴幼儿日常照护、护理视频，如人工喂养、婴儿沐浴、婴儿抚触等。读者可通过扫描书中二维码浏览。

5. 依托"双高计划"，构建丰富资源

主编所在的金华职业技术学院是教育部"中国特色高水平高职学校和专业建设计划"（简称"双高计划"）高水平学校建设单位（A档），其中，学前教育专业群是教育部"双高计划"高水平建设专业群。该学院还是国家级学前教育专业教学资源库主持建设和升级改进建设单位，同时在智慧职教平台建设院级项目——"金华职院早期教育"专业教学资源库。该资源库首页已经建成"婴幼儿卫生与保育"标准化课程，对社会免费开放。目前该平台资源丰富，并会根据国家托育政策、规范和要求的变化不断更新，可以满足当下教师授课和学生学习的资源需求，同时方便教师实施"线上线下混合式教学"改革的需要。

《0～3岁婴幼儿卫生与保育》研发团队主要由学科专家、专业教师、托育机构管理者及一线骨干教师构成。本教材编写分工如下：第一章第一节由金华职业技术学院赵青负责编写，第二节至第五节由赵青、金华职业技术学院方卫飞合作编写，第六节至第十节由金华职业技术学院胡玉敏负责编写；第二章由胡玉敏负责编写；第三章和第八章由幼之幼（厦门）教育科技有限公司吴丽丽负责编写；第四章、第六章和第七章由赵青负责编写；第五章由重庆幼儿师范高等专科学校彭宁负责编写。本教材引用了国内外一些专家、学者的研究成果和资料，在此一并表示感谢。

　　本教材具有较强的理论性、实践性和可操作性，既可以作为职业院校早期教育相关专业教材，也可供一线托育机构工作者及广大 0～3 岁婴幼儿父母、家庭教养人阅读参考。由于时间紧迫，本教材的编写难免存在不完善之处，敬请广大师生不吝赐教，使本教材日臻完善。

编　者

目　录

第一章　婴幼儿生理特点及保健

导言

　　婴幼儿身体的器官、系统尚未完善，处于快速的生长发育过程中。婴幼儿的器官、系统与成人的有许多不同之处，认识和掌握婴幼儿的身体结构、机能特点，是做好婴幼儿卫生保健工作的前提。本章重点介绍婴幼儿的身体结构和机能特点，并据此提出相应的保育措施，以便指导婴幼儿照护工作实践，促进婴幼儿健康发展。

学习目标

1. 了解婴幼儿身体各个系统的结构与功能。
2. 熟悉婴幼儿各个系统的特点与保育措施。
3. 了解新生儿特殊的生理现象及护理要点。
4. 能在实际的工作中采用适当的保育措施，促进婴幼儿健康发展。

知识导览

第一章　婴幼儿生理特点及保健

第一节　运动系统
- 一、运动系统的组成与功能
- 二、婴幼儿运动系统的生理特点
- 三、婴幼儿运动系统的保育要点

第二节　呼吸系统
- 一、呼吸系统的组成与功能
- 二、婴幼儿呼吸系统的生理特点
- 三、婴幼儿呼吸系统的保育要点

第三节　消化系统
- 一、消化系统的组成与功能
- 二、婴幼儿消化系统的生理特点
- 三、婴幼儿消化系统的保育要点

第四节　循环系统
- 一、循环系统的组成与功能
- 二、婴幼儿循环系统的生理特点
- 三、婴幼儿循环系统的保育要点

第五节　神经系统
- 一、神经系统的组成与功能
- 二、婴幼儿神经系统的生理特点
- 三、婴幼儿神经系统的保育要点

注：标注 🦟 的对应内容有配套在线资源，可供延伸学习。

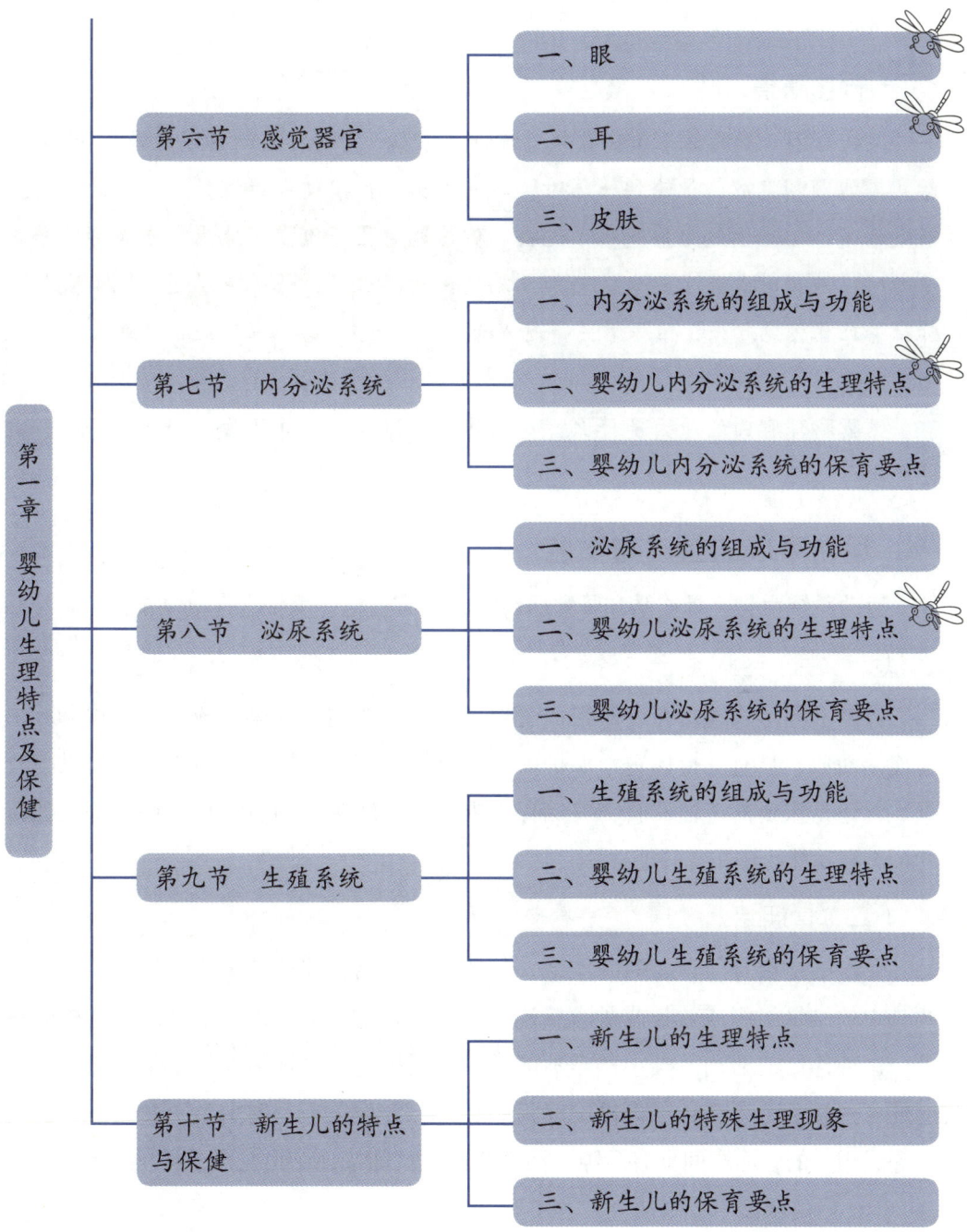

第六节　感觉器官
- 一、眼
- 二、耳
- 三、皮肤

第七节　内分泌系统
- 一、内分泌系统的组成与功能
- 二、婴幼儿内分泌系统的生理特点
- 三、婴幼儿内分泌系统的保育要点

第八节　泌尿系统
- 一、泌尿系统的组成与功能
- 二、婴幼儿泌尿系统的生理特点
- 三、婴幼儿泌尿系统的保育要点

第九节　生殖系统
- 一、生殖系统的组成与功能
- 二、婴幼儿生殖系统的生理特点
- 三、婴幼儿生殖系统的保育要点

第十节　新生儿的特点与保健
- 一、新生儿的生理特点
- 二、新生儿的特殊生理现象
- 三、新生儿的保育要点

第一章　婴幼儿生理特点及保健

第一节　运动系统

问题情境

某托育园3岁的幼儿正在参加感统训练课程，老师为其选择了跳马①。大部分幼儿都能顺利完成，但轮到藤藤时，其表现出害怕情绪和退缩行为。在老师的不断鼓励下，她终于鼓起勇气跳了过去。但落地时藤藤倒在了地上，当老师伸手去扶她时，她顿时大哭了起来。老师立刻询问她怎么了，藤藤回答道："脚疼。"老师试着让藤藤站起来，但藤藤哭得越发大声了，说："疼——"她的脚踝出现了脱臼症状。

藤藤脚踝脱臼的原因是什么？如果你是授课教师，你认为应如何避免这种意外发生？

一、运动系统的组成与功能

运动系统由骨、骨连结和骨骼肌组成，具有支持、保护和运动功能。

（一）骨

骨以不同形式连接在一起形成骨骼，是人体体型的基础。成人骨骼由206块骨连接而成，具有支持体重、保护内脏和维持体姿的作用，并为骨骼肌提供附着点。骨还是重要的造血器官，并储存体内的钙、磷等矿物质。每一块骨都有独特的形态和功能（图1-1-1）。

（二）骨连结

骨连结是指骨与骨之间的连结，包括直接连结和间接连结。直接连结是相邻两骨中的结缔组织或软骨或骨直接连结，如颅骨之间的骨缝、椎骨之间的椎间盘等，这种连结的活动范围小甚至不能活动。间接连结也称为关节，是指骨与骨之间的可连接部分，其周围借助结缔组织相连，如肩关节、肘关节、膝关节、髋关节等。相对的骨面之间具有孔隙，活动范围大。间接连结也是骨连结的主要形式。

（三）骨骼肌

骨骼肌是运动系统的动力部分，多附着于骨骼，受意识控制，又称随意肌。骨骼肌由肌腹和肌腱构成，其中，肌腹通过收缩、舒张产生力，肌腱强韧而无收

---

① 跳马泛指在感统训练中，幼儿双手支撑在障碍物表面，并跨越障碍物跳跃的行为。

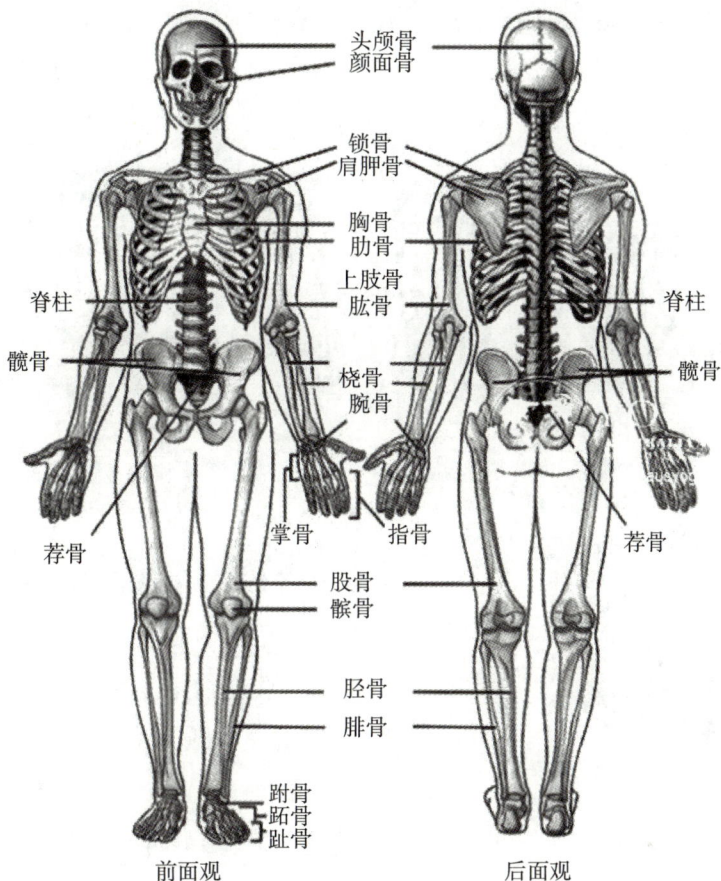

图 1-1-1 人体骨骼示意图

缩功能。骨骼肌至少跨过一个关节，通过肌肉收缩牵动所附着的骨产生运动。骨骼肌通过自主收缩来移动身体且能够被精细地控制，例如眼睛的运动或大腿股四头肌的总体运动。

二、婴幼儿运动系统的生理特点

（一）婴幼儿骨的特点

1. 骨骼韧性大，易变形

婴幼儿的骨骼与成人的不同。成人的骨骼中，有机物约占 1/3，无机盐约占 2/3；而婴幼儿骨骼中的水分和有机物含量多，无机盐含量相对较少。所以婴幼儿的骨骼弹性较好，柔韧性强而硬度小，活动范围大于成人，不易骨折，但容易弯曲变形。婴幼儿如果缺乏维生素 D、钙，或者长期受外力的影响，容易发

视频资源

运动系统的特点与保育要点

生骨骼弯曲或变形，如形成 O 型腿或 X 型腿（图 1-1-2）。婴幼儿一旦骨折，容易折而不断，发生"青枝骨折"现象。随着年龄的增大，骨骼内的无机盐不断沉淀，骨骼的坚硬度逐渐增加。

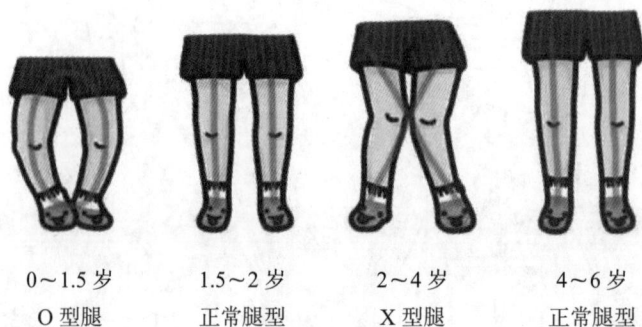

| 0~1.5 岁 | 1.5~2 岁 | 2~4 岁 | 4~6 岁 |
| O 型腿 | 正常腿型 | X 型腿 | 正常腿型 |

图 1-1-2　腿型示意图

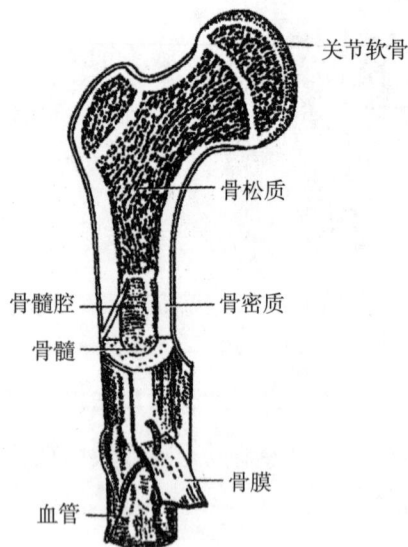

图 1-1-3　骨的构造示意图

2. 骨膜较厚，损伤后再生快

骨由骨膜、骨质、骨髓三部分组成（图 1-1-3）。骨膜是骨表面除关节外所覆盖的坚固的结缔组织包膜。骨膜含有幼稚骨细胞，以及丰富的血管、淋巴管和神经，对骨的营养、生长及损伤后的再生等有重要作用。婴幼儿的骨膜较厚，血管丰富。婴幼儿骨受损时，因血液供应丰富，新陈代谢旺盛，所以愈合也较快。

3. 骨髓全为红骨髓，造血功能强

骨髓具有造血功能。婴幼儿的骨髓均为红骨髓，造血功能强。5 岁以后，长骨骨干内的红骨髓逐渐被脂肪组织代替。红骨髓的脂肪化由远心端向近心端发展，呈黄色，称黄骨髓。黄骨髓无造血功能。但在人体大量失血和重度贫血时，黄骨髓又可暂时恢复造血功能。

4. 颅骨发育不完全，部分未闭合

刚出生的婴儿颅骨未发育完全，有些头骨之间有很大的缝隙，在颅顶前方和后方有两处仅有一层结缔组织膜覆盖，分别称为前囟门和后囟门（图 1-1-4）。前囟门是顶骨和额骨边缘形成的菱形间隙，随颅骨的发育增大，6 个月后逐渐骨化，间隙变小，1~1.5 岁完全闭合。后囟门在出生后 2~3 个月闭合。

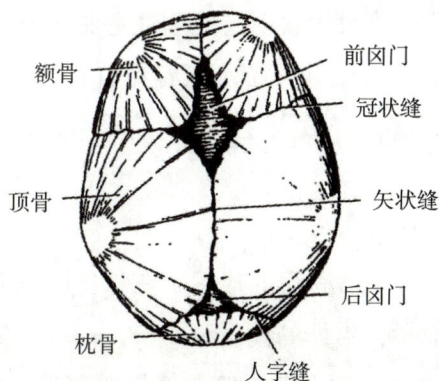

图 1-1-4 婴幼儿囟门示意图

5. 脊柱未定型，易弯曲

脊柱是人体的支架，上托头部，下接髋骨，具有支撑身体和保护脊髓、内脏的功能。从侧面看，成人的脊柱有四个生理性弯曲，分别是颈曲、胸曲、腰曲、骶曲（图 1-1-5）。这些生理性弯曲对保持身体平衡、缓冲运动对大脑的震荡十分有利。

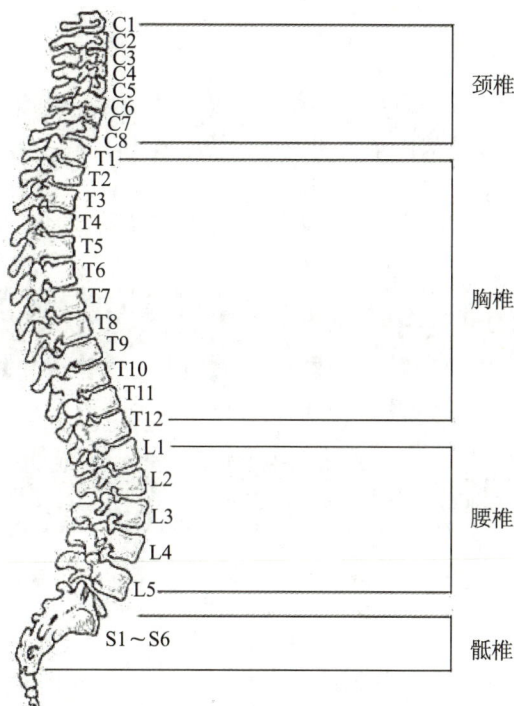

图 1-1-5 脊柱示意图

新生儿只有骶曲；出生后 2~3 个月，婴儿开始抬头，颈曲形成；6~7 个月时，婴儿开始坐，形成胸曲；1 岁左右时，婴幼儿会站立并开始行走，形成腰曲。婴幼儿的生理性弯曲并不固定，在仰卧位时，生理性弯曲消失。一般到20～21岁或更晚时，脊椎的骨化才完成。婴幼儿体位不正容易引起脊柱的弯曲变形。如果婴幼儿身体长时间一侧紧张，容易导致脊柱的侧弯变形。因此，婴幼儿要保持正确的坐、立、行姿势。

6. 髋骨未融合，易错位

髋骨是由髂骨、坐骨和耻骨融合而成的，在骨盆形态上，从10岁左右开始出现差别，女性的髋骨宽而短，男性的髋骨窄而长，一般到20～25岁时髋骨才完全融合。婴幼儿从高处往硬质地面上跳，容易使组成髋骨的各块骨移位，造成髋骨融合错位，甚至会对女孩成年后的生殖产生影响。

7. 腕骨未骨化，腕部力量弱

新生儿时期的腕骨都是软骨，6个月出现骨化中心。随着年龄的增长，腕骨逐渐骨化，到10～13岁时才全部骨化（图1-1-6）。婴幼儿腕部力量弱，所以为他们选择的玩具要轻巧。婴幼儿运用手部做精细动作时，时间不宜过长。例如，教师在组织教学活动时，应注意掌握绘画时间，不要让婴幼儿拿重物，以免对腕骨发育造成不良影响。

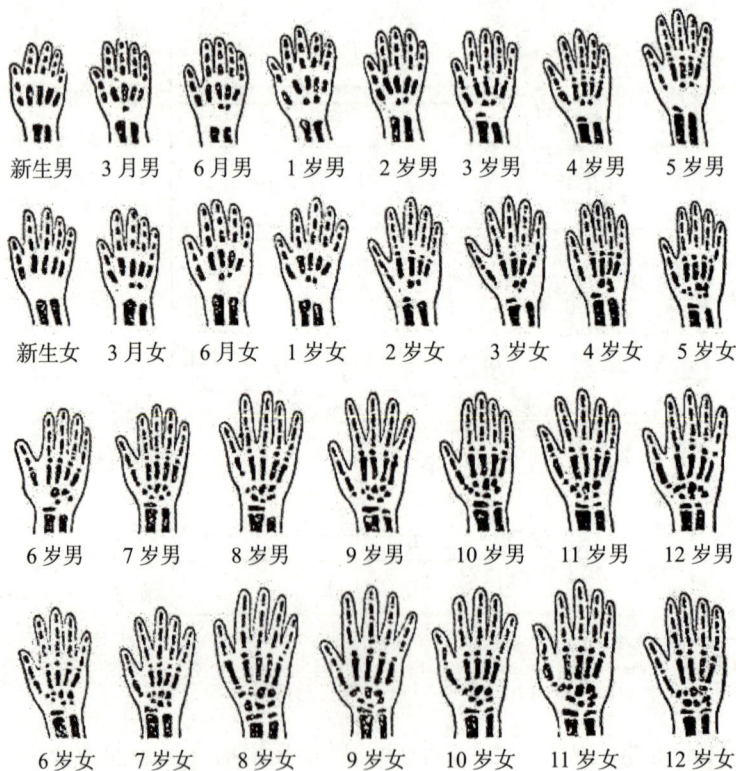

新生男　3月男　6月男　1岁男　2岁男　3岁男　4岁男　5岁男

新生女　3月女　6月女　1岁女　2岁女　3岁女　4岁女　5岁女

6岁男　7岁男　8岁男　9岁男　10岁男　11岁男　12岁男

6岁女　7岁女　8岁女　9岁女　10岁女　11岁女　12岁女

图1-1-6　腕骨发育示意图

（二）婴幼儿关节的特点

1. 关节活动范围大，易脱臼

婴幼儿关节面的软骨相对较厚，关节囊和韧带的伸展性大，关节周围的肌肉力量差，所以关节活动范围大于成人，但牢固性相对较差，在外力作用下易脱臼。婴幼儿的腕、肘关节较松，在穿脱衣服、玩360°甩圈或被他人大力拉扯时，会造成关节脱臼，出现局部疼痛、肿胀、畸形、活动受限等症状。

2. 足弓不结实，易塌陷

足骨由韧带连接，形成凸面向上的足弓。足弓增强了人体活动时的稳定性和弹性，缓冲了行走时身体所产生的震荡，保护足底的血管和神经免受压迫。婴幼儿的足弓尚未完成骨化，足底的肌肉、韧带等发育不完善，故走路或站立时间过长，负重过度或过度肥胖，都会引起足弓塌陷，形成扁平足（图1-1-7）。扁平足弹性差，长时间站立或行走时，足底的血管和神经受压，很容易使人感到疲劳和足底疼痛。

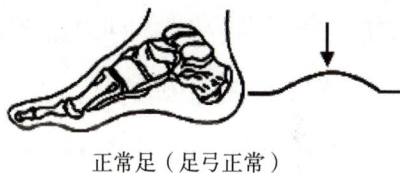

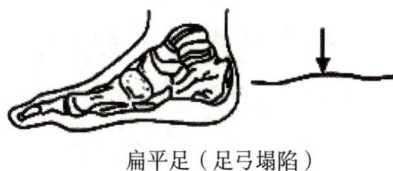

正常足（足弓正常）

扁平足（足弓塌陷）

图 1-1-7　正常足和扁平足

另外，婴幼儿穿的鞋要合脚，这样不仅穿着舒服，还有利于足弓的发育。

（三）婴幼儿肌肉的特点

1. 肌肉易疲劳，恢复快

婴幼儿骨骼肌中水分较多，无机盐、蛋白质、脂肪和糖类较少；肌纤维较细，肌腱宽而短。这些特点一方面造成肌肉的能量储备差，收缩力弱，容易疲劳和损伤；另一方面使肌肉富有弹性，伸展性好。虽然婴幼儿的肌肉容易疲劳，但其新陈代谢旺盛，容易恢复，且年龄越小越明显。婴幼儿剧烈运动或久坐、久站时，容易造成肌肉疲劳，所以要给婴幼儿安排合适的运动量。

2. 大肌肉群发展早，小肌肉群发展晚

婴幼儿肌肉的发展有着自身的规律：躯干肌肉比四肢的肌肉先发育，上肢肌肉比下肢肌肉先发育；大肌肉群发展早，小肌肉群发展晚。例如，3～4岁幼儿躯干及上下肢的活动能力较强，能走、跑、跳，但是由于手部的细小肌肉还没有发育好，不能很好地拿筷子和握笔画直线。随着年龄的增长，通过合理的动作锻炼，婴幼儿小肌肉群的力量不断增强，自控力及准确度有所提升后能较好地完成精细

动作。因此，托育机构应根据不同年龄婴幼儿肌肉发育的特点合理安排教学活动。

三、婴幼儿运动系统的保育要点

（一）平衡膳食，合理搭配营养

合理的营养是骨骼、肌肉生长发育的基础，例如，钙和维生素 D 能够促进骨的生长，蛋白质能促进肌肉的发育等。婴幼儿应多摄取含钙、蛋白质、维生素 D 的食品，如鸡蛋、牛奶、动物肝脏及豆制品等。同时，阳光也是一种特别的"营养"，可以促进身体对维生素 D 及钙、磷等的吸收，因此，每天应安排不少于 2 小时的户外活动，让婴幼儿接受"日光浴"。

（二）培养正确的坐、立、行姿势，预防骨骼变形

正确的坐、立、行姿势对婴幼儿骨骼发育和人体形态塑造起着重要作用。良好的形体不仅体现了外形美，同时影响人的身心健康发展。例如，良好的形体可以增强婴幼儿的自信心，而驼背、脊柱弯曲会使胸廓畸形，不利于婴幼儿成长且容易使婴幼儿生病、产生自卑感，影响其良好性格的形成。

防止婴幼儿骨骼变形，必须注意四点：第一，婴幼儿不宜过早坐、站，不宜睡软床和久坐沙发。第二，婴幼儿负重不应超过自身体重的 1/8，更不能长时间单侧负重。第三，早教中心、托育园、家庭应为婴幼儿提供与婴幼儿身高合适的座椅。第四，照护者应随时纠正婴幼儿坐、立、行的不良姿势，预防骨骼变形。

（三）科学合理安排户外活动，重视体育运动

户外活动和体育锻炼可以刺激骨骼生长，促使骨骼中无机盐的积淀，增加骨骼的硬度。户外活动时，婴幼儿受到阳光照射，适应不同温差，呼吸新鲜空气，能增强对钙、磷的吸收能力并增加抵抗力。

为婴幼儿安排户外活动和体育运动，需要注意以下四点：第一，根据婴幼儿不同的年龄特征安排户外活动，时机适宜。第二，运动适度，运动量不可过大，避免肌肉过度疲劳。第三，全面发展，运动方式要灵活多样，避免单一。第四，保证环境和设施安全，提高婴幼儿的自我保护意识，防止运动中意外事故的发生。

（四）保护好婴幼儿的关节和韧带，预防外伤

婴幼儿关节的牢固性较差，所以不宜猛拉婴幼儿的手臂，以防肘关节、腕关节受到损伤或关节脱臼。教师应教育幼儿不要从高处往较硬的地面上跳，以避免挫伤膝关节和盆骨。体育活动时，教师要带领幼儿做好活动准备动作，拉伸肌肉，防止在活动中出现肌肉拉伤。

第二节 呼吸系统

问题情境

天气骤然变冷，儿科门诊排起了长队，走廊里宝宝的哭闹声不断。早上7点多赶来的王女士告诉记者，她快1岁的宝宝咳嗽5天了，还有间断性发烧。"一到夜里就发烧，昨晚12点多烧到39.2℃。"王女士说。走廊的休息椅上，孙女士抱着自己3个月大的宝宝愁眉不展。"医生诊断孩子患有支气管炎，需要输液治疗。我也不知道这病是怎么得的，可能是因为天气凉了吧。"孙女士看着孩子心疼地说。

每到入冬气温骤降、空气变得干燥时，婴幼儿就很容易患呼吸道疾病。为什么婴幼儿是呼吸道疾病的易感人群呢？

一、呼吸系统的组成与功能

呼吸系统是人体与外界进行气体交换的一系列器官的总称，由呼吸道及肺组成。呼吸道包括鼻、咽、喉、气管和支气管，是气体进出肺的通道，通常将鼻、咽、喉称为上呼吸道，将气管和支气管称为下呼吸道。肺是气体交换的场所（图1-2-1）。

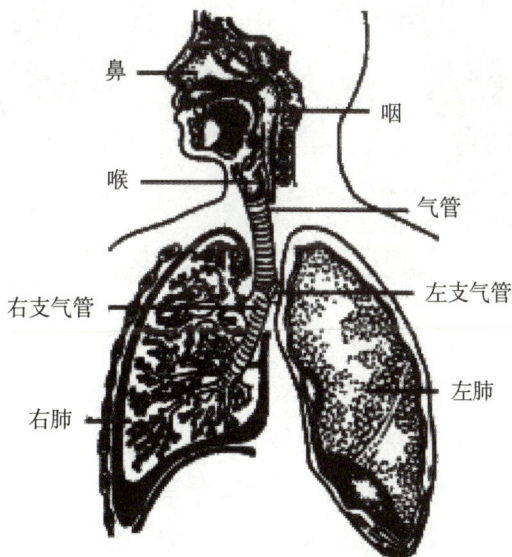

图1-2-1 呼吸系统的结构示意图

人体通过呼吸运动吸入新鲜空气，在肺泡内进行气体交换，使血液得到氧并排出二氧化碳，从而维持人体正常的新陈代谢。

（一）呼吸道

1. 鼻

鼻是呼吸道的起始部分，也是呼吸系统的第一道防御装置，对吸入鼻内的空气有过滤、加温和湿润的作用，以减少空气对肺部的刺激；同时鼻又是嗅觉器官。

2. 咽

咽位于鼻腔的后方，分别与鼻腔、口腔和喉腔相通，是呼吸系统和消化系统的共同通道，具有呼吸、吞咽以及共鸣作用。

3. 喉

喉是呼吸道最狭窄的部位，既是呼吸通道，又是发音器官。喉腔的前上部有一块叶状的会厌软骨。吞咽时，喉上升，会厌软骨能遮住喉的入口，防止食物进入气管（图1-2-2）。

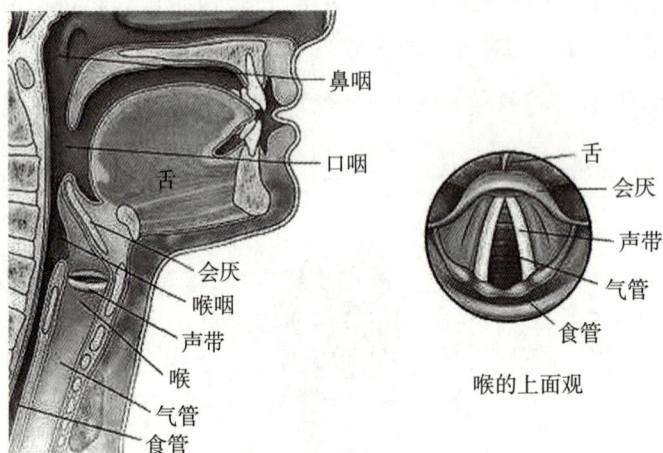

图1-2-2 喉的结构示意图

4. 气管和支气管

气管和支气管是连接喉与肺的管道，由软骨、肌肉、结缔组织和黏膜构成（图1-2-3）。气管向下分成左、右两侧支气管，分别进入两肺。右侧支气管短而粗，比较直；左侧支气管细而长。因此，有异物误入气管时，最易坠入右支气管内。

气管软骨

气管膜壁

右主支气管　　左主支气管

右主支气管

前面　　　　　　　　　　　　后面

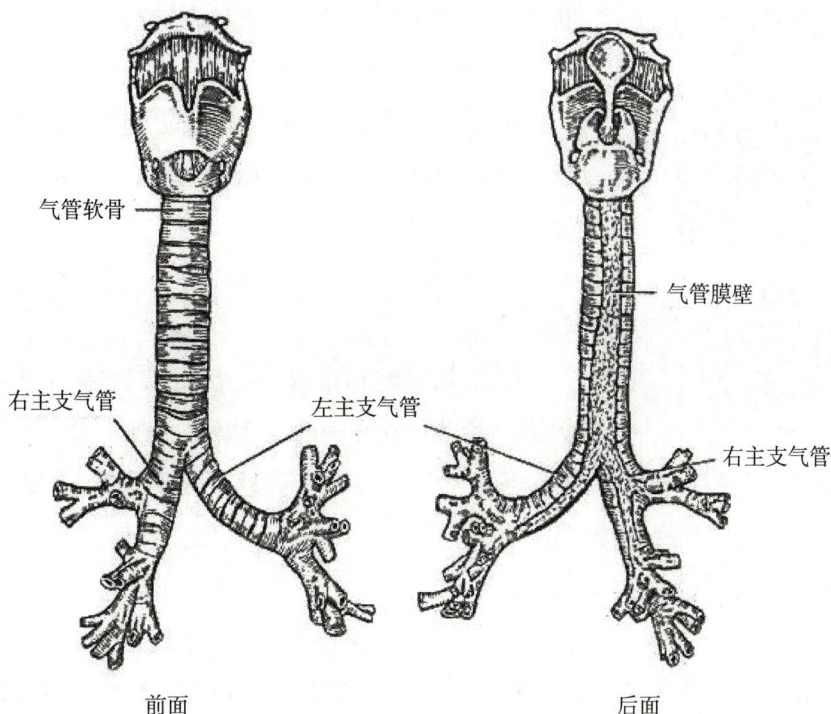

图 1-2-3　气管和支气管示意图

（二）肺

肺位于胸腔内，呈圆锥形，左右各一。肺有分叶，左肺两叶，右肺三叶，共五叶。左右支气管分别进入左右两肺，在肺内形成树状分支，越分越细，最后形成肺泡管，附有很多肺泡。肺泡是半球形的囊泡，由单层上皮细胞构成，是进行气体交换的场所。

（三）呼吸运动

呼吸运动是呼吸肌舒缩引起的胸廓节律性运动。人体内主要的呼吸肌有分布在肋骨之间的肋间肌和胸腔底部的膈肌。外界氧气通过呼吸运动进入肺泡，经气体交换进入血液，再进入组织；体内的二氧化碳从组织进入血液，再到达肺泡，然后排出体外。

二、婴幼儿呼吸系统的生理特点

（一）婴幼儿呼吸道的特点

1. 鼻腔狭窄，黏膜柔嫩，易感染

由于婴幼儿面部和颅骨发育未完全，外鼻、鼻腔和鼻旁窦三部分都相对较小，鼻腔内黏膜柔软，无鼻毛，故对空气的过滤作用较弱，容易感染，从而引发鼻黏

膜肿胀，分泌物增多，造成鼻腔堵塞。

2. 咽鼓管较宽、短且平直，易患中耳炎

婴幼儿的咽部相对狭小，位于其中的咽鼓管较宽、短，而且平直，上呼吸道感染时，容易引发中耳炎，损伤听力。

3. 喉部保护性机能不完善，易发生气管异物吸入

婴幼儿喉腔感染时，会因黏膜肿胀而影响呼吸。例如，发生急性喉炎时，因喉的通路被阻，婴幼儿吸气明显费力，会发生端肩、张嘴帮助喘气的现象。另外，婴幼儿喉部的保护性反射机能尚不完善，如果吃饭时说笑，容易将食物呛入呼吸道。

4. 声带不够坚韧，易损伤

婴幼儿声带短且薄，不够坚韧，声门肌肉易疲劳。若婴幼儿长时间不注意发音方法，如唱成人歌曲，易使声带充血、肿胀变厚，造成声音嘶哑。3岁以后，男孩喉部甲状软骨骨板角度变锐，10岁以后凸起逐渐明显，形成男性的喉结。

5. 气管的自洁能力差，易造成呼吸困难

婴幼儿气管管腔狭窄，管壁柔软，弹性小，黏膜分泌黏液较少，导致管腔内部干燥，黏膜纤毛摆动能力较弱，不能很好地排除尘埃颗粒、微生物及黏液，因此，容易发生感染，造成呼吸困难。

（二）婴幼儿肺的特点

1. 肺泡数量少，容量小

肺在胎儿时期已发育。随着婴儿出生后的第一声啼哭，外界空气进入肺内，此后肺泡持续发育，数量也不断增多，从出生时约200万个，到8岁时增至约1400万个，气体交换面积大大增加。但相比成年人，婴幼儿的肺泡数量较少，弹力组织发育较差，肺间质发育旺盛，血管丰富，整个肺脏含血多、含气少，因而感染时容易导致黏液阻塞，并易引起肺不张、肺气肿及肺淤血等。

2. 呼吸表浅，频率快

婴幼儿新陈代谢旺盛，耗氧量和成人差不多。但由于胸廓容积小，呼吸肌不发达，婴幼儿呼吸时胸廓运动差，呼吸表浅，肺活量小，只能通过增加呼吸频率来满足需要，所以婴幼儿的呼吸浅而快，年龄越小，呼吸频率越快（表1-2-1）。

表 1-2-1　不同年龄儿童的呼吸频率

年龄	新生儿	1 周岁内	1～3 岁	4～7 岁	8～14 岁
呼吸频率（次／分）	40～45	30～40	25～30	20～25	18～20

三、婴幼儿呼吸系统的保育要点

（一）养成好习惯

1. 用鼻子呼吸

养成用鼻子呼吸的习惯，防止灰尘和细菌进入肺部。通过鼻腔调节空气的温度和湿度，减少感冒。

2. 正确擤鼻涕

学会正确擤鼻涕的方法。应该用手轻轻按住一侧鼻孔，将另一侧的鼻涕擤出，擤完一侧再擤另一侧。避免用手同时捏住两侧鼻孔擤鼻涕，否则会导致鼻腔压力增高，易使鼻涕回流到鼻窦内引起鼻窦炎，或沿着咽鼓管流到中耳腔引起中耳炎。

3. 遮挡口鼻打喷嚏

当患感冒、腮腺炎等呼吸道疾病时，病菌常借助飞沫传播，因此，不能面向别人打喷嚏。正确的做法是用手帕或纸巾轻遮口鼻打喷嚏，如果找不到遮挡物，也可用手肘遮挡，并立即洗手。

4. 禁止挖鼻孔

挖鼻孔会使鼻毛脱落、黏膜损伤，严重者会使血管破裂，引起出血。挖鼻孔还会导致鼻腔感染，严重时，细菌可经面部血管回流至颅脑内，造成严重的并发症。

5. 不随地吐痰

痰是呼吸道的垃圾，含有多种病菌。随地吐痰不文明，容易造成疾病的传播，应培养婴幼儿不随地吐痰的好习惯。

6. 防气道异物

培养婴幼儿良好的进餐习惯，进餐时不要嬉戏，不要边吃边聊，防止食物误入气管。还要提醒婴幼儿不要将细小的玩具塞入嘴中，以防发生意外。

（二）保持室内空气清新

新鲜空气中含有充足的氧气，能促进人体新陈代谢，使人保持头脑清醒。若婴幼儿长时间处在封闭的环境中，容易导致缺氧，从而出现头晕、恶心、胸闷等现象，影响健康成长。因此，婴幼儿活动室、卧室要经常开窗通风，保持空气新鲜。寒冷地区或冬季尤其要注意吸入新鲜空气。

（三）加强体育锻炼和户外活动

婴幼儿呼吸机能尚不健全，但新陈代谢旺盛，耗氧量较多。户外清新的空气能使婴幼儿精神饱满、心情愉快。经常参加体育锻炼和户外活动，可以促进呼吸运动，使呼吸肌的力量增大，促进胸廓及肺的正常发育，增加肺活量。

（四）注意保护声带

婴幼儿的声带短且薄弱，声门易疲劳。因此，要鼓励婴幼儿用自然的声音唱歌、说话，避免扯着嗓子喊叫。患伤风感冒时要少说话、多喝水。演唱儿歌时，场所的温度、湿度要适宜，空气要清新。应选择音域窄、节律简单、音程跳动小的歌曲演唱，时间一般控制在5分钟以内。

第三节　消化系统

问题情境

据儿科医生介绍，每年都有数以十万计的儿童因食物食用不当而被送进医院急诊，其中以3岁以下的婴幼儿居多。据美国的一项数据显示，每年都有高达万名的儿童因被食物噎着就医，被食物噎着在儿童致死原因中排名第一。

为什么3岁以下的婴幼儿容易发生饮食意外？照护者应该如何预防呢？

一、消化系统的组成与功能

消化系统由消化管（消化道）和消化腺两部分组成。消化管是一条从口腔至肛门的迂曲的长管，包括口腔、咽、食道、胃、小肠、大肠和肛门。消化腺主要有唾液腺、胃腺、肠腺、胰腺和肝脏。食物进入口腔，就开始了消化之旅。经过牙齿的咀嚼与舌的搅拌，食物和唾液混合构成食团，然后借助吞咽运动，经咽和食道进入胃；通过胃壁的蠕动以及胃液的消化，食团成为粥样的食糜；食糜中有用的营养物质在小肠内被消化和吸收，余下的食物残渣进入大肠，被吸收一部分水分，逐渐形成粪便，最后经肛门排出体外（图1-3-1）。

视频资源

消化系统的组成与功能

消化系统的主要功能是消化食物，吸收营养，并把食物残渣排出体外。人体的消化方式有两种：一种是机械性消化，即通过消化管的运动，将食物磨碎，并

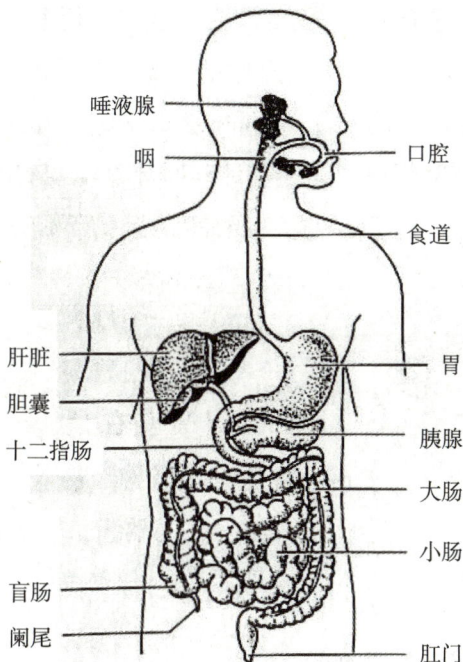

图 1-3-1　消化系统的组成

使其与消化液充分混合，同时将其向消化管远端推送；另一种是化学性消化，即通过各种消化酶的化学作用，将食物中的营养成分分解成小分子物质。两种消化方式同时进行，相互配合。

食物经过消化以后，其营养物质透过消化管黏膜上皮进入血液循环，被人体吸收利用。消化管中，口腔和食道基本没有吸收作用；胃也只能吸收少量的水、无机盐和酒精；小肠是营养物质吸收的主要部位，葡萄糖、氨基酸、甘油、脂肪酸，以及大部分的无机盐、维生素和水等营养物质都是由小肠吸收的；大肠能吸收残余的水分和无机盐，暂时贮存粪便，积存到一定量后由肛门排出体外。

二、婴幼儿消化系统的生理特点

（一）婴幼儿消化管的特点

1. 口腔

（1）口腔黏膜柔嫩，易受感染

口腔是消化管的开始部分。婴幼儿尤其是 1 岁内的婴儿，口腔较小，黏膜柔嫩，容易感染和损伤。

（2）乳牙依次萌发，易患龋齿

牙齿由牙釉质、牙本质、牙骨质、牙髓构成。婴幼儿的乳牙除通过咀嚼帮助消化外，还有助于下颌骨的生长和正常发音。

婴幼儿乳牙的萌出是有一定顺序的，一般在出生后 6~7 个月开始萌出，12 个月时未萌出为乳牙萌出延迟。最先萌出的是 2 颗下中切牙（下门牙），然后出上面的 4 颗切牙（上中切牙、上侧切牙），再出 2 颗下侧切牙，1 岁时可以有 8 颗牙；1.5 岁左右，4 颗第一乳磨牙萌出，在切牙与磨牙之间留有空隙（尖牙的位置）；2 岁左右，4 颗尖牙长出；至迟 2.5 岁，4 颗第二乳磨牙萌出，20 颗乳牙全部出齐（图 1-3-2）。

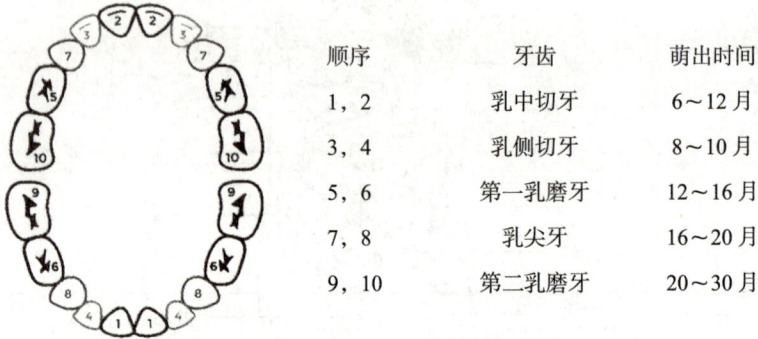

顺序	牙齿	萌出时间
1, 2	乳中切牙	6~12 月
3, 4	乳侧切牙	8~10 月
5, 6	第一乳磨牙	12~16 月
7, 8	乳尖牙	16~20 月
9, 10	第二乳磨牙	20~30 月

图 1-3-2　乳牙萌出的顺序及时间

6 岁左右，乳磨牙的后面长出第一颗恒磨牙，并不与乳牙交换，称"六龄齿"。7~12 岁时乳牙次第脱落，为恒牙所替代。其余恒牙从乳牙后方生长出来，12 岁左右第二恒磨牙萌出。第三恒磨牙（又称智齿）一般在 22 岁以后才长出，也可能终生不出。因此，人的恒牙为 28~32 颗均正常。

婴幼儿的乳牙钙化程度低，牙釉质较薄，牙本质较软，咬合面的窝沟又较多，容易被酸性物质所腐蚀而发生龋齿。

（3）乳牙正常，利于下颌骨的生长和正常发音

婴幼儿的乳牙除通过咀嚼帮助消化外，还有助于下颌骨的生长和正常发音。3 岁以前是婴幼儿颌面部迅速发育的阶段。婴儿刚出生时，其颌骨还没有发育完善，尤其"下巴骨"很薄，脸面宽而扁。随着牙齿的萌出，咀嚼的力量不断挤压牙根，使"下巴骨"迅速生长，脸型逐渐"拉长"。在牙齿和颌骨的衬托下，面容端正、和谐、自然。3 岁以前还是婴幼儿学习口头语言的重要阶段，而乳牙正常萌出、不过早缺失，有助于正常发音，使婴幼儿口齿伶俐。

2. 食道黏膜较薄，易受损伤

食道是输送食物的肌性管道。婴幼儿食道较成人短而窄，管壁弹力组织和肌层不发达，黏膜较薄，易受损伤。

3. 胃

（1）婴幼儿胃容量不断变化，容易漾奶

新生儿的胃容量为 30~50 mL，3 个月时为 100 mL，1 岁时为 250 mL，3 岁时为 680 mL，4 岁时为 760 mL，5 岁时为 830 mL，6 岁时为 890 mL。成人应根据胃容量大小喂哺婴幼儿，避免让婴幼儿暴饮暴食。

婴儿的贲门比较松弛，且胃呈水平横位，即胃的上口和下口几乎水平，因此，当婴儿吞咽下空气时，奶就容易随着打嗝排出的空气流出口外，这就是漾奶。为了减少漾奶，喂过奶后，可让婴儿伏在大人的肩头，轻轻拍婴儿的背，帮助其打嗝。

（2）胃液效能低，消化能力弱

婴幼儿的胃壁组织正处于发育过程中，胃壁较薄，分泌的胃液酸度低，消化酶少，胃蠕动性弱，容易导致消化不良。

4. 肠

（1）吸收能力强

与成人相比，婴幼儿肠的总长度相对身长较长。新生儿肠的长度约为身长的 8 倍，更大龄的婴幼儿的肠超过身长的 6 倍，而成人的肠仅为身长的 4 倍。婴幼儿肠管的管径宽，分布于肠壁上的绒毛数几乎与成人相等。小肠的绒毛发育良好，吸收面积大。肠黏膜上富有血管及淋巴管，通透性好，所以有很强的吸收能力。

（2）消化能力较弱

婴幼儿肠壁肌层及弹力纤维发育得不完善，肠的蠕动功能比成人弱，容易发生肠道功能紊乱，再加上小肠内各种消化液的质量较差，所以婴幼儿的消化能力较弱。

（3）容易肠胀气

有些婴儿常在夜间惊醒、哭闹。这是由于婴儿肠道内积存了大量气体。若让他趴在大人腿上，或排出粪便和放屁之后，他就会安静下来，又安然入睡。平时用奶瓶给婴儿喂奶时，要让奶充满奶嘴，避免让婴儿咽下大量的空气，喂完奶拍拍背，可以减少"肠绞痛"。

（4）位置固定较差

婴幼儿的肠系膜柔软而细长，黏膜下组织松弛，所以肠的位置固定较差。婴幼儿若久坐或长蹲厕所，容易出现脱肛现象。腹部受凉、突然改变饮食、腹泻等，可使肠蠕动加强并失去正常节律，会诱发肠套叠。肠套叠是急症，指一段肠子套进另一段里。发病后，婴儿表现为一阵阵地哭闹，蜷曲着小腿，面色苍白，不吃奶，频频呕吐。大约经过半天时间，婴儿会排出"红果酱"样的大便，为血和黏液。肠套叠应及时治疗。

（二）婴幼儿消化腺的特点

1. 婴儿口腔浅，易形成生理性流涎

新生儿的唾液少，口腔比较干燥。婴儿3～4个月以后唾液分泌逐渐增多。到6～7个月，由于出牙对三叉神经的刺激，唾液大量分泌。但此时婴儿口腔浅，又不具有及时咽下唾液的能力，导致唾液流出口腔，形成生理性流涎，但它可随年龄的增长逐渐消失。

2. 肝脏再生能力强，贮糖及解毒能力弱

婴幼儿新陈代谢旺盛，肝脏相对较大，血管丰富，结缔组织较少，肝细胞再生能力强，患肝炎后恢复较快。但婴幼儿肝细胞发育不全，肝糖原贮备少，在饥饿状况下临时可动员的葡萄糖量少，容易出现头晕、心慌、出冷汗等低血糖症状，严重时还会出现低血糖休克。同时，肝功能也不完善，分泌的胆汁对脂肪的消化能力弱，解毒能力也不如成人。

3. 胰腺发育不完善，消化能力弱

胰腺具有外分泌和内分泌的双重功能，对机体的新陈代谢起到重要的作用。外分泌功能为分泌胰液，消化食物；内分泌功能为分泌胰岛素，调节体内血糖浓度，保持血糖相对稳定。婴幼儿的胰腺已具有成人所具有的各种消化酶，但发育不完善，消化能力较弱。

三、婴幼儿消化系统的保育要点

（一）注意口腔卫生，保护乳牙

1. 培养早晚刷牙、饭后漱口的习惯

应培养婴幼儿从小注意口腔卫生、保护牙齿的良好习惯。照护者应合理地为婴幼儿选择刷牙工具，指导婴幼儿学会正确的刷牙方法。

2. 不咬坚硬物品，避免外伤

因婴幼儿的乳牙牙根浅，牙釉质不如恒牙坚硬，牙齿一旦被硬物硌伤，就缺乏自行修复的能力。照护者应引导婴幼儿养成用牙的好习惯，不用牙齿咬坚硬的物品，避免牙齿损伤导致龋齿。

3. 改掉不良习惯，预防牙齿不齐

牙齿排列不齐，不仅影响面容，还会影响到咀嚼、说话，也容易生龋齿。吮吸手指、咬指甲、咬铅笔、托腮等不良习惯，都会影响颌骨的发育或牙齿的萌出，导致牙齿排列不齐。因此，应矫正婴幼儿的这些不良行为。

4. 合理饮食，定期检查牙齿

婴幼儿饮食应注意营养，合理搭配，少吃零食和含糖量较高的食品，多吃蔬菜水果和含钙量高的食品。定期检查牙齿，至少每半年检查一次，以便及时发现问题，及时治疗。

（二）培养良好的进餐习惯

婴幼儿应养成定时定量、细嚼慢咽、不挑食、不偏食的进餐习惯；进餐时保持心情愉悦，不大声喧哗；饭前饭后不进行剧烈运动；养成餐前洗手，饭后擦嘴、漱口的良好习惯。

（三）培养良好的排便习惯

培养婴幼儿定时排便的习惯，不要让婴幼儿憋着大便，以防形成习惯性便秘。婴幼儿应适当运动，多吃蔬菜水果等含粗纤维较多的食物，适量饮水，这些都可促进肠道蠕动，预防便秘。

第四节　循环系统

问题情境

托育园户外活动时，孩子们兴趣很浓，许多孩子玩得满头大汗。这时，诚诚走到李老师面前说："李老师，我想喝水！"李老师见状，立即组织孩子们喝水。孩子们回到教室洗完手，直奔饮水机开始接水喝起来。李老师巡视一圈后，大声地说："请小朋友们多喝点水啊，你们都流了许多汗，需要多补充水分！每个小朋友都要喝满满一杯水才行啊！"许多小朋友见自己没有达到老师的要求，又拿起水杯排队了。

但是保健医生王医生却对李老师要求幼儿喝"满满一杯水"的做法提出了不同意见，她说："李老师在饮水的时间和量的把握上都是十分危险的，严重时有可能会导致幼儿休克。"你知道这是为什么吗？我们在运动后应该怎样组织幼儿饮水才能保证幼儿安全呢？

一、循环系统的组成与功能

循环系统包括血液循环系统和淋巴系统两部分。其中，血液循环系统由心脏和血管组成，血液在其中循环流动。人体血液通过心脏搏出，在血管内流动，将氧气和营养运输到全身各组织细胞，同时将体内的二氧化碳和代谢废物运输到排

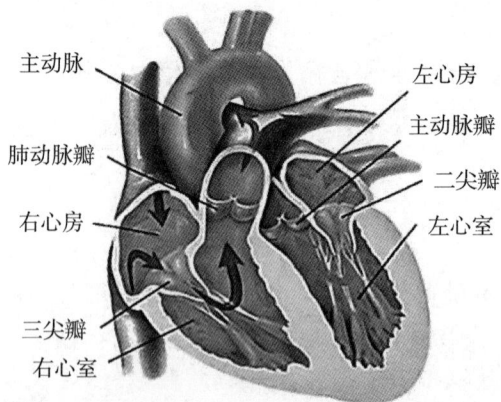

主动脉
肺动脉瓣
右心房
三尖瓣
右心室
左心房
主动脉瓣
二尖瓣
左心室

图 1-4-1　心脏结构示意图

泄器官排出体外。淋巴系统由淋巴液、淋巴管和淋巴结组成，是血液循环系统的辅助和补充。

（一）心脏

心脏位于胸腔内，由心肌构成，有很强的收缩和舒张能力，是推动血液流动的动力源。心脏由心间隔分为不直接连通的左右两半，每半各分为心房和心室，故心有四个腔，分别为左心房、左心室、右心房、右心室。同侧的心房和心室通过房室口上下相连，连接处有房室瓣，左侧为二尖瓣，右侧为三尖瓣（图 1-4-1）。

左心房与肺静脉连通，右心房与上、下腔静脉连通；左心室发出主动脉，右心室发出肺动脉，主动脉和肺动脉起始部的内侧都有袋状瓣膜，分别称为主动脉瓣和肺动脉瓣。房室瓣和动脉瓣就像门一样，可以单向开启和关闭，使血液只能向一个方向流动，形成循环而不能倒流。

（二）血管

血管分为动脉、静脉和毛细血管三种。

动脉是将血液从心脏输送到全身各器官、组织的血管。动脉管壁较厚，弹性纤维多，弹性大。

静脉是将血液由各组织、器官送回心脏的血管。静脉管壁与同型动脉相似，但管壁较薄，管腔大，弹性纤维和平滑肌较少，弹性小。

毛细血管是连通最小的动脉和静脉之间的血管。毛细血管管壁极薄，由一层扁平上皮细胞构成，具有极大的通透性，利于物质交换。

（三）血液

血液是一种黏稠的液体，承担物质运送功能，由血浆和血细胞组成。其中，血浆占血液总量的 55% 左右，其余为血细胞。

1. 血浆

血浆的主要成分是水，约占 90%，还有蛋白质、葡萄糖、磷脂和钾、钠、钙等 100 多种物质溶在其间。血浆是血细胞生存的环境，其成分和渗透压的相对恒定是维持血细胞正常发挥功能的重要条件。

2. 血细胞

血细胞主要包括红细胞、白细胞和血小板。

（1）红细胞

成熟的红细胞没有细胞核，呈中央双凹的圆盘状（图1-4-2），因含有血红蛋白而呈红色。血红蛋白的特点是在氧分压高的地方与氧结合，在氧分压低的地方又容易将氧释放。红细胞就是通过血红蛋白的这个特性为机体运输氧气和二氧化碳的。

图1-4-2 红细胞示意图

（2）白细胞

白细胞呈圆形，比红细胞大，有细胞核，包括中性粒细胞、嗜酸性粒细胞、嗜碱性粒细胞、淋巴细胞、单核细胞五种类型（图1-4-3）。0～3岁婴幼儿白细胞的计数容易因哭闹、进食、肌肉紧张、疼痛等情况而发生波动。白细胞中的中性粒细胞、单核细胞等具有吞噬病原性细菌的能力。当病菌侵入人体时，白细胞急剧增加，并将病菌吞噬，吞噬一定数量后自己也会死亡，伤口流出的脓就是死亡的白细胞和病菌的混合物。白细胞中的淋巴细胞则参与机体的免疫反应，在抵御病毒、细菌等微生物及毒素和肿瘤细胞等病原体方面发挥着极其重要的作用。

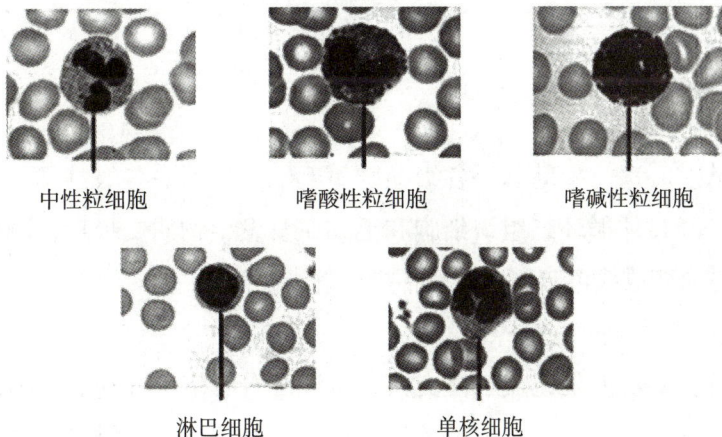

中性粒细胞 嗜酸性粒细胞 嗜碱性粒细胞

淋巴细胞 单核细胞

图1-4-3 五种白细胞示意图

（3）血小板

血小板是小块的细胞碎片，形状不规则，无细胞核，主要功能是促进止血和加速凝血。当血小板缺少时，人体会发生凝血障碍，导致出现出血倾向，使皮肤容易出现瘀点、紫斑。

（四）血液循环

根据人体血液循环的路线不同，血液循环分为体循环和肺循环两部分。体循环和肺循环通过心脏互相连通，构成人体的一条完整的循环途径（图1-4-4）。

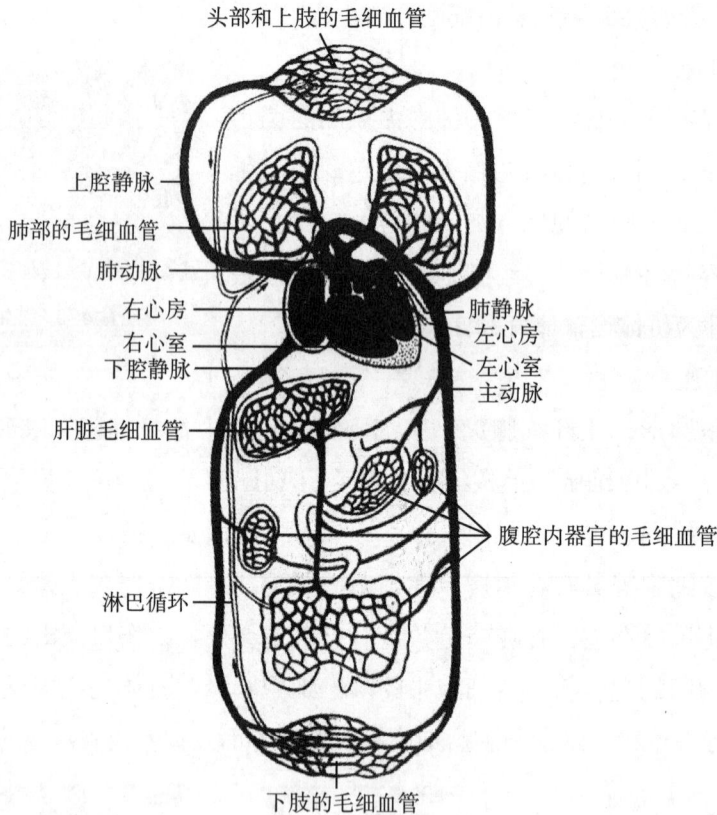

图 1-4-4　血液循环示意图

1. 体循环

动脉血从左心室→主动脉→各级动脉→毛细血管网→各级静脉→上、下腔静脉→右心房。经过体循环，组织细胞和毛细血管发生物质交换后，颜色鲜红、含氧丰富的动脉血变成颜色暗红、含氧稀少的静脉血。

2. 肺循环

肺循环的主要功能是完成气体交换，血液由右心室→肺动脉→肺部的毛细血管网→肺静脉→左心房。经肺泡内的气体交换，血液含氧量增多，静脉血又变成动脉血。

二、婴幼儿循环系统的生理特点

（一）婴幼儿心脏的特点

1. 体积相对大，心脏机能弱

婴幼儿时期心脏生长较快，质量和容积都随着年龄的增长而增加。质量第一年比出生时增加2倍，5岁时为出生时的4倍，其体积也相对大。但婴幼儿心壁较薄，收缩能力较差，心排血量小。因此，儿童年龄越小，越不宜做长时间的剧烈运动。

2. 年龄越小，心率越快

婴幼儿的心脏容积小，心肌较薄弱，收缩能力较差，致使每搏输出血量小，但新陈代谢旺盛。为了满足需要，机体不得不加快心跳，再加上婴幼儿的迷走神经发育尚未完善，兴奋性低，故心率较成人快。年龄越小，心率越快。

视频资源

循环系统的组成与功能

（二）婴幼儿血管的特点

1. 血管内径大，血流量大

婴幼儿动静脉血管内径相对较大，管壁薄，弹性小，毛细血管丰富，尤其是肺、肾、皮肤等的血流量较大，供给机体的营养和氧气充足。血液在体内循环一周的时间比成人短，有利于婴幼儿的生长发育及疲劳感的消除。

2. 年龄越小，血压越低

由于婴幼儿心肌力量薄弱而使心脏收缩射出的血液量少，同时由于血管内径相对较大，血液在血管中流动的阻力小，因此，婴幼儿的血压较低。随着年龄的增长，血压逐渐升高。

（三）婴幼儿血液的特点

1. 血液量较大

婴幼儿血液量较大。刚出生时，血液多集中于内脏和躯干，四肢容易发凉；新生儿血液中的红细胞和血红蛋白含量也较高，一周后快速下降呈现"生理性贫血"，以后又逐渐增加，7～8岁达到成人水平。

2. 免疫及凝血物质少

白细胞在幼儿5岁后接近成人水平，但对机体起较强防御和保护作用的中性粒细胞较少，故抵抗力较差。血浆中的凝血物质、纤维蛋白原和无机盐含量较少，水分多，故婴幼儿出血时凝血较慢。

（四）婴幼儿淋巴系统的特点

1. 淋巴系统发育较快

淋巴系统在出生时尚未发育完善，但在婴幼儿时期快速发育。新生儿的淋巴结不易摸到。正常婴幼儿的颈部、颌下、腋下和腹股沟可触及黄豆大小的单个淋巴结，无压痛感。2岁以后，扁桃体增大较快，4～10岁时发育达到高峰，14～15

岁时逐渐退化，故学前期常见的扁桃体肥大往往是生理现象。

2. 淋巴结屏障功能较差

婴幼儿的淋巴结尚未发育成熟，屏障功能较差，感染容易扩散，局部轻微感染可使淋巴结发炎、肿大，甚至化脓。12～13岁时，淋巴结才发育完善。扁桃体在4～10岁时发育速度达到高峰，因此，婴幼儿易患扁桃体炎。

三、婴幼儿循环系统的保育要点

（一）适当运动和锻炼

运动和锻炼可以改善婴幼儿心肌纤维的收缩性和弹性，增加心肌收缩力量和每次搏出的血液量，促进血液循环系统的发育。但是，运动前照护者需要指导婴幼儿做好准备活动，注意不同体质的婴幼儿在运动中的表现。运动量过大，会使心脏负担过重，反而不利于心脏发育。

组织婴幼儿锻炼应注意以下几点。

第一，对于不同年龄、不同体质的婴幼儿，应安排不同时长、不同强度的活动。避免组织长时间的剧烈活动以及要求憋气的活动（如拔河比赛等）。

第二，运动前做好准备活动，结束时做整理活动，尤其在比较剧烈的运动后不宜立即停止运动。因为运动时，心脏向骨骼肌输送了大量血液，如果立即停止运动，血液仍留存在肌肉中，静脉回流减少，使心排血量减少，血压降低，可造成脑暂时缺血，引起恶心、呕吐、面色苍白、心慌甚至晕倒等。

第三，剧烈运动后不宜马上喝大量的开水。运动时大量出汗，水、盐流失较多，饮用大量的水会增加心脏的负担，最好喝少量的淡盐水。

（二）预防缺铁性贫血

婴幼儿应摄取充足的营养，多摄取含铁和蛋白质多的食物，如瘦肉、大豆及其制品、动物内脏等，有利于血红蛋白的合成，预防缺铁性贫血。

（三）服装要宽松适度

过紧的鞋、帽等服装会影响血液循环的速度，不能使婴幼儿及时从外界呼吸到氧气，也不能使婴幼儿及时把体内产生的二氧化碳排出。因此，婴幼儿的鞋、帽等服装要宽松适度，有利于血液循环的通畅。

（四）保证充足的睡眠和适宜的刺激

保证充足的睡眠和适当的休息，避免过度疲劳或突然的神经刺激，以利于保护心脏。

（五）经常检查淋巴结

早发现肿大的淋巴结，可以及早发现婴幼儿所感染的疾病，及早治疗。正常的淋巴结似黄豆或蚕豆大小，柔软，相互不粘连，无压痛感。如果摸到几个硬疙瘩粘在一起，而且还有压痛感，表明淋巴结发炎肿大。

（六）预防动脉粥样硬化

预防动脉粥样硬化应从幼年开始，使婴幼儿养成健康的饮食习惯。婴幼儿膳食应控制胆固醇和饱和脂肪酸的摄入量，同时宜少盐。

第五节　神经系统

问题情境

2003 年，某地 100 多名婴儿陆续患上一种怪病——四肢短小，身体瘦小，脑袋显得偏大。当地人把这些婴儿称为"大头娃娃"。这些婴儿都有一个类似的背景，大多家在农村，父母外出打工，由家里的老人照管，因为吃不到母乳吃的是廉价奶粉。2004 年 3 月下旬，有关报道使"空壳奶粉"事件引起了社会的关注。原来空壳奶粉是不法分子用淀粉、蔗糖等价格低廉的原料替代乳粉，再用香精勾兑而成的。这种空壳奶粉的脂肪、蛋白质和碳水化合物等营养元素根本不及国家标准的三分之一。由于蛋白质含量严重不足，根本满足不了婴儿的生长需求，长期食用就会导致婴儿严重营养不良。

2018 年，记者采访了曾经的"大头娃娃"婷婷的父母，他们说婷婷反应较慢，性格也很内向，不爱说话，而且婷婷张开双手时，其两个食指都无法伸直。研究表明，儿童在胎儿期及出生后的头四年里，如果营养不良，会影响脑细胞的发育，使高级神经活动受阻，不易建立条件反射。

通过以上案例，你认为应如何科学、合理地保护婴幼儿神经系统的发育，更好地促进婴幼儿健康发展呢？

一、神经系统的组成与功能

神经系统是人体最复杂的系统，是统帅和管理其他各器官、系统活动的"司令部"。

神经系统分为中枢神经系统和周围神经系统两大部分。中枢神经系统包括脑和脊髓，分别位于颅腔和椎管内；周围神经系统包括脑神经、脊神经和自主神经，遍布于人体全身（图1-5-1）。

人体在神经系统的参与下对外界和内部的刺激做出反应，称为反射。反射是神经系统调节人体各种活动的基本方式。参与反射活动的神经结构叫反射弧，一个完整的反射弧由感受器、传入神经、神经中枢、传出神经、效应器五个部分组成（图1-5-2）。机体中的任何反射活动都是在反射弧的基础上实现的。

反射分为非条件反射和条件反射两类。

非条件反射是先天固有的，是较低级的神经活动。例如，食物进入口腔会反射性地引起唾液分泌，就是一种非条件反射。足月出生的婴儿，出生时只有少量的非条件反射。例如，觅食反射：婴儿一侧面颊被触及，头即转向该侧，上唇被触及即有噘唇动作，做觅食状。吸吮反射：将奶头、奶嘴或其他物体放入婴儿口中，他们即吮吸，吸吮后有吞咽动作。握持反射：用手指或笔触及婴儿手心时，他们立即握住手指或笔不放。拥抱反射：当婴儿仰卧在床上时，如果成人用力拍击床垫，婴儿就会将双臂外展伸直，继而屈曲内收到胸前。

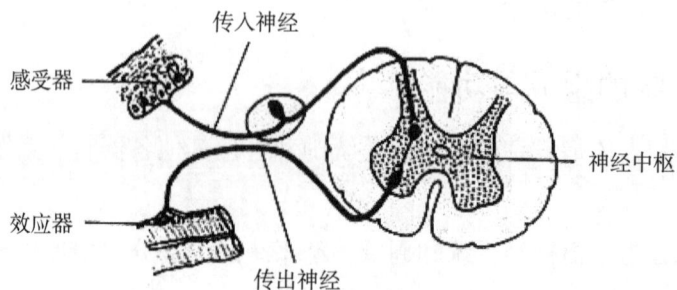

图1-5-1　神经系统示意图

图1-5-2　反射弧

条件放射是后天获得的，是在生活中逐渐建立起来的，是一种高级神经活动。比如，"望梅止渴"就是一种条件反射。条件反射的建立提高了人类适应环境的能力，一切学习和生活习惯的养成都是建立条件反射的过程。

（一）中枢神经

1. 脑

脑位于颅腔内，包括大脑、间脑、小脑和脑干四个部分（图 1-5-3）。

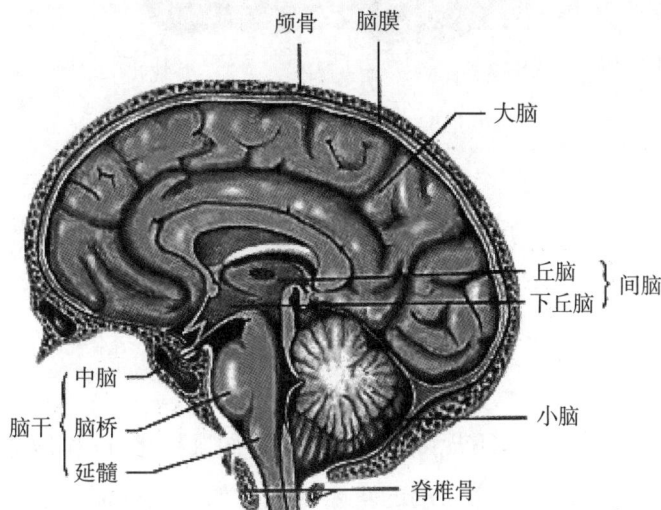

图 1-5-3　脑的组成

（1）大脑

大脑是中枢神经系统的最高级部分，分左右两个半球。大脑半球由灰质和白质构成，其中，灰质主要覆盖在半球表面称为大脑皮层。大脑皮层凹凸不平，形成了脑沟（凹陷）、脑回（凸起），这些沟裂将大脑半球分为四叶，即额叶、顶叶、枕叶、颞叶。各部分有着不同的作用，存在许多功能分区（图 1-5-4），如运动中枢、感觉中枢、视觉中枢、听觉中枢、语言中枢等，称为大脑皮层功能定位，对全身的各项活动具有控制、管理的作用。

白质分布在深层，由各种神经纤维构成，是重要的神经通道。每侧半球内还各有一个内腔，称为侧脑室。

（2）间脑

间脑位于脑干上方，包括丘脑和下丘脑两个部分。丘脑的主要功能是维持和调节意识状态、警觉、注意力等，是重要的感觉整合中枢；下丘脑是调节内脏活动和内分泌活动的较高级神经中枢，控制脑垂体活动。

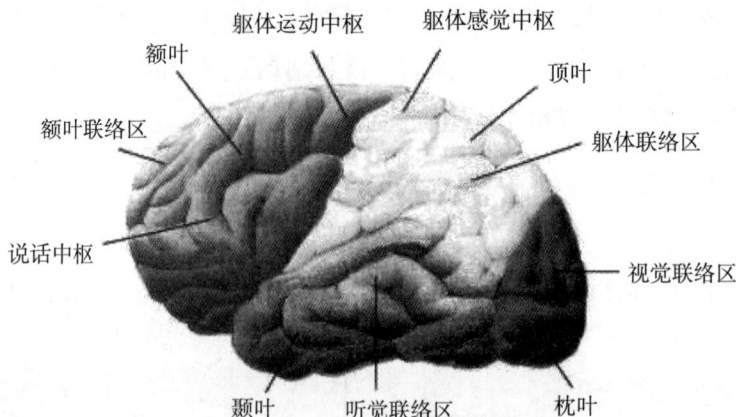

图1-5-4　大脑皮层的功能分区

（3）小脑

小脑位于大脑的后下方，具有调节躯体运动、维持身体平衡、协调肌肉运动的作用。若小脑受到损伤，人体会出现运动障碍，如失去平衡、运动不协调、不能做精细动作等。

（4）脑干

脑干位于间脑下方，呈不规则的柱状，包括中脑、脑桥和延髓三个部分。脑干是维持和调节人体基本生命活动的重要中枢，如呼吸中枢、心血管中枢等。这部分中枢受到损伤，会立即引起呼吸、心跳、血压的严重障碍，导致人体死亡，因此，脑干被称为"生命中枢"。

2. 脊髓

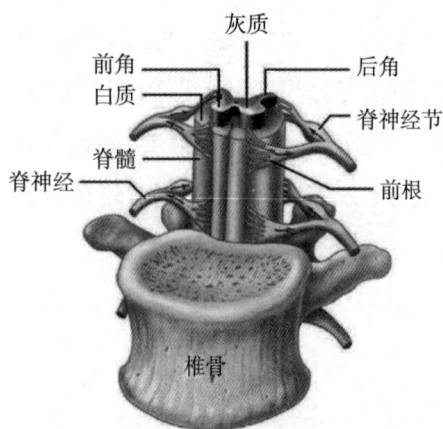

图1-5-5　脊髓

脊髓位于脊柱的椎管内，外包被膜，呈前后略扁的圆柱形。从脊髓的横切面可以看出，脊髓由灰质和白质组成。灰质位于中央部分，呈蝴蝶形或"H"状，主要由神经元胞体构成；白质位于周围，主要由上行（感觉）和下行（运动）髓鞘神经纤维组成（图1-5-5）。

脊髓是中枢神经系统的低级部位，主要功能是反射和传导。它将接收来的信息刺激传达到脑，再把脑的指令下达到各个器官。当脊髓受到损伤时，上、下行兴奋的传导就会中断，使身体在损伤面以下的感觉和运动发生障碍，造成截瘫。

（二）周围神经

1. 脑神经

脑神经从脑发出，主要分布于头部、面部，共 12 对，主要支配头部各器官的感觉、运动等。

2. 脊神经

脊神经是由脊髓发出的神经，共 31 对，包括 8 对颈神经、12 对胸神经、5 对腰神经、5 对骶神经、1 对尾神经，分布于躯干、腹侧面和四肢，主要功能是支配身体和四肢的感觉、运动等。

3. 自主神经

自主神经分布于内脏，是内脏神经纤维中的传出部分，分交感神经和副交感神经两类。自主神经的主要功能是控制心脏搏动、呼吸、消化、血压、新陈代谢等。各脏器受这两种神经的双重支配，交互抑制，保证了器官的协调作用。

（三）大脑皮层活动的特性

大脑皮层的生理活动属于中枢神经系统的高级功能。大脑皮层的活动是非常有规律的，了解其中的一些规律对指导婴幼儿科学用脑、开发智力很有帮助。

1. 优势原则

人能从作用于自身的大量刺激中选择出最强的或最符合自身目的、愿望和兴趣的少数刺激，这些刺激在大脑皮层所引起的兴奋区域称为优势兴奋灶。人们学习和工作的效率与有关的大脑皮层区域是否处于"优势兴奋"状态有关。兴趣能促使"优势兴奋"状态的形成，使人做感兴趣的事情时注意力较集中，对其他没有关系的刺激"视而不见""听而不闻"。

2. 镶嵌式活动原则

大脑皮层有着十分细致的分工。人在从事某一项活动时，只有相应区域的大脑皮层在工作（兴奋），与这项活动无关的区域则处于休息（抑制）状态。随着工作性质的转换，工作区与休息区不断轮换。这种镶嵌式活动方式，使大脑皮层的神经细胞能有劳有逸，以逸待劳，维持高效率。

3. 动力定型

若一系列的刺激总按照一定的时间、一定的顺序先后出现，在重复多次以后，这种时间和顺序就在大脑皮层上"固定"下来，形成规律，这就是动力定型。技能和习惯的训练与培养，都是动力定型的形成过程。动力定型以后，脑细胞能以最经济的消耗，收到最好的工作效果。

4. 睡眠

睡眠是大脑皮层的抑制过程。有规律、充足的睡眠是生理上的需要。睡眠可使人的精神和体力得以恢复。睡眠由两种交替出现的不同时相组成，即异相睡眠（快速动眼睡眠）与慢波睡眠（非动眼睡眠）相互转换。

在异相睡眠状态，骨骼肌紧张性降低，但血压上升，心率及呼吸加快，脑血流量及耗氧量增加等。在此时相内，眼球快速转动，肌肉可以有小抽动，人多处在梦境中。异相睡眠阶段是神经细胞活动增强的时期，可能对神经系统的发育成熟、新突触的建立以及记忆活动具有促进作用。在慢波睡眠阶段，生理功能发生了一系列变化，感觉功能减退，骨骼肌紧张性降低，血压下降，心率减慢，代谢率降低，体温下降等。慢波睡眠有利于促进生长发育以及体力的恢复。

人醒后认为自己是否做了梦，要看他是从哪种睡眠状态中醒来的。人从快速动眼睡眠状态中醒来后，可能会说："我做了个梦，梦见……"人从非动眼睡眠状态中醒来后，可能会说："一夜没做梦，睡得真香。"

二、婴幼儿神经系统的生理特点

（一）神经系统发育迅速

1. 脑细胞数目增加并完善

神经系统的发育在各系统中处于领先地位。新生儿脑重约 350 g，1 岁时脑重约 950 g，6 岁时脑重为 1200 g 左右，已达到成人脑重的 85%～90%。人出生之前半年至出生后 1 年是脑细胞数目增加的重要阶段。1 岁以后虽然脑细胞的数目不再增加了，但是细胞的突起却由短变长、由少到多。一个个脑细胞就像一棵棵小树苗，逐渐长成枝繁叶茂的大树，相互搭接，建立起诸多条件反射，形成复杂的联系，为儿童智力的发展提供了生理基础（图 1-5-6）。

视频资源

神经系统的特点与保育要点

2. 神经纤维的髓鞘化程度低

神经髓鞘包裹在神经突起的外面，好像电线的绝缘外皮，能防止"跑电""串电"，保证神经兴奋沿着一定路线迅速传导。神经纤维外层髓鞘的形成，表明了神经传导通路和神经纤维形态发育的成熟程度。新生儿神经纤维许多突起的表面处于"裸露"状态，无髓鞘包裹。随着年龄的增长，一些突起逐渐被髓鞘包裹，其

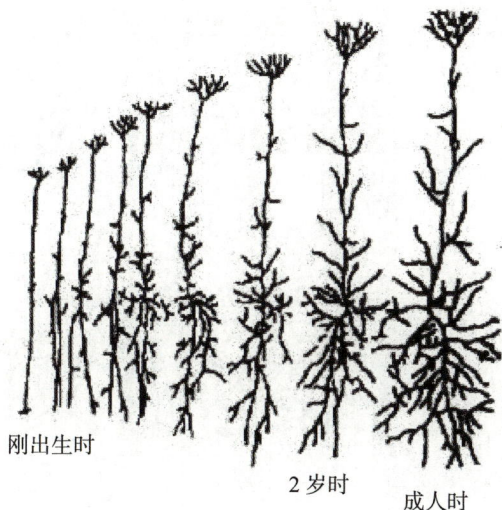

刚出生时

2岁时

成人时

图 1-5-6 神经细胞在出生后的发育

中，传递感觉信号的神经细胞最先获得髓鞘，大脑皮层中的神经元最后获得髓鞘。因此，婴幼儿对外来刺激的反应既慢又不精确，易"弥散化"。例如，摇铃在新生儿的耳畔响起，会引起他（她）全身的哆嗦反应等。到6岁左右时，儿童大脑半球的神经传导通路完成了髓鞘化，儿童对刺激的反应日益迅速、准确，条件反射的形成比较稳定。

3. 脑功能的区域化逐步发展

大脑具有一定的功能分区，不同的脑区执行着不同的功能。研究表明，新生儿在面对语言刺激时，其大脑左半球产生的电活动频次要高于右半球。可见，婴儿出生时，大脑左半球的皮层已经用于语言的加工了，这种专门化的特点使得语言能力在婴儿时期发展得极为迅速。但大脑的早期分工略显"粗糙"，随着脑的发育，脑功能的区域化更加"精准"。

（二）脑具有可塑性

1. 脑结构具有可塑性

在生命的早期，脑的发育十分迅速。伴随着神经元突起的数量增加、形态生长，神经元之间的连接——突触的数量也迅速增加并达到顶峰。之后一个新的过程就开始了，一些神经连接被"修剪"，神经元之间那些不必要的连接逐渐消失。因此，从婴儿早期一直到青春期早期，大脑的发育经历了一场突触规模突然增大然后逐渐变小的过程。不论是突触的"发展"还是"修剪"（图 1-5-7），一旦出现偏差，都可导致脑功能失调。

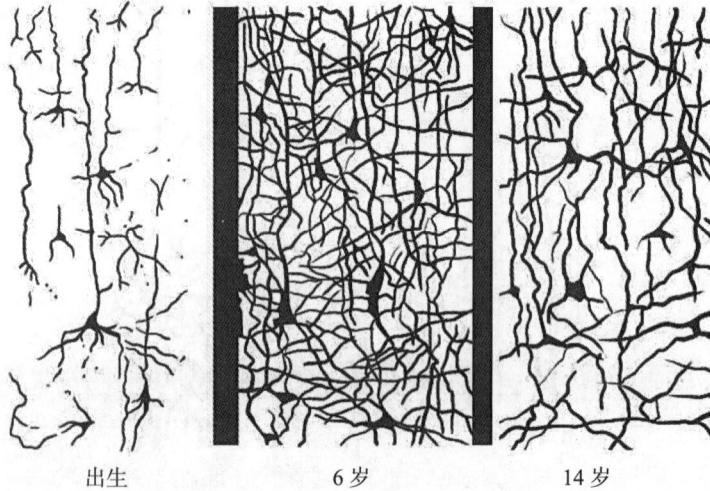

出生　　　　　　　　6岁　　　　　　　14岁

图1-5-7　突触的"发展"及"修剪"

2. 脑功能具有可塑性

大脑功能是具有一定可塑性的。例如，一场车祸造成一名儿童的大脑左半球受伤程度比较严重，导致他的语言功能受到了影响，但是几个月后，他的语言功能恢复了。这表明他大脑中的其他神经元取代了受损的神经元，接替了语言加工的功能。大脑的结构和功能会受到经验的影响。因此，在脑发育的过程中，良好的教育能"塑造"婴幼儿的大脑。

（三）大脑易兴奋，易疲劳

婴幼儿高级神经活动的抑制过程不够完善，兴奋过程强于抑制过程，兴奋占优势，故婴幼儿的控制能力比较差。例如，让孩子干什么，他乐于接受，而让他别干什么，他往往难以做到。婴幼儿虽然好动、易兴奋，但大脑皮层的神经细胞还很脆弱，兴奋时间保持较短，易疲劳，需要劳逸结合并通过较长时间的睡眠来休整、恢复。

（四）脑细胞耗氧量大

脑细胞在工作时需要消耗氧气。在清醒、安静的状态下，婴幼儿脑的耗氧量大约为全身耗氧量的50%，而成人的约为20%，故婴幼儿脑细胞需氧量更大。在空气污浊、氧气不足的环境中，婴幼儿容易产生头晕、眼花、全身无力等疲劳现象，不仅不利于婴幼儿的学习与生活，若长期处于这样的环境中，严重时还会影响脑的发育。因此，应保持婴幼儿学习和生活的环境空气清新，以满足他们脑工作的需要。

（五）自主神经发育不完善

婴幼儿交感神经兴奋性强，而副交感神经兴奋性较弱。比如，婴幼儿心率及呼吸频率较快，且节律不稳定；肠胃消化能力极易受情绪影响。

三、婴幼儿神经系统的保育要点

（一）提供合理的营养

婴幼儿的脑正处于快速发育的时期，需要丰富的优质蛋白质、磷脂等营养物质，以保证脑细胞的发育及髓鞘化的进行；同时，脑细胞只能通过氧化葡萄糖供能，而不能利用蛋白质、脂肪供能，因此，婴幼儿还需要充足的碳水化合物，为脑进行正常的思维活动提供能源。因此，应为婴幼儿提供丰富的营养，以促进脑的正常发育，并保障大脑正常工作。

（二）保证充足的睡眠

睡眠是一种正常的生理现象，它可以使婴幼儿各系统、器官，特别是神经系统得到充分休息，缓解疲劳，储蓄能力。睡眠时脑垂体分泌的生长激素大大高于清醒时的分泌量。婴幼儿长时间睡眠不足，会影响身体生长和智力发育。

一般年龄越小，睡眠时间越长。刚出生的婴儿，除了吃奶，几乎每天都处于睡眠之中。1～6个月时，婴儿每日需要睡眠16～18小时；7～12个月时，需要14～15小时；1～2岁时，需要13～14小时；2～3岁时，需要12小时左右；4～7岁时，需要11小时左右。

（三）提供新鲜的空气

婴幼儿对缺氧的耐受力不如成人。如果居室空气污浊，脑细胞首当其冲。所以婴幼儿生活的环境应定时通风，保证空气新鲜。新鲜空气含氧多，可以确保婴幼儿发育对氧气的需求。

（四）建立合理的生活制度

家庭或托育园应根据婴幼儿的年龄特点，合理地制定生活制度，安排好不同月龄、年龄婴幼儿一日活动的时间和内容，使他们养成有规律的生活习惯，这样可以更好地发挥神经系统的功能。

（五）安排丰富的体育活动

适合婴幼儿年龄特点的体育锻炼能促进脑的发育，提高神经系统反应的灵敏性和准确性。为使大脑两半球均衡发展，应加强动作多样化的训练，如指导婴幼儿两手同时做手指操、攀爬及做各种基本体操等。日常活动中，婴幼儿也可以通过串珠子、使用剪刀和筷子、玩乐器等更好地促进大脑两半球的发育。

第六节　感觉器官

问题情境

　　感冒刚好不久的琪琪重回托育园后，周老师发现琪琪活动时总是摸左耳朵。午休时，琪琪躺下来就不停地哭。周老师抱起她后，她就停止了哭泣，但一回到床上就又开始哭闹。周老师只好一直抱着琪琪。放学时，周老师和琪琪妈妈交流了琪琪在园的情况。琪琪妈妈也反映琪琪近两天在家睡觉也有同样的情况。周老师建议琪琪妈妈带琪琪去五官科检查。医生检查后，确诊琪琪患了急性化脓性中耳炎。琪琪妈妈很疑惑，明明是感冒，怎么还和耳朵有关系呢？你作为托育园教师，该如何解答琪琪妈妈的疑惑？

　　感觉是人们认识世界的途径，包括视觉、听觉、嗅觉、触觉、味觉及本体感觉。其中，视觉和听觉是人们认识世界的主要途径。人们获取的信息，靠视觉获取的约占 70%，靠听觉获取的约占 20%。

一、眼

　　眼是人类感官中最重要的器官。人眼非常敏感，能辨别不同的颜色和光线，再将这些视觉形象信息转变成神经信号，传送给大脑。

（一）眼的结构与功能

1. 眼的组成

（1）眼球

眼球由眼球壁和内容物两部分组成（图 1-6-1）。

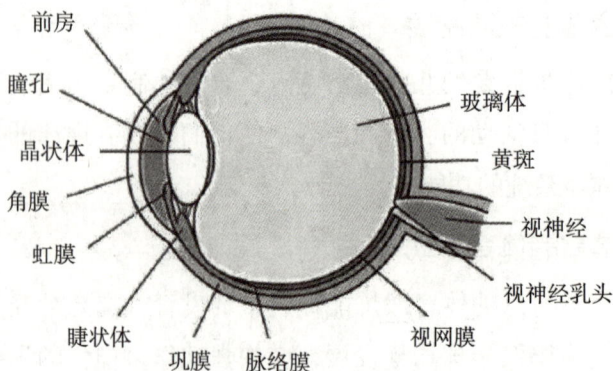

图 1-6-1　眼球的结构

眼球壁分为外、中、内三层。外层由前 1/6 无色透明的角膜和其余 5/6 乳白色且坚韧不透明的巩膜（俗称白眼珠）组成，维持眼球形状和保护眼内组织。中层包括虹膜、睫状体和脉络膜三部分：虹膜呈圆环形，可随光线的强弱改变瞳孔大小；睫状体内有睫状肌，可调节晶状体的屈光力；脉络膜富含血管，起着营养视网膜外层、晶状体和玻璃体等的作用。内层为视网膜，是一层透明的膜，能感受光线的刺激，是视觉形成过程中神经信息传递的第一站。

眼球的内容物包括房水、晶状体和玻璃体。房水是位于眼房内的透明液体，具有供给角膜及晶状体营养和氧气、维持眼内压和屈光的作用。晶状体是一个双凸透镜状的富于弹性的透明体，是重要的屈光间质。玻璃体为透明胶质，有遮光和支撑眼球的作用。

（2）眼副器

眼副器包括眼睑、结膜、泪器和眼外肌等结构，具有保护、运动和支持眼球的作用。眼睑俗称眼皮，能保护眼球，湿润角膜，清除灰尘和细菌。结膜是薄而透明的黏膜，覆盖在眼睑内面和巩膜上，可润滑眼球。泪器由泪腺和泪道组成：泪腺分泌的泪液具有杀菌性，借眨眼活动将泪液涂布于眼球表面，对眼球起保护作用；泪道负责泪液的输送，将泪液排入下鼻腔。眼外肌协调收缩，控制眼球随意转动。

2. 视觉的形成

眼睛像一架照相机，瞳孔是光圈，光圈的大小由虹膜的扩大或缩小控制；角膜和晶状体像一组镜头；巩膜、虹膜和脉络膜相当于照相机的主体（机身）；视网膜相当于一张可以反复使用的感光底片。

外界物体发出或反射的光线，从眼睛的角膜、瞳孔进入眼球，穿过晶状体，使光线聚焦在视网膜上，形成图像。图像刺激视网膜上的感光细胞，产生神经冲动，沿着视神经传到大脑的视觉中枢，经过分析和整理，产生视觉，使人感觉到物体的存在（图 1-6-2）。

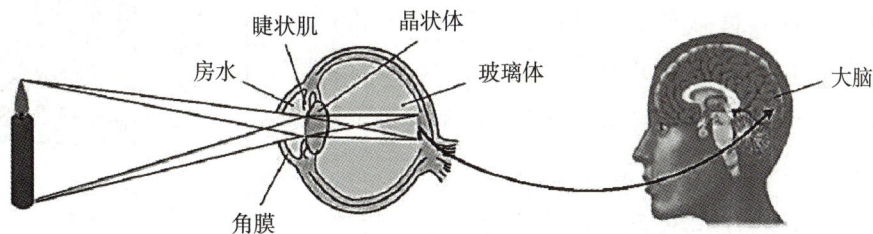

睫状肌　晶状体
房水　　玻璃体
　　　　　大脑
角膜

图 1-6-2 视觉的形成

睫状肌调节晶状体的凸度，使不同远近的物体都可以形成清晰的图像并落在视网膜上。当看近物时，睫状肌令晶状体的弧度变得较大，厚度增加，屈光度增加，图像就清楚地投射在视网膜上。反之，看远景时，睫状肌令晶状体的弯曲度减小，表面变得较扁平，屈光度变小，图像也能清晰地投影在视网膜上。

3. 视觉的发育

婴儿出生时仅有光感，眼球无目的转动，不能固视。出生后 1 个月左右，婴儿的视力达到眼前手动。2 个月时，婴儿的视力约达到 0.02，可模糊地看到人的脸部轮廓。从第 3 个月起，随着固视能力的发育，婴儿能准确地注视并追随眼前运动的物体，但双眼运动欠协调，可有轻度偏斜。4～5 个月时，婴儿开始能辨别颜色，特别是对红色感兴趣，其次为黄色和蓝色。5～6 个月时，婴儿的调节、集合反射逐渐形成，双眼运动才真正是双侧性、协调的。6～7 个月时，婴儿能辨别颜色的深浅、物体的大小和形状，并能注视远距离的物体和主动关注周围环境中的事与物。12 个月左右时，婴儿可以准确地判断空间距离，而且视敏度逐渐接近成人。

一般情况下，眼部发育和视觉发育在刚出生的头几个月进行得很快，而到了6～12 个月时发育进入相对稳定的阶段，适合对婴幼儿的视觉进行初次检查。6 个月时视力达到 0.05，1 岁时视力达到 0.2，2 岁时视力达到 0.3～0.4，3 岁时视力为0.6～0.7，4～5 岁时视力达到 1.0。

（二）婴幼儿眼的特点

1. 眼球前后径较短，呈生理性远视

婴幼儿眼球的前后径（眼轴）距离较短，看远处物体时成像于视网膜的后面，形成生理性远视。随着眼球的发育，眼球前后距离随之变长。一般到 5 岁左右，视力就可发展为正常水平。

2. 晶状体弹性较好，调节范围广

婴幼儿晶状体的弹性好，调节范围广，即使看近在眼前的物体，也能因晶状体的凸度加大而看得很清楚。但长此以往，婴幼儿易形成近距离读写的习惯，尤其是长时间的近距离阅读、绘画、看电视等，容易使睫状肌过度疲劳而引起近视。

视频资源

眼睛的特点与保育要点

3. 辨色能力逐步发展，辨色能力较弱

婴幼儿的辨色能力是逐步发展起来的。3 个月之内的婴儿只能识别黑白；4～5个月的婴儿能辨别色彩，对红色特别感兴趣；3岁时能辨别红、黄、蓝等基本颜色，但还不能清楚地分辨相近的颜色，需通过训练来发展。

4. 泪腺发育不成熟，保护力差

婴幼儿的泪腺未发育完全，不能分泌足够的泪水，且眨眼动作少，导致眼睛对外界刺激的自我保护能力差。

（三）婴幼儿眼的保育要点

1. 提供良好的采光环境和适宜的读物

婴幼儿活动场所的光线要适中，不能太强或太弱；活动室窗户设置的大小要适宜，使自然光充足，自然光不足时，宜用灯光照明；光线应从左侧射来，以免暗影遮光。婴幼儿阅读的书籍的字体需大小适中，字迹和图片应清晰可见。

2. 养成良好的用眼习惯

（1）选择适合的阅读光度

阅读时应选择适合的光度，避免阳光直射、弱光或强光。阳光中的紫外线会损伤眼睛，所以平时应注意阳光直射面部的时间。光线过强或过弱，会使眼睛很快疲劳，并影响视力。

（2）保持正确的坐姿

阅读、绘画、看电视时等要保持正确的姿势：坐姿要端正，背直，头正；眼与读物保持1尺（约33 cm）距离为宜；看电视时要离电视机1.5 m以上，最远不得超过5 m。教育幼儿不要在走路、躺卧、乘车等时间阅读、绘画，以免增加眼球的紧张度，防止斜视。

（3）把握视物时长

婴幼儿的阅读活动与户外活动要交替进行，避免过早接触电子产品。建议禁止18个月以下的婴幼儿接触电子屏幕；3岁前不接触或尽量少接触电子产品，如每周看电视不超过3次，每次不超过15分钟。

3. 注意用眼的安全和卫生

（1）预防眼外伤

避免婴幼儿玩耍尖锐的玩具或器具，教会其在游戏过程中保护好眼睛。避免婴幼儿接触刺激性化学物质，如带有刺激性的药物或硫酸等。

（2）注重用眼卫生

从小教会婴幼儿注意眼部卫生，不用脏手揉眼睛；早晨起床后及时用流水洗脸，清理眼屎，保持眼睛干净；手绢、毛巾等盥洗用品要专人专用，盥洗用品要保持清洁。

4. 定期检查视力

婴幼儿视力检查的目的在于发现某些先天的视力疾病或常见眼疾，如弱视（视力的发育相对于同龄人滞后）及屈光不正（远视、近视和散光）等，做到早发现、早治疗。

视力检查从出生时即开始，1岁内，每3个月（婴儿满月、3个月、6个月、9个月、1岁）检查一次；1岁后每半年检查一次，监测视力发育情况；3岁做一次散瞳验光，检测眼睛和视觉功能。

5. 培养辨色能力

经常和婴幼儿玩辨色游戏，可以提高其辨色能力，如玩色卡游戏、色彩鲜艳的玩具，让婴幼儿认识不同的颜色，促进其色觉发展。

6. 及时发现眼部异常

在日常生活中，照护者要注意观察婴幼儿的特殊用眼现象或行为。例如，两眼向前平视时，两眼的黑眼珠位置不匀称；经常眨眼、皱眉、眯眼；看东西经常偏着头；经常混淆形状相似的图形；手眼协调能力弱；眼睛发红；常流泪或眼屎多等。这些情况下，照护者应及时提醒家长带婴幼儿到医院检查和治疗。

二、耳

人耳具有双重感觉功能，既是听觉器官，又是机体位置和平衡感觉器官。

（一）耳的结构与功能

1. 耳的组成

耳包括外耳、中耳和内耳三部分（图1-6-3）。

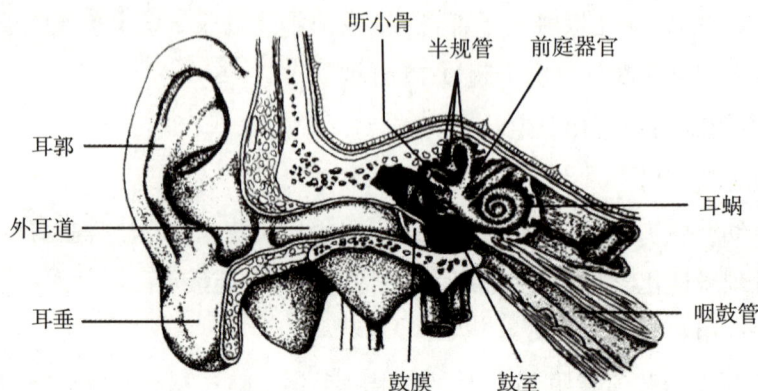

图1-6-3　耳的结构

（1）外耳

外耳包括耳郭、外耳道和鼓膜。耳郭呈漏斗状，有收集外来声波的作用。外耳道是一条从外耳门至鼓膜的弯曲管道。外耳道皮肤的耵聍腺分泌物叫耵聍（俗称耳屎），具有保护外耳道皮肤及黏附灰尘、小虫等异物的作用。外耳道的最里面是一层半透明薄膜即鼓膜，具有传导声音、保护中耳和内耳的作用。

（2）中耳

中耳介于外耳道与内耳之间，包括鼓室、咽鼓管、乳突窦和乳突小房。其中，鼓室内有 3 块听小骨（锤骨、砧骨、镫骨），能将声波的振动传入内耳。咽鼓管为中耳与鼻咽部的通道。中耳与外界的空气压力可通过咽鼓管取得平衡，保证鼓膜正常振动。

（3）内耳

内耳由一系列复杂的管腔组成，也称迷路。内耳迷路可分为耳蜗、前庭器官两部分，耳蜗与听觉有关，前庭器官与平衡觉有关。内耳感受声音，将神经冲动传入大脑听觉中枢，产生听觉。

2. 听觉的形成

外界的声波经外耳道传到鼓膜，引起鼓膜振动；鼓膜的振动引起 3 块听小骨的振动；听小骨的振动将声音传到内耳，刺激耳蜗内的听觉感受器产生兴奋；兴奋由前庭蜗神经传导给大脑皮层的听觉中枢，从而使人感知声音。一旦传导系统发生障碍，如鼓膜穿孔、中耳炎使听小骨损坏等，听力就会下降甚至丧失。

3. 听觉的发展

婴幼儿的听觉处在发育过程中。婴儿 0～3 个月时对声音还不十分敏感，偏向于听高频的声音，对 50～60 分贝的声音表现为眼睛睁开、全身抖动、两拳紧握、前臂屈曲；对大声可有惊跳反应，听到温柔的声音会安静下来。4～7 个月时能对距离耳朵 60 cm 的 35～40 分贝的较轻的声音做出可靠反应，听到母亲的声音会停止活动并将头转向声源；对不同的语调（友好的、生气的）能做出不同的反应。8～12 个月时对声音的定位能力有明显提高。1～2 岁时能听懂简单的指令，如"起来""过来"等。2～3 岁时能听懂两步指令，如"从桌上拿杯子"。3～4 岁时能理解三步指令，如"宝宝把杯子放桌子上"。

（二）0～3 岁婴幼儿耳的生理特点

1. 外耳皮下组织少，易受损

婴幼儿的耳郭皮下组织很少，血液循环较差，气温较低时易生冻疮。眼泪、

脏水流入外耳道，或掏耳垢损伤外耳道等，可使外耳道皮肤长疖。长疖疼痛会影响婴幼儿的睡眠，且外耳道的炎症易引起婴幼儿脑部感染。

2. 咽鼓管宽、短且平直，易患中耳炎

婴幼儿的咽鼓管与成人相比较短且宽，位置比较平（见表1-6-1）。咽、喉和鼻腔受感染时，细菌易经咽鼓管进入中耳，引起中耳炎，而中耳的炎症可导致脑膜炎。

表1-6-1　不同年龄时期咽鼓管的方位

不同年龄时期	咽鼓管的位置
新生儿	几乎是水平的，与水平面的夹角小于10°
4岁	与水平面的夹角呈20°
成年	与水平面的夹角呈40°～50°

3. 耳蜗感受性强，对噪声特别敏感

婴幼儿耳蜗基膜纤维的感受性比成人强，听觉比成人敏锐，对声音较敏感。噪声能够引起婴幼儿听力下降。生活中的声音如果达60分贝，不仅损伤婴幼儿听力，还会影响其呼吸、睡眠。婴幼儿如果经常处于80分贝以上的噪声中，则会睡眠不足、烦躁不安、消化不良、记忆力减退以及听觉迟钝。

（三）婴幼儿耳的保育要点

1. 禁止用锐利的工具掏耳

婴幼儿皮肤娇嫩，用锐利的工具挖取耳垢，可能会伤及外耳道皮肤和鼓膜。鼓膜若受损，则会影响听力。正常情况下，耳垢会随着运动、侧身睡、打喷嚏等动作自动掉出。如耳垢较多发生堵塞，可去医院就诊，请医生取出。

2. 预防中耳炎

喂奶时让婴幼儿呈半坐位，喂完后先拍嗝，再左侧卧，防止婴幼儿漾奶把奶呛到咽鼓管内。注意保持鼻腔和咽腔的清洁卫生，预防感冒；同时使用正确的擤鼻涕方法，不可用力过度，更不能同时按住两个鼻孔擤鼻涕，以免分泌物经咽鼓管进入中耳引发感染。洗澡、洗头及游泳时，防止污水进入耳道。

3. 减少环境噪声

噪声是一种污染，分贝过高、刺耳的声音都会损伤婴幼儿的听力。成人与婴幼儿说话时声音要适中，切忌大喊大叫；电视、音响的音量不要太大。引导婴幼儿在听到刺耳的声音时，要会捂住耳朵，或张大嘴巴，预防强音震破鼓膜而影响听力。同时，要教育婴幼儿平时轻声说话，用自然声音唱歌。

4. 及早发现听觉异常

照护者要了解和掌握婴幼儿的听力情况，进行听力监测，及时发现听觉异常，早干预，早治疗。正常情况下，突发的声音会引起新生儿的睁眼、惊吓反应；婴儿3个月左右可以转头寻找声源；6个月左右就能够听别人的言语做出简单的动作；1岁左右就会说出简单的词。若发现婴幼儿存在对声音不敏感的现象：与人交流时，需要对方不断重复内容；听人说话喜欢侧耳倾听；不爱说话或说话声音很大；平时乖巧，睡觉不怕吵等，要及时测听力。特别是婴幼儿发高烧之后，患中耳炎或者腮腺炎后，一定要进行听力检测。

5. 避免药物性耳聋

婴幼儿听神经娇嫩，容易受到药物影响而致聋。避免使用耳毒性药物，如链霉素、卡那霉素、庆大霉素等会损害内耳的耳蜗，可致感音性耳聋。

6. 多种途径发展听觉

婴幼儿虽听觉敏感，但由于缺乏生活经验，不能很好地辨别声音。照护者可经常让婴幼儿欣赏音乐、唱歌等，培养其节奏感；也可经常让婴幼儿接触大自然的声音，以促进婴幼儿区分不同的声音，发展其听觉。

三、皮肤

皮肤是人体最大的感觉器官，可以保护机体免受外界环境的直接刺激。

（一）皮肤的结构与功能

1. 皮肤的结构

皮肤由表皮、真皮、皮下组织构成，并含有毛发、汗腺、皮脂腺、指（趾）甲等附属器官（图1-6-4）。

表皮是皮肤最外面的一层，平均厚度为0.2 mm，最外层是角质层。表皮细胞不断衰亡、角化和脱落就成为皮屑。最内层是基底层（生发层），有色素细胞（其多少是决定肤色的主要因素）。

真皮位于表皮下面，主要由胶原纤维和弹性纤维交织构成，含有丰富的血管和神经末梢。

皮下组织在真皮的下部，主要由疏松的结缔组织构成，含有大量的脂肪组织。皮下组织的厚薄依年龄、性别、部位及营养状态而异。人体的胖瘦取决于皮下组

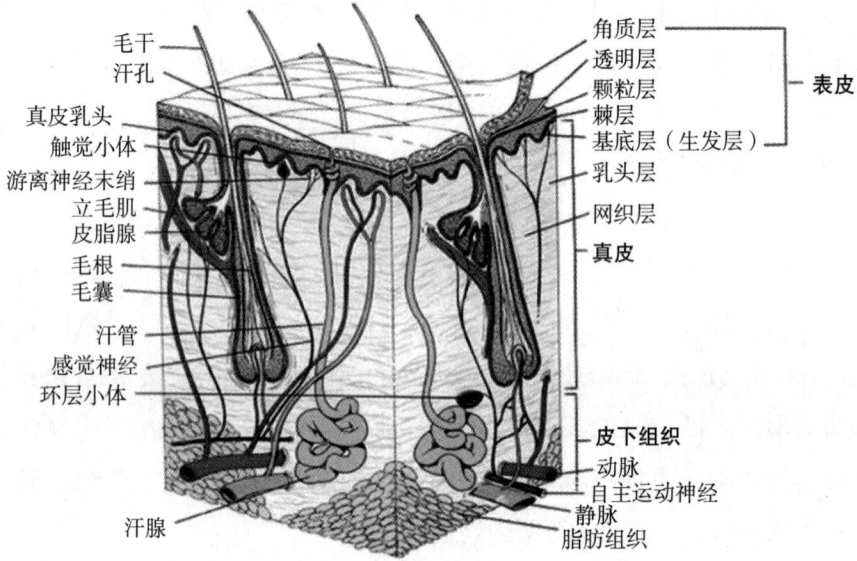

毛干
汗孔
真皮乳头
触觉小体
游离神经末梢
立毛肌
皮脂腺
毛根
毛囊
汗管
感觉神经
环层小体
汗腺

角质层
透明层
颗粒层
棘层
基底层（生发层）
表皮
乳头层
网织层
真皮

皮下组织
动脉
自主运动神经
静脉
脂肪组织

图1-6-4　皮肤结构

织的厚薄。皮下组织有防止散热、储备能量和抵御外来机械性冲击的功能。

2. 皮肤的功能

（1）保护功能

皮肤的结构柔韧而且具有弹性，能防御和缓冲挤压、摩擦等机械性损伤；防止体外物质（如细菌、病毒、虫子等病原微生物和化学物质等）的侵入，是机体免疫系统的第一道防线，对机体有保护作用。同时，皮肤中的色素可吸收阳光中的紫外线，避免紫外线对皮肤内部组织的损伤。

（2）体温调节功能

皮肤具有散热和保温的双重功能，对体温起调节作用。皮肤受到冷刺激，血管收缩，减少散热；皮肤受到热刺激，血管舒张，汗液分泌增加，可增加散热。

（3）分泌与排泄功能

皮脂腺可分泌皮脂，能滋润皮肤。汗腺可分泌汗液，将体内的一些代谢废物（无机盐、尿素等）排出体外。

（4）感觉功能

皮肤是重要的感觉器官。皮肤内含有多种感受器，如接受痛、温、触、压等刺激的感受器，分别感受痛觉、温觉、触觉、压觉等。

（5）代谢作用

皮肤中有一种7-脱氢胆固醇，可吸收紫外线，转化成维生素D，促进钙的吸收。

（6）吸收作用

皮肤具有吸收外界物质的作用。皮肤的吸收作用主要通过三条途径：一是通过角质层细胞吸收；二是通过角质层细胞间隙和毛囊吸收；三是通过皮脂腺或汗管吸收。

（二）婴幼儿皮肤的生理特点

1. 皮肤娇嫩，保护功能差

婴幼儿皮肤娇嫩，如果碰到坚硬物体，容易划伤、刮伤；真皮中的皮脂腺尚未成熟，油脂缺乏，皮肤表面呈微酸性，抗菌性和免疫力都比较弱，易受到感染；脂肪组织较少，保护功能较差。

2. 调节体温的功能差

婴幼儿皮肤的表面积相对较大，散热多；皮肤中的毛细血管密集，血管腔比较大，流经皮肤的血量比成人多，散热快；汗腺发育不完善，神经系统对体温的调节不够稳定，导致婴幼儿不能较好地适应外界气温的变化：环境温度过低，皮肤散热多，容易受凉或生冻疮；环境温度过热，易受热中暑。

3. 渗透作用强

婴幼儿皮肤薄嫩，渗透作用较强。有些物质如有机磷农药、苯、酒精都可经皮肤被吸收到体内，引起中毒。

（三）婴幼儿皮肤的保育要点

1. 培养良好的盥洗习惯

婴幼儿要从小养成良好的盥洗习惯，每天用清水洗脸、手、耳等皮肤裸露的部分，勤洗澡、洗头，勤剪指甲，保持皮肤清洁。

婴儿由于皮脂腺分泌物过多，在头皮上形成了一层黄褐色的痂皮。照护者需将植物油加热，然后晾凉，用来闷软痂皮再清洗。

2. 及时增减衣物

要根据气温的升降，及时帮助或提醒婴幼儿选择合适的衣着和增减衣物。婴幼儿剧烈活动时，可在背部隔上汗巾或及时更换衣服，以防衣服汗湿引发感冒。

3. 锻炼皮肤的冷热适应能力

空气和阳光是促进皮肤健康、提高抵抗力的重要因素。经常到户外活动，让婴幼儿充分接触空气和阳光，增强其皮肤的血液循环，提升体温调节能力，遇到冷热的刺激能反应灵敏，使体温保持相对恒定。

4. 正确选用护肤品

婴幼儿必须用专用护肤品，切不可用成人护肤品及有刺激性的化妆品。在皮肤上涂拭药物需要注意药物的浓度和剂量，不可过量。

第七节 内分泌系统

问题情境

思思入托后一直都挺正常，可是最近半年里，妈妈发现思思的身高没什么变化，原来比思思矮的小朋友都已经超过思思了。妈妈很是着急，担心托育园里的饭菜营养不均衡，或者小朋友们缺乏锻炼，可是别的小朋友没有出现同样的问题。妈妈百思不得其解，咨询医生后，发现问题竟然出在自己身上。原来思思妈妈每晚下班回家都快9点了，但思思想和妈妈多相处一会儿，一直不肯入睡，直到晚上十一二点才睡，而且晚上还会不断醒来找妈妈。妈妈为了方便照顾思思，一直开着小夜灯。

你认为哪些因素影响了思思的身高？其中的原理是什么？

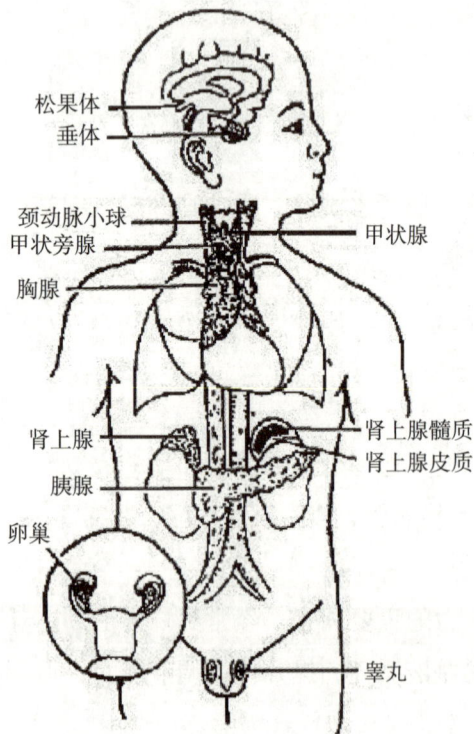

图1-7-1　人体内分泌系统

松果体
垂体
颈动脉小球
甲状旁腺
胸腺
甲状腺
肾上腺
肾上腺髓质
肾上腺皮质
胰腺
卵巢
睾丸

一、内分泌系统的结构与功能

内分泌系统是人体的调节系统，由内分泌腺和内分泌组织组成。内分泌腺分泌的物质称为激素。它直接进入血液循环，作用于特定的靶器官，促进和协调人体的新陈代谢、生长发育、性成熟和生殖等过程。婴幼儿主要的内分泌腺有垂体、甲状腺、胸腺和肾上腺等（图1-7-1）。

（一）垂体

垂体是人体最重要的内分泌腺，能分泌生长激素、促甲状腺激素、促肾上腺皮质激素等，被称为"内分泌之王"，对人体的新陈代谢、生长发育等有着重要的作用。其中，生长激素能控制人体生长，促进蛋白质合成，抑制组织对糖的利用。生长激素的分泌昼夜并不均匀，白天分泌比较少，分泌最多的时间段一般是在 21：00 至次日 1：00 和 5：00 至 7：00，且大量分泌只有在深度睡眠中才能发生。

（二）甲状腺

甲状腺是人体最大的内分泌腺，位于颈前区甲状软骨下方、气管两旁，分左右两个侧叶，形似蝴蝶，犹如盾甲，故以此命名（图 1-7-2）。

甲状腺的主要功能是合成甲状腺激素，而碘是合成甲状腺激素的原料。甲状腺激素的主要生理功能是调节新陈代谢，提高中枢神经系统的兴奋性，促进生长发育，对长骨、脑和生殖器官的发育至关重要，尤其是婴儿期。

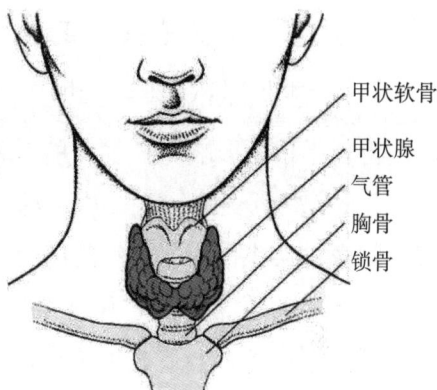

图 1-7-2　甲状腺

（三）胸腺

胸腺位于胸骨的后面，紧靠心脏，分左右两叶，呈灰赤色，由淋巴组织构成。胸腺在婴儿出生后两年内生长很快，随年龄增长继续发育，青春期后逐渐退化，被脂肪组织所代替（图 1-7-3）。

胸腺与机体的免疫功能密切相关，能产生和分泌胸腺素和激素类物质。胸腺素可使骨髓产生的淋巴干细胞（不具备免疫功能）转变成 T 细胞（具备免疫功能），因而有增强细胞免疫功能的作用。

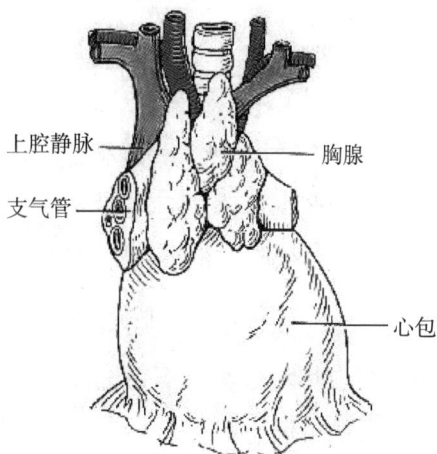

图 1-7-3　胸腺

（四）肾上腺

肾上腺是人体相当重要的内分泌器官，由于位于两侧肾脏的上方，故称肾上腺。腺体分肾上腺皮质和肾上腺髓质两部分，周围部分是皮质，内部是髓质。两者在结构与功能上均不相同，实际上是两种内分泌腺（图 1-7-4）。

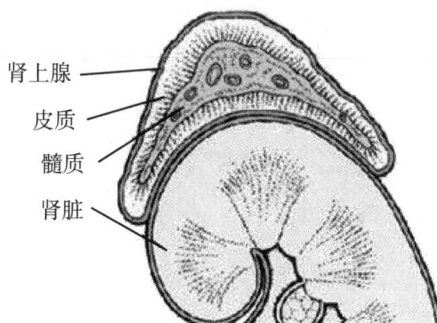

图 1-7-4　肾上腺结构

肾上腺皮质能分泌由数种类固醇混合而成的肾上腺皮质激素，能调节水与电解质的代谢与平衡、糖和蛋白质的代谢、性器官的发育及第二性征的发育。肾上腺髓质分泌的激素，如肾上腺素和去甲肾上腺素，能升高血压，调节心血管和淋巴系统的兴奋。

二、婴幼儿内分泌系统的生理特点

（一）生长激素影响婴幼儿生长

生长激素是影响生长发育的一种重要激素。婴幼儿若生长激素分泌过少，2岁以后会逐渐显现生长迟缓，除身材矮小，出牙、囟门闭合也明显延迟，但智力发育基本正常，称为"侏儒症"。反之，婴幼儿生长激素分泌过多，会造成生长过快、身材高大，称为"巨人症"。

视频资源

内分泌系统的特点
与保育要点

由于生长激素分泌的昼夜不均匀性，婴幼儿睡眠时间不够或睡眠不安，会影响其身高的增长。

（二）缺碘影响婴幼儿的智力和生长发育

碘是合成甲状腺激素必不可少的原料。婴幼儿缺碘导致甲状腺激素合成减少，使新陈代谢率下降，阻滞智力及生殖器的发育，特别是阻滞骨骼系统和神经系统的发育，可引起"呆小症"，又称克汀病。

（三）胸腺发育影响婴幼儿的免疫功能

婴幼儿胸腺发育不完善，会影响机体的免疫功能，导致呼吸道感染或腹泻等疾病反复出现。

（四）性腺在婴幼儿期发育缓慢

女孩的性腺是卵巢，男孩的性腺是睾丸，它们既是生殖器官，又是内分泌器官。性腺的活动决定两性的特征，促进肌肉发育，对垂体活动有抑制作用，因而可抑制骨骼的生长。10岁以前性腺发育缓慢，性成熟时才迅速发育。女孩卵巢发育也缓慢。月经初潮时，卵巢的质量只相当于成人的30%，18岁时可达到成人卵巢的质量。

三、婴幼儿内分泌系统的保育要点

（一）保证足够的睡眠

根据婴幼儿身心特点，合理安排一日生活制度，使婴幼儿劳逸结合。保证婴幼儿睡眠充足，睡得踏实，能有效地促进婴幼儿正常生长发育。

（二）提供科学合理的膳食

合理的营养能促进婴幼儿内分泌功能的提高，如适量食用含碘的食物能提升婴幼儿的甲状腺功能。缺碘地区要食用加碘食盐，高碘地区（水源中含碘量高）不食用加碘食盐。

（三）预防婴幼儿性早熟

某些保健食品常含有微量激素成分，可引起婴幼儿血液中激素水平的上升，若长期服用，可导致婴幼儿性早熟。正常发育的婴幼儿，不宜服用保健食品。

避免婴幼儿接触环境类激素物质：婴幼儿尽量不用塑料奶瓶，少接触塑料制品、玩具等；孕妇及哺乳期妇女不用含有激素类物质的护肤品、化妆品等。

第八节　泌尿系统

问题情境

小张是一名新入职的年轻托育教师。她了解幼儿的控尿能力差、排尿次数比成人多的特点，也深知憋尿的危害，但是又担心他们尿裤子。因此，在生活活动中，她频繁地提醒小朋友小便，甚至一上午提醒五六次。结果她发现，她越提醒，小朋友们越容易尿裤子，而且有些小朋友即使去尿，也只是尿一点点就不尿了，但过一会儿又要尿了。她忙得感觉好像整天都在帮着小朋友们穿脱裤子。

你知道这种状况出现的原因是什么吗？我们该如何引导婴幼儿如厕呢？

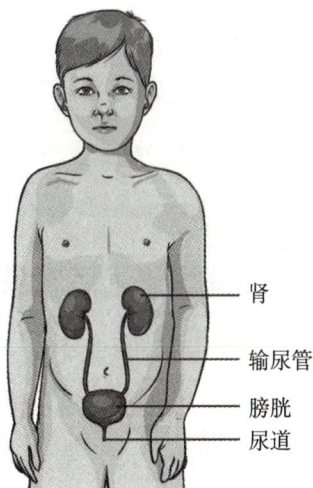

肾
输尿管
膀胱
尿道

图 1-8-1　泌尿系统

一、泌尿系统的组成与功能

泌尿系统由肾、输尿管、膀胱、尿道组成（图1-8-1），其中，肾是尿液的

"生产地"，输尿管、尿道是尿液的"输送管道"，膀胱是尿液的"贮存及排放地"。泌尿系统不仅能排出机体在代谢过程中产生的废物，还能调节体内的水分和无机盐的含量，维持机体内环境的稳定，保证生命活动的正常进行。

（一）肾

肾位于腹后脊柱两侧，左右各一，外形似蚕豆，右肾低于左肾1～2 cm。肾脏内部的结构可分为肾实质和肾盂两部分。每个肾的实质由100万～400万个肾单位组成。肾单位是肾脏结构和功能的基本单位，每个肾单位都包含有肾小球及肾小管。肾脏的主要功能是生成尿液。

（二）输尿管

输尿管是一对细长的肌性管道，呈扁圆柱状，上接肾盂，下连膀胱。输尿管由平滑肌构成，通过不停蠕动将尿液由肾盂向下输送至膀胱。

（三）膀胱

膀胱位于盆腔内，是一个由平滑肌组成的椎体囊状结构，是一个储尿器官。膀胱的伸缩性很强，如成人的膀胱可贮尿350～500 mL。膀胱与尿道的交界处有括约肌，可以控制尿液的排出。

排尿是一个由意识控制的复杂的反射活动。当尿液在膀胱贮存到一定量后，膀胱内压力逐渐增大，刺激壁上的感受器，使之产生兴奋。兴奋经传入神经传到脊髓的排尿中枢，再往上传入大脑皮层，使人产生尿意。大脑皮层根据实际情况决定是否排尿。

（四）尿道

尿道是尿从膀胱排出体外的管道，起于膀胱，止于尿道外口。男性尿道细长，长约20 cm，兼有排尿和排精功能；女性尿道粗而短，长3～5 cm。

二、婴幼儿泌尿系统的生理特点

（一）肾脏相对大，位置低

新生儿的肾脏相对较大，出生时约重25 g（约占体重的1/120），后逐渐增长，至成人时达300 g（约占体重的1/200）；婴幼儿肾脏的位置相对成人较低，随着躯体不断长高，肾脏位置逐渐升高，最后到达腰部。

视频资源

泌尿系统的特点
与保育要点

（二）肾功能不完善，易紊乱

婴幼儿的肾脏正处于生长发育阶段，功能尚未完善，在喂养不当、疾病或应激状态下，易出现肾功能紊乱。婴幼儿年龄越小，其肾小球的滤过作用越小，肾小管和集合管的重吸收能力越差，尿浓缩能力越差。因此，婴幼儿饮水过多时易出现水肿，遇到疾病或紧急状态时也易出现脱水现象。1岁前是肾脏发育的关键阶段，1岁后各项肾功能可接近成人水平。

（三）输尿管长且弯，易尿潴留

婴幼儿输尿管长且弯，同时管壁肌肉及弹力纤维发育不全，易扩张和受压扭曲，从而导致梗阻，造成尿潴留而诱发感染。

（四）控尿能力差，排尿次数多

膀胱受脊髓和大脑控制。由于婴儿大脑皮层发育未完善，婴儿对排尿尚无约束能力，当膀胱内尿液充盈到一定量时，就会不自觉地排尿。随着年龄的增长，婴幼儿一般在1.5岁左右就能渐渐控制小便，这时候可以训练婴幼儿如厕。若5岁以后幼儿还不能自主控制排尿，可能患有遗尿症。

婴幼儿膀胱容量较小，储尿功能差，故年龄越小，排尿次数越多。新生儿每天排尿20～25次，1岁时每天排尿15～16次，2～3岁时每天排尿10次左右。随着年龄的增长，幼儿每次排尿量逐渐增多，次数逐渐减少。

（五）尿道短，容易发生上行性感染

婴幼儿尿道较短。新生男婴的尿道长为5～6 cm；女婴更短，新生女婴的尿道仅长1～2 cm。而且婴幼儿期尿道生长速度缓慢。婴幼儿尿道黏膜柔嫩，容易损伤和脱落，弹性组织发育不全。

由于生理结构的特殊性，女婴尿道外口暴露在外，且与阴道、肛门接近。若不注意外阴部的清洁卫生，尿道容易被粪便等污染。若细菌经尿道上行，可引起膀胱炎、肾盂肾炎等。男婴尿道虽较长，但常有包茎存在，积垢后也易引起上行性泌尿系统感染。

三、婴幼儿泌尿系统的保育要点

（一）供给充足的水分

婴幼儿每日需要摄入足够的水分。婴幼儿每天适量饮水和摄入奶类、蔬菜、水果等，可满足新陈代谢的需要，也有利于及时排除身体内的废物，又可促进尿液的形成。排尿时尿液从上往下流动，对输尿管、膀胱、尿道起到冲刷作用，可以减少泌尿系统感染。

（二）培养定时排尿的习惯

照护者应注意培养婴幼儿及时排尿的习惯，而1.5～2岁是婴幼儿养成良好如厕习惯的关键期。若培养得当，1岁左右幼儿会用动作、语言等表示"要撒尿"，并能自己主动坐便盆排尿，1.5岁左右可养成控制排尿的习惯。一般到3岁左右幼儿白天可以不尿裤子，四五岁后夜间不再尿床。

培养婴幼儿排尿习惯时，需要注意四点：第一，避免以"把尿"形式进行排尿训练。第二，不要让幼儿长时间憋尿，训练幼儿有需求时即可排尿，如睡觉前排尿、起床后排尿、户外活动前排尿等。第三，不要频繁提醒婴幼儿排尿，以免形成尿频。第四，将婴幼儿每次坐便盆的时间控制在5分钟内，不要让婴幼儿长时间坐便盆，以免影响正常的排尿反射。

（三）保持会阴部的清洁卫生，预防尿路感染

无论男女婴，应尽早穿封裆裤，尤其是1岁左右活动自如的幼儿应穿封裆裤；教育婴幼儿不要随意坐在地上，避免细菌侵入会阴部；便后擦屁股要从前往后擦，防止大便中的细菌进入尿道引发尿路感染（泌尿系统感染）；帮助婴幼儿养成每晚睡前清洗外阴的习惯，要注意清洗的方式，要有专用毛巾、盆，而且毛巾要经常消毒。托育机构和家中的坐便器应及时冲洗，定期消毒，保持清洁。

第九节　生殖系统

问题情境

在托育园上厕所时，东东（男）好奇地蹲下来小便，结果尿湿了裤子。李老师给他换裤子时，东东不解地问："为什么我要站着小便，不能蹲着小便呢？"李老师意识到东东对性别差异有了自己的观察和发现，可是不知道采用什么样的方式给东东解释。

如果你是李老师，该如何解答东东的疑问呢？

一、生殖系统的组成与功能

人体生殖系统有男性的和女性的两类；按生殖器所在部位，又分为内生殖器和外生殖器。生殖系统的功能是产生生殖细胞，繁殖后代，分泌性激素和维持第二性征。

男性内生殖器主要由睾丸、附睾、输精管、精囊、射精管和前列腺等组成，外生殖器有阴茎和阴囊（图 1-9-1）。睾丸是男性的主要性器官，有分泌雄性激素和产生精子的功能。

图 1-9-1 男性生殖系统

女性内生殖器由卵巢、输卵管、子宫、阴道组成（图 1-9-2），外生殖器由阴阜、大阴唇、小阴唇、阴蒂等组成。卵巢是女性的主要性器官，有分泌雌性激素、孕激素和产生卵子的功能。卵子成熟后排出，经输卵管腹腔口进入输卵管，在管内受精迁徙至子宫，植入内膜，发育成为胎儿。分娩时，胎儿由子宫经阴道娩出。

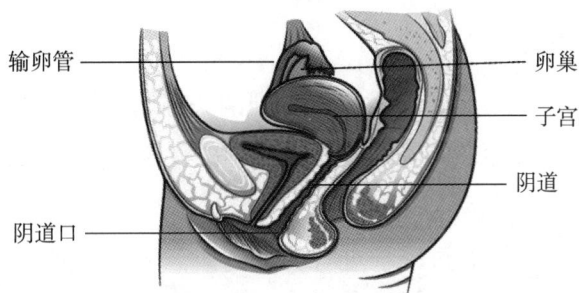

图 1-9-2 女性内生殖器

二、婴幼儿生殖系统的生理特点

（一）发育非常缓慢

婴幼儿出生时已具有基本的生殖器官，但生殖系统的发育非常缓慢，要进入青春期才发育迅速。男孩 1~10 岁时睾丸长得很慢，其附属物相对较大。女孩卵巢滤泡在胎儿时期后几个月已经成熟，只在性成熟后才开始排卵。

（二）抗感染能力弱

男孩生殖器在婴幼儿时期有可能表现为包茎或包皮过长；女孩生殖器在婴幼儿时期表现为阴道狭长、无皱襞，阴道酸度低，抗感染能力弱。这些因素容易导致炎症的发生。

三、婴幼儿生殖系统的保育要点

（一）早发现器官的异常

生殖器官发育异常较多见于男孩。男孩常见的生殖系统疾病有隐睾、包茎和包皮过长等。照护者大多都能在新生男婴的阴囊内触摸到两个花生米大小的睾丸，只有极少数（约占 3%）的阴囊里空空如也，但也会在婴儿 1～2 个月时摸到。假如婴儿 3 个月时阴囊仍是空的，就应诊断为隐睾症。隐睾症患者成年后易丧失生育能力，而且可能发生癌变，应及早发现并予以手术治疗。

（二）衣着要宽松、舒适

婴幼儿着装应以宽松、舒适为主，内衣选择棉质材料。男孩内外裤都要宽松，因为衣裤过紧会影响睾丸的发育。女孩每天都应换洗内裤，不宜穿紧身裤。

（三）注意外生殖器的清洁卫生

婴幼儿每天都应用流动清水清洗外阴。女孩清洗外阴时应由前向后清洗，最后洗肛门，需用专门的毛巾和盆。

（四）关注性教育

婴幼儿时期是形成性角色、发展性心理的关键期。照护者应注意对婴幼儿进行科学的、随机的性教育，使婴幼儿形成正确的性别自我认同，并使婴幼儿提高自我保护意识，防范性侵害。

婴儿期性教育主要是通过家长进行的。例如，母亲对婴儿进行抚育喂养时与婴儿身体的接触，可增加婴儿神经系统的敏感性。若婴儿与成人身体接触不足，则其性敏感性将受到一定程度的损害。

幼儿期性教育从引导幼儿认识自己的性别开始，并使幼儿初步进入性别角色。例如，穿着方面，男孩穿男孩服装，女孩穿女孩服饰。照护者应教育幼儿学会基本的性卫生知识，例如，大小便以后要洗手，不可把小棍等物塞入尿道等，同时引导幼儿建立初步的性道德观念，如男孩、女孩相互尊重等。

第十节　新生儿的特点与保健

问题情境

豆豆出生快两个星期了，可是豆豆妈妈每天都在不安中度过。因为豆豆妈妈有好几次发现豆豆睡着睡着就没有呼吸了，过了一会儿又有了，这吓得豆豆妈妈晚上都不敢熟睡，时不时地起来看看豆豆。豆豆妈妈还发现豆豆看东西时两眼不协调、不同步，担心豆豆眼睛有问题。

你认为豆豆的这些现象正常吗？为什么？

新生儿期是指自胎儿娩出后从脐带结扎开始算起，至第 28 天。新生儿期虽短暂，却是人生理上重大的转折时期。了解新生儿的特点，创造一个良好的环境，是新生儿期保健的重要环节。

一、新生儿的生理特点

（一）体格发育的特点

1. 出生体重和身长

出生体重是对新生儿营养状况的概括。凡胎龄为 37～42 周，体重等于或大于 2500 g 并小于 4000 g 的新生儿都为"足月正常体重儿"；出生体重不足 2500 g，为"低体重儿"，多为早产儿，需要特殊护理；出生体重等于或大于 4000 g，为"巨大儿"。"巨大儿"也需进行特殊护理。出生体重并非越重越好。

出生身长是指婴儿卧位时头顶到足跟的距离。足月新生儿平均身长为 50 cm，男婴略长于女婴。

2. 出生头围、胸围

新生儿的头围平均为 34 cm。头围能间接反映头的大小，与智力没有相关性。婴儿出生时胸围比头围小 1～2 cm。

3. 身体各部分的比例

由于胎儿是脑优先发育，其次是躯干，最后是四肢，因此，新生儿头大，占身长的 1/4，躯干较长，四肢较小。由于新生儿头大而沉，但颈部肌肉力量小且脊柱支撑无力，故抱新生儿时不宜竖抱。

（二）运动系统的生理特点

1. 骨骼多软骨，支撑力差

出生后，新生儿不少的骨头还是软骨。比如，8块腕骨就全是软骨；上、下肢的长骨也没有完全钙化，骨头的两端还是软骨。

新生儿颅骨之间的缝隙较宽，在头顶前部有一处没有骨头的部分，叫前囟门。前囟门呈菱形，约2 cm×2 cm大小。新生儿刚出生时还有侧囟门与后囟门，满月以后，只有前囟门。

新生儿脊柱的四个生理性弯曲尚未形成，脊柱的负重、支撑能力很差，无力抬头，所以抱新生儿时要注意托腰托头。

2. 肌肉屈肌力量大，四肢蜷曲

由于新生儿四肢屈肌力量大于伸肌，故四肢呈屈曲外展状（像"W"形状）。随着月龄的增加，屈肌和伸肌的力量逐渐协调，四肢就会伸展开来。包裹时，不要硬把新生儿的胳膊、腿拉直裹紧，最好的包裹是松而不散，使新生儿的下肢呈自然的"蛙式"，使上肢能自由活动。

3. 关节不够牢固，易脱臼

新生儿的关节还没有发育好，不够牢固，在强大外力作用下，容易脱臼。最容易脱臼的部位是肘关节。若新生儿衣袖太紧，照护者给新生儿穿脱衣服时，猛力牵拉或提拎新生儿手臂，就容易导致"牵拉肘"，故新生儿的衣服要宽松，且易于穿脱。

（三）呼吸系统的生理特点

1. 呼吸道狭窄，易堵塞

新生儿面骨发育尚未完善，鼻小，鼻腔狭窄，一旦感冒会出现鼻塞，可致吸吮困难和睡眠不安。气管、支气管的管腔狭窄，发生炎症时容易造成呼吸困难。

2. 呼吸浅而快，以腹式呼吸为主

新生儿呼吸浅而快，每分钟40~50次，有时节律不齐，以腹式呼吸为主。

新生儿胸腔狭窄，吸气时胸廓扩大的程度有限，在呼吸时几乎看不到胸廓的起伏。新生儿呼吸运动主要靠膈肌来完成，可见腹部明显起伏，称为"腹式呼吸"。在出生后最初的几天里，婴儿的呼吸中枢尚未发育完善，有时呼吸不规则，甚至会出现呼吸暂停。2~3日后呼吸逐渐平稳，有规律，但在哭泣、吃奶时节律会加快。

（四）循环系统的生理特点

1. 血液集中于躯干和内脏

新生儿全身血液总量约为 300 mL，多集中于躯干和内脏，四肢较少，哭泣或遇冷可出现口周发绀和四肢末端偏凉。随着月龄的增加，末梢血液循环会逐步得到改善。

2. 心跳频率快

新生儿新陈代谢旺盛，但心肌力量薄弱，心腔小，每次心跳博出血量少，故以增加每分钟心跳的次数来代偿。一般新生儿每分钟心跳的次数为 140 次左右，波动在 120～160 次 / 分。哭闹、吃奶或发烧，都可使心率加快。

（五）消化系统的生理特点

1. 唾液腺未充分发育，唾液分泌量少

由于新生儿唾液腺还未充分发育，唾液分泌量少，口腔较干燥，口腔黏膜又特别薄嫩，故不可用布擦拭口腔内部。在两次喂奶之间喂点温开水，就可达到清洁口腔的效果。

2. 胃呈水平状，易漾奶

新生儿胃容量为 30～60 mL。胃的入口（贲门）和胃的出口（幽门）几乎在一个水平上，贲门比较松，幽门比较紧，所以在吃饱以后容易漾奶。

漾奶和呕吐虽然都是奶从口中流出，但并不一样。呕吐是疾病的一种症状，呕吐前常有躁动不安，表情痛苦，呕吐量较多。一般在出生后头两天，新生儿会吐出一些淡黄色或咖啡色的黏液，那是他们在分娩过程中吸入的羊水和血液。

3. 胎便呈棕褐色，无臭味

新生儿多于生后 12 小时内排出胎便。胎便黏稠，呈棕褐色或黑绿色，无臭味。喂母乳后，2～3 天内粪便逐渐变成金黄色或棕黄色；若喂牛奶，粪便为黄色，较硬，常混有灰白色的"奶瓣"。

（六）泌尿生殖系统的生理特点

1. 肾脏尚未发育完善，排泄能力有限

新生儿的肾脏尚未发育完善，对钠盐的排泄能力有限。

2. 尿道短，易被粪便污染

新生儿尿道短，容易被粪便污染。要注意清洁护理，擦粪便时要由前向后，避免污染尿道口。

3. 排尿次数多，尿量少

绝大多数新生儿在出生后第一天就开始排尿，少数到第二天才开始排尿。最初几天，新生儿每天仅排尿 4～5 次，出生后一周可增至 20 次左右，有的甚至半小时或者十几分钟就要尿一次。

（七）神经系统的生理特点

1. 脑重占比大，发育快

新生儿脑重约 350 g，相当于成人脑重的 1/3 左右。脑细胞仍处于增殖阶段，脑细胞数量在出生后一年内仍在增加。

2. 神经细胞突起短且少，外无髓鞘

新生儿神经细胞的突起短而且数量少。由于有的神经细胞轴突的外面尚无髓鞘，刺激容易"泛化"，即新生儿身体的某个部位受到刺激时，全身都会做出动作。

3. 睡眠时间长

新生儿初离母体，对于他们而言，环境中各种刺激如声、光、风等都是过强的刺激。所以新生儿几乎整天都处于保护性抑制——睡眠之中，每天睡眠时间长达 22 小时。随着日龄的增加，睡眠时间就会逐渐减少。

4. 新生儿非条件反射（新生儿本能）对其维持生命和保护自己有现实意义

吸吮反射：奶头、手指或其他物体碰到新生儿的嘴唇时，新生儿立即做出吃奶的动作。

觅食反射：奶头、手指或其他物体并未直接碰到新生儿的嘴唇，只是碰到了脸颊，也会引起新生儿立即把头转向物体，做吃奶动作。

抓握反射：物体触及新生儿的掌心时，新生儿会立即把它紧紧握住。如果试图拿走物体，他们会抓得更紧。

惊跳反射：在突如其来的噪声刺激下，新生儿会立即把双臂伸直，张开手指，弓起背，头向后仰，双腿挺直。

怀抱反射：当新生儿被抱起时，他会本能地紧紧靠贴成人。

眨眼反射：物体或气流刺激睫毛、眼皮或眼角时，新生儿会做出眨眼动作。

迈步反射：大人扶着新生儿的两腋，把他的脚放在平面上，他会做出迈步动作，好像两腿协调地交替走路。

以上新生儿的本能是人类基因中最原始的强有力的防御反应和自我保护的表现，尤其在出生后头 2 个月内表现最强，之后随着大脑功能的逐渐成熟，这些原

始反射会逐渐消失。例如，觅食反射、吸吮反射在 4 个月左右消失，惊跳反射在 2 个月左右逐渐消退，抓握反射在 5～6 个月消失。如果新生儿的某些反射行为没有出现或反应过于频繁、剧烈，超出消失时间依然存在等，应引起照护者重视。

由于非条件反射过于简单，数量也有限，单靠这些本能无法适应千变万化的外部世界，新生儿在成长过程中，逐渐建立起各种条件反射。

（八）感觉器官的生理特点

1. 视觉有光感

新生儿眼发育尚不成熟，有一个生理性远视的过程。大部分新生儿眼运动不协调，常有生理性斜视，一般在 2～4 周时消失。

新生儿刚出生时即有光感，适宜的刺激可促进视觉的发育。例如，妈妈每次护理新生儿时，向新生儿眨眼、说话，能引起其对妈妈嘴和眼睛的注意。照护者也可用直径约为 10 cm 的红球，在距新生儿眼睛 20 cm 处，从左到右或从上到下缓缓移动，训练他用视线追随移动的物体。但注意不要反复地做或离眼睛太近，否则可致眼疲劳或促成内斜视。

2. 已具听觉，突发声音可引起惊颤或闭眼

新生儿出生 2～7 天后开始有听觉，2～4 周时能较专注地听外界声音。听到声音时，新生儿就会把头转向声源，甚至停止吸吮乳汁去聆听，直到声音消失再继续吸吮。若某种声音一再出现，新生儿就不再感到新奇，而改变音调又会引起新生儿的注意。当受到声响刺激时，新生儿就会突然伸直四肢并抖动或闭眼。

3. 皮肤保护和调节功能差，皮脂腺分泌旺盛

新生儿的皮肤角化层较薄，保护功能差。若皮肤被擦伤，细菌就可以乘虚而入，特别是颈部、耳后、腋下、腹股沟等皮肤褶皱处，很容易发生皮肤溃烂或感染。

由于新生儿体温调节中枢尚未发育完善，体表面积相对大，皮下脂肪层薄，皮下血管丰富，保温能力比较差，易使体热散失。环境温度低时，新生儿很容易受凉；由于汗腺未发育完善，环境温度高时，体热散发受阻，新生儿又容易受热。

由于皮脂腺分泌旺盛，新生儿鼻子上可能有一些黄白色的小点，头皮上也可能有厚厚的痂皮。

臀、大腿等部位，呈蓝绿色的色素斑块，称为"斑"或"胎生青记"，这种色素斑可逐渐消退，但有些胎记不会消退。胎发的粗细、稀密、长短，存在着很大的个体差异。出生时头发稀少并不预示着以后头发就少，也不反映体质的强弱。

一般到 1 岁左右，头发就密了。

二、新生儿的特殊生理现象

新生儿有一些特殊的生理现象，如生理性体重下降、生理性黄疸等，看上去好像是病态，其实是生理现象，不需要治疗，也不能随意处理。

（一）生理性体重下降

新生儿在出生后 1 周左右，由于吃奶量少，加上排出胎便、皮肤蒸发，使机体丢失水分，体重下降，比出生时减少 100~300 g，俗称"掉水膘"。在正常情况下，在出生后 7~10 天，体重可恢复到出生时的水平，以后体重明显增加。

（二）生理性黄疸

约有半数的新生儿，于出生后 2~3 天，皮肤、巩膜出现轻度的黄疸，一般经过 7~10 天，黄疸消退。除了轻度的黄疸，别的指标都正常，这就是生理性黄疸。如果黄疸出现过早，或消退过晚，或消退后又出现，就可能是疾病引起的黄疸了，应尽早诊治。

（三）"螳螂嘴"和板牙

新生儿口腔两侧颊部有较厚的脂肪层，使颊部隆起，俗称"螳螂嘴"，又称"吸奶垫"。新生儿的牙龈上有一些灰白色的小颗粒，称上皮珠（俗称板牙或马牙）。板牙不妨碍新生儿吸吮，日后也不会影响出牙，会自然消失，切勿挑、刺板牙，以免发生感染。

（四）乳房肿大

有的男婴或女婴，于出生后数日出现乳房肿胀，甚至还有乳汁分泌，这种现象一般经 2~3 周消退。

（五）女婴阴道流血

女婴出生后 2~3 天阴道排出少量血性分泌物，持续一两天。这是因为胎儿受母亲雌激素的影响，生殖道细胞增殖、充血。出生后体内雌激素的来源中断，原来增殖、充血的细胞脱落，使新生儿有"假月经"出现。若血性分泌物较多，可用棉花蘸稀释的高锰酸钾水清洗外阴。

三、新生儿的保育要点

照护者需要细心呵护新生儿，帮助其渡过营养关、温度关和感染关。

（一）保持适宜的室温

室内适宜温度为20℃～22℃。早产儿居室温度稍偏高，以24℃～25℃为宜。冬天若室内温度较低要注意保暖，同时避免室内空气太干燥；夏天要注意防暑降温，以免新生儿因摄入水分不足，体温上升，发生"新生儿脱水热"。

（二）选择合适的衣物

1. 衣服

新生儿内衣的衣料要选择柔软、易吸水、颜色浅的棉织品。上衣选择无领斜襟式，无纽扣，用带子系身侧。

2. 尿布

尿布应选择柔软、透气性好、色浅的纯棉类，便于观察大便颜色。使用过的尿布必须烫洗后再使用，并定期煮沸消毒。合理选择和使用一次性纸尿裤，应选择合适的尺码，一般白天使用尿布，晚上使用一次性纸尿裤，以减少更换尿布的频率。

（三）清洁护理

1. 面部清洁

先洗双眼，注意从新生儿内眼角向外眼角的方向擦拭，用毛巾擦过一只眼后要换一面擦另一只眼，然后将毛巾在水中清洗一下，再擦前额、面颊部及嘴角，最后拧干毛巾擦干面部。

2. 囟门清洁

新生儿囟门处只有头皮和脑膜，没有骨质，要注意保护。清洗囟门时，手指平置于头皮上，轻揉洗，不搔抓或按压。

3. 头厚痂清除

头部皮脂腺分泌的皮脂与污垢积成黄褐色的厚痂，俗称"脑门泥"。清除厚痂时，可将少许食用植物油加热，然后晾凉备用。将植物油涂在硬痂上，使痂皮闷软，再用棉签或稀齿的软梳将痂皮慢慢清除。

4. 鼻部清洁

清理鼻腔分泌物时，先软化鼻痂，可用棉签蘸清水往鼻腔内各滴1～2滴，经1～2分钟待鼻痂软化后再用干棉签将其拨出，或用软物刺激鼻黏膜引起喷嚏，即可使鼻腔的分泌物随之排除，从而使新生儿鼻腔通畅。

5. 洗澡

一般而言，新生儿出生1周后即可在家洗澡，夏天可每天洗，冬天可每周洗

1～2次。洗澡时，室温不宜低于23℃，水温在38℃～40℃为宜。洗澡前先准备好衣服、大毛巾等。不要让水流到新生儿的耳道里面，可用一手托住头颈部，用拇指和中指压住双耳，使耳郭盖住外耳道，防止水进入耳道。脐带脱落前，可分洗上身和下身，以免弄湿脐带。

（四）预防感染

1. 预防呼吸道感染

新生儿居室应保持空气新鲜，经常开窗通风，同时避免风直吹新生儿。冬季可把新生儿先抱到别处，通风后再抱回。另外，要避免室内尘土飞扬。家人感冒、咳嗽时，要戴上口罩，以免传染给新生儿。

2. 预防病从口入

母乳喂养时，喂前母亲需洗手和乳头。用奶瓶喂时，奶瓶用完后及时洗净并消毒，放置于干净带盖的容器中备用。试奶瓶内奶的温度时，不可用嘴试，可把奶滴于手腕内侧试。

3. 预防脐部感染

新生儿断脐时消毒不严格，易导致新生儿破伤风。包脐带的纱布要保持清洁，及时更换。若纱布被大小便、水浸湿，易使脐部发炎，进而易转成败血症等严重疾病。若脐部潮湿，可用消毒棉签蘸75%酒精涂擦，然后再盖上消毒纱布。

（五）预防意外

1. 预防窒息

窒息是新生儿常见的意外伤害。新生儿头大而沉，且颈部无力支撑头部。当口鼻被堵住时，新生儿往往无法挣脱，易发生窒息。

（1）预防睡眠窒息

新生儿尽量采用侧卧或仰卧睡姿，避免俯卧睡，不需要枕头，周围避免放软性物品，如棉被、毛巾等。父母不与新生儿同盖一条被子。

（2）喂奶时防窒息

用奶瓶喂时，避免让新生儿仰着喝，不强迫新生儿每餐都喝完奶瓶里的奶。喂奶后要轻轻拍新生儿后背，待胃内空气排出后，再让新生儿右侧躺，预防奶汁漾出呛入气管而造成窒息。

夜间喂奶时，母亲尽量坐喂。母亲在清醒状态下喂奶，待新生儿睡着后，方可安心去睡。如果夜间让新生儿含着奶头睡觉，熟睡的母亲易让乳房压住新生儿鼻孔而不知，从而导致窒息发生。

2. 防头部伤害

新生儿脑部还没发育完善，故不宜剧烈摇晃其头部，或将新生儿抛向空中玩耍。照护者需要帮新生儿活动身体时，先保护好他的头颈部，再进行其他操作。

在猛烈的摇晃下，脑组织不仅会受到颅骨的撞击，大脑毛细血管也容易破裂出血，引起"摇晃婴儿综合征"。轻者导致癫痫、智力低下、肢体瘫痪，重者导致脑水肿、脑疝甚至死亡。

3. 防烫伤

人工调奶过程中，不要抱着新生儿拿热水壶倒热水；用奶瓶喂时，用成人手腕内侧试奶温，避免奶过热而烫伤新生儿消化道。

给新生儿洗澡时，先用手肘内侧感觉水温，不凉不烫时再将新生儿放入洗澡；新生儿应远离热水盆、热水壶等，避免高温烫伤。

4. 防眼部灼伤

由于新生儿眼睛的生理反应（缩瞳、瞬目）还不完善，强光刺激可能会引起角膜和视网膜的灼伤。给新生儿拍照宜利用自然光源，或采用侧光、逆光，不宜用闪光灯或让阳光直射新生儿脸部。

本章小结

婴幼儿身体处于快速生长发育阶段，各器官、系统尚未发育健全，有其特殊性。了解婴幼儿的生理特点是科学育儿的基础，也是开展保教工作的重要依据。婴幼儿生理系统包括运动系统、呼吸系统、消化系统、循环系统、神经系统、感觉器官、内分泌系统、泌尿系统、生殖系统等。照护者应根据婴幼儿不同器官、系统的生理特点，采取不同的保护措施，促进婴幼儿各器官、系统的正常发育。

阅读导航

［1］李金龙，王晓刚. 婴幼儿的体质评估和运动健身方案［M］. 北京：北京体育大学出版社，2007.

在婴儿早期发展中，婴儿动作和活动发展的三个关键期特别重要，这三个关键期分别是平衡期、爬行期和精细动作期。0～3岁婴幼儿正处在这些关键期中，如何识别此阶段婴幼儿体质的健康情况，从而开展科学的运动，对促进婴幼儿的健康发展十分必要。本书主要介绍了0～1岁、1～3岁和3～6岁婴幼儿体质与基本运动能力的评价方法，婴幼儿健身方案的制订以及不同年龄段婴幼儿运动方法等内容，有助于读者了解指导婴幼儿动作发展的科学方法。

［2］［意］蒙台梭利．蒙台梭利早教方案——0～3岁感官系统训练全书［M］．薛莎莎，编译．北京：北京理工大学出版社，2013.

婴幼儿的身体是学习能力的根基，如果根基不牢固，学习能力也无从谈起。视觉、听觉、嗅觉、味觉和触觉是决定大脑、神经系统以及各个感官互动、协调程度的主要因素。尤其是在0～3岁这个阶段，感官训练对婴幼儿的成长与发展有着至关重要的意义和作用。本书主要围绕蒙台梭利原著中感官教育的理论，深刻解读其精髓，并结合0～3岁婴幼儿感官发育规律，从触觉、视觉、听觉、嗅觉、味觉五种感觉出发，提出行之有效的训练婴幼儿感官的方法。

［3］刘芳．婴幼儿科学性教育［M］．南昌：二十一世纪出版社，2003.

婴幼儿期是性意识形成的关键期，在这个关键期提供相应的教育，可以避免婴幼儿因认识需要得不到满足而严重影响其日后心理的正常发展。本书是写给父母和托育从业者的，以性别和性角色的教育为主体，主要介绍了婴幼儿性教育的必要性、方式、内容和常见的误区，条理清晰地论述了许多问题。事例丰富，很好读，也很实用。

学习检测

一、问答题

1. 婴幼儿脊柱的4个生理性弯曲是如何形成的？在照护中应注意什么？
2. 婴幼儿关节有哪些特点？如何保护？
3. 为什么婴幼儿需要特别注意坐、立、行姿势？
4. 婴幼儿的声带有什么特点？如何保护婴幼儿的嗓音？
5. 在早期教育中，如何利用优势原则、镶嵌式活动原则和动力定型？
6. 婴幼儿的感统训练有什么意义？
7. 婴幼儿皮肤有哪些特点？如何保护皮肤？
8. 婴幼儿眼睛有哪些特点？如何保护眼睛？
9. 婴幼儿耳有哪些特点？如何保护耳？
10. 什么是上行性泌尿系统感染？如何预防婴幼儿上行性泌尿系统感染？

二、案例分析

案例1：有些老人喜欢将婴儿"蜡烛绑"。他们认为婴儿的腿必须被紧紧地裹在一起，这样不仅使腿看起来漂亮，而且可以预防"罗圈腿"。

问题：你认同这种看法吗？为什么？

案例2：近段时间成成经常摸耳朵。妈妈以为成成耳朵痒，就给成成掏了耳朵，可成成反而更频繁地抓耳朵，睡觉时也抓，还不时哭醒，要求被抱着睡觉。无意中妈妈闻到成成的耳朵里有一股臭味，这才觉察到问题的严重性，连忙带成成去了医院。经医生确诊，成成得了中耳炎。

问题：试分析成成患中耳炎的原因。如何预防婴幼儿中耳炎？

案例3：奶奶特别疼爱妞妞（3岁）。过年时小辈们送了不少营养品，如荔枝干、蜂王浆等。奶奶自己舍不得吃，想着这些都是好东西，就经常拿给妞妞吃。自从吃了这些东西，奶奶感觉妞妞长得比以前快多了，心里很高兴。可妈妈在给妞妞洗澡时发现妞妞的乳房有明显隆起的症状，感到十分疑惑。

问题：妞妞的这种症状是什么原因引起的？应该如何预防？

案例4：天气很热，奶奶就给皮皮穿上了开裆裤，边穿还边说："这么热还给孩子穿纸尿裤，多难受，穿开裆裤多好！不但方便大小便，还通风透气。"一段时间后，妈妈发现皮皮解小便时经常哭闹，还发现皮皮尿里有血丝。经医生确诊，皮皮得了尿道炎。

问题：请分析皮皮生病的原因。如何预防婴幼儿尿道炎？

案例5：自从豆豆起床发现自己的"小鸡鸡"会翘后，每次起床后都会玩自己的"小鸡鸡"，不摸到"小鸡鸡"翘不罢休，而且摸的频率越来越高，连平时玩的时候也会不时地捏一捏。奶奶发现时还在一旁笑着说："羞羞。"但没有任何的制止行为。

问题：如何评价豆豆的这种行为？应如何正确引导？

案例6：小超超出生了，爸妈没有经验就请奶奶一起来照顾小超超。奶奶到后，一摸小超超的手，就连声说："哎呀，宝贝的手怎么这么凉？肯定是穿太少了，赶紧穿多点。"于是，大人都只穿薄薄的棉衣时，小超超不仅穿上了小棉袄，还裹上了厚包被，睡觉的时候还盖上了厚棉被。奶奶说："宝贝的手一定要热热的。"结果一天下来，小超超不仅小脸变得红红的，还不停地哭闹，也不喝奶。小超超妈妈很是着急。

问题：你认为小超超可能出了什么问题？新生儿照护中应如何为其保暖？

实践体验

项目一　溢奶的护理

一、实训目的

在了解婴儿消化系统生理特点的基础上，掌握婴儿溢奶护理的方法和动作要领，能采用正确的方法给婴儿进行溢奶护理，了解婴儿溢奶护理时的注意事项。

视频资源

溢奶的护理

二、设备及物品

婴儿模型、干净的毛巾、衣服、清水、脸盆。

三、操作步骤

（一）准备

①准备一盆38℃～40℃的清水。

②着装整洁，剪短指甲，洗净双手，将护理物品准备齐全并放好。

（二）喂奶后的护理

①把婴儿轻轻竖着抱起，让其头部靠在照护者的肩部。

②一手托婴儿臀部，一手呈空心状从婴儿腰部由下至上轻扣婴儿背部，拍5～10分钟，使婴儿将吃奶时吞入的空气排出。

③将婴儿右侧卧放于床上。

（三）溢奶时的处理

①立即将婴儿的头侧向一边，让溢出的奶流出来。

②用干净的毛巾把婴儿嘴角或鼻腔溢出的奶擦拭干净。

③重复喂奶后的护理步骤1、步骤2。

（四）溢奶后的处理

①更换婴儿被溢出的奶弄湿的衣物。

②清洗擦拭过奶的毛巾和湿衣物，晾干备用。

（五）整理

整理好婴儿模型，将所用物品摆放整齐。

四、注意事项

①每次喂完奶后，均应拍嗝，时间长短因人而异。

②溢奶后要及时清理干净口、鼻中溢出的奶，以防吸入气管。

项目二 红臀的护理

一、实训目的

在了解婴儿皮肤生理特点的基础上，掌握婴儿臀部护理的动作要领，能采用正确的方法进行婴儿的臀部护理，了解婴儿红臀护理时的注意事项。

视频资源

红臀的护理

二、设备及物品

婴儿模型、小盆、温水、毛巾、纸尿裤、湿纸巾、护臀霜、40w 鹅颈灯或红外线灯、棉签、弯盘、鞣酸软膏或浓度为 40% 的氧化锌油、床褥。

三、操作步骤

（一）准备

①准备一盆 38℃～40℃的温水。

②调节室温至 24℃～28℃，酌情关闭门窗，洗净双手，将物品按顺序放好。

（二）一般性护理

1. 清理排泄物

①将婴儿按照先臀部后头部的顺序，放于隔尿垫上。

②打开纸尿裤两端胶贴，并粘好。一般男婴此时会有排尿反应，打开后，可暂停 3 分钟再清理。

③一只手轻轻提起婴儿脚踝，另一只手用纸尿裤前端干净的部分，从上向下轻轻擦拭婴儿肛门周围。

④将婴儿两腿折叠置于婴儿臀下，取干净湿纸巾，从上向下擦拭残留的污物。

⑤将用过的湿纸巾和纸尿裤包好丢弃。

2. 清洗臀部

①双手轻轻托起婴儿头部放于肘窝处，一手抓握好婴儿大腿根部，顺势抱起婴儿。

②用清水依次擦拭婴儿的小腹、腹股沟、生殖器、肛门及臀部。

③将婴儿放回隔尿垫上，用毛巾轻轻擦干皮肤褶皱处的水分。

3. 擦护臀霜

①将护臀霜挤到中指指腹并揉开，另一只手轻轻提按婴儿脚踝部。

②将护臀霜轻轻拍在婴儿的会阴区、腹股沟区、后臀区等易沾染排泄物或发红的皮肤部位，男婴的阴茎下及阴囊下部也要涂抹均匀。

③待婴儿臀部彻底干燥后，给婴儿穿好纸尿裤和衣物。

（三）治疗性护理

1. 评估患儿臀部皮肤情况

①轻度红臀：仅表现为皮肤潮红。

②重度红臀可分为三度：Ⅰ度——局部皮肤潮红伴有皮炎；Ⅱ度——皮肤破溃；Ⅲ度——局部有较大片糜烂或表皮脱落，有时可继发细菌或真菌感染。

2. 臀部清洁

①用手沾温水轻柔地清洗臀部，而不要用毛巾直接擦洗臀部。

②用毛巾吸干皮肤上的水，将清洁尿布垫于臀下。

3. 轻度红臀护理

①使臀部暴露于空气中或阳光下，每次10~20分钟，每天2~3次。

②局部涂鞣酸软膏或浓度为40%的氧化锌油，环形按摩。

③待婴儿臀部彻底干燥后，给婴儿穿好纸尿裤，并穿好衣物。

4. 重度红臀护理

①让婴儿呈侧卧位，盖好被褥，只暴露出红臀部位，男婴会阴部用尿布遮住。

②将灯光面对臀部皮炎部，灯泡置于臀部上方30~40 cm处。

③打开电源，操作人员用前臂内侧皮肤测试灯光有温热感即可使用。

④用两手扶持婴儿保持体位，照射10~15分钟，然后关闭电源，移开灯源。

⑤将鞣酸软膏呈放射状涂于红臀部位。

⑥待婴儿臀部彻底干燥后，给婴儿穿好纸尿裤和衣物。

（四）整理

整理好婴儿模型，将所用物品进行清洁、整理，摆放整齐。

四、注意事项

清洗女婴臀部时，需用水由前向后淋着洗，以免污水逆行进入尿道，引起感染。先擦洗阴唇之间的污渍，再至大腿根部、肛门及双侧臀部。

护臀霜使用不宜过多，一般一天3次。

臀部局部皮肤发红时，不用热水或肥皂清洗。

第二章　婴幼儿生长发育及评价

导言

　　人从一颗小小的受精卵成长为一个成熟的个体都需要20年左右的时间。婴幼儿正处于出生后生长发育最快速的时期，其生长发育的表现既有群体的共性，又有明显的个体差异性。照护者只有充分了解婴幼儿生长发育的特点，遵循其生长发育的规律，才能为其提供良好的条件，科学地开展早期保教，从而使婴幼儿生长发育的潜力得到最大限度的发挥。

学习目标

1. 了解生长、发育、成熟的概念。

2. 了解婴幼儿年龄阶段的划分及其保育要点。

3. 熟悉婴幼儿生长发育的规律及其影响因素。

4. 掌握婴幼儿生长发育的评价指标和常用评价方法。

5. 学会使用发育等级评价法、发育曲线图评价法等方法，并能运用相应测量工具测量婴幼儿身体发育指标。

知识导览

```
第二章　婴幼儿生长发育及评价
├─ 第一节　生长发育概述
│   ├─ 一、生长、发育及成熟
│   └─ 二、年龄分期及各阶段的保育要点
├─ 第二节　婴幼儿生长发育的规律
│   ├─ 一、生长发育的阶段性和程序性
│   ├─ 二、生长发育速度呈波浪式变化
│   ├─ 三、生长发育的不均衡性
│   └─ 四、生长发育的个体差异性
├─ 第三节　婴幼儿生长发育的影响因素
│   ├─ 一、遗传因素的影响
│   ├─ 二、营养因素的影响
│   ├─ 三、疾病因素的影响
│   ├─ 四、体育锻炼的影响
│   └─ 五、生活制度的影响
└─ 第四节　婴幼儿生长发育的评价
    ├─ 一、婴幼儿生长发育的评价指标
    └─ 二、婴幼儿生长发育的评价方法
```

第一节 生长发育概述

问题情境

萌宝快 2 岁了，妈妈想给萌宝做个纪念册。妈妈翻看照片时发现在孩子出生后的 2 年时间里，自己并没有什么大的变化，而萌宝的变化大得出奇。妈妈在感叹的同时，又不禁猜想：接下来萌宝还会有怎样的变化呢？还会像之前一样飞速发展吗？

你该如何来解答萌宝妈妈的问题呢？

生长发育是婴幼儿不同于成人的一个重要特征。生长发育是条单行线，错过了就无法重来。只有充分了解人体生长发育的规律，并在成长的整个年龄阶段定期监测发育变化，才能及早发现问题，及时干预治疗。

一、生长、发育及成熟

人的生长发育是指从受精卵到成人的成熟过程，包括生长和发育。

生长是指身体各器官、系统的长大和形态变化，是机体在量的方面的改变，可以由相应的测量数值来反映，如身高（身长）、体重、头围、胸围等。发育是指细胞、组织、器官和系统的分化、完善与功能上的成熟，是机体在质的方面的变化，如肾功能的增强、小脑平衡能力的完善。成熟是指机体的生长和发育达到了一种相对完备的状态，标志着个体的形态、生理功能等方面都已达到了成人水平，具备了独立生活和生殖养育下一代的能力。

生长和发育两者紧密相关，生长是发育的物质基础，生长的量的变化可在一定程度上反映身体各器官、系统的成熟状况。而发育是生长量变到质变的必然结果，发育状况又反映出生长的量的变化。它们共同反映了人体的动态变化。

二、年龄分期及各阶段的保育要点

根据人体每个阶段不同的生理和心理特点，我们一般将 0～3 岁划分为胎儿期、新生儿期、婴儿期和幼儿期四个阶段，以便实施适宜的卫生保健，促进婴幼儿的生长发育。

（一）胎儿期

从受孕至胎儿娩出的时间（一般为 280 天共 40 周），称为胎儿期。胎儿期的主要特点如下：胎儿完全依赖母体生存，组织器官正在形成；母体的身体健康、心理卫生、营养状况和生活环境等均可对胎儿的生长发育产生较大影响。

胎儿期的保健是通过对孕妇的保健来实现胎儿在宫内的健康生长发育，其重点在于预防。胎儿期的保育要点如下。

1. 预防遗传性疾病

禁止近亲结婚，有遗传病家族史的要进行遗传咨询，预测风险率，进行产前检查。

2. 预防先天畸形

孕妇尽量不去人多、空气污浊的公共场所，避免各类病毒及原虫的感染；避免接触有毒的化学物质及放射线，尤其是在妊娠早期；孕妇患病应积极治疗，在医生指导下用药。

3. 预防早产

重视定期孕期检查，发现危险因素后加强监护，积极处理。

4. 保证充足的营养和休息

孕妇生活要有规律，保持心情愉快，注意合理饮食。孕妇营养不足可导致胎儿异常，尤其是在胎儿期最后 3 个月，胎儿脑的发育明显加快，所以需加强孕后期营养，以保证胎儿的生长发育。

（二）新生儿期

从胎儿出生至满 28 天称为新生儿期。从胎内依赖母体生活过渡到胎外独立生活，新生儿面临着内外环境的巨大变化，所以这是一个重要而特殊的阶段。由于新生儿身体各器官、系统的发育和生理功能都不完善，新生儿对外界环境适应性差，抵抗感染能力弱，极易患各种疾病，因此需要特别护理。

新生儿期的保育要点如下。

1. 注意保暖，选择合适的衣物

新生儿室内温度应保持在 24℃～25℃，应注意衣被的增减，观察室温及衣被是否适宜；衣着要宽松，不宜捆裹，不妨碍四肢活动，易穿脱。

2. 提倡母乳喂养

母乳营养成分全面，酶和免疫物质含量多，有利于新生儿健康成长和抵抗感染。新生儿期一昼夜哺喂次数一般不应少于 8 次。

3. 注意清洁护理，防止感染

保持新生儿皮肤的干燥和清洁。脐带未脱落时，要保持脐带局部的清洁干燥，防止沾水或污染，预防脐部感染。

4. 做好预防接种和新生儿疾病筛查

新生儿出生后 24 小时内注射乙肝疫苗、卡介苗等疫苗进行预防接种；按规定开展新生儿疾病筛查，早发现、早治疗，减少后遗症。

（三）婴儿期

从婴儿出生第 29 天至 1 岁称为婴儿期，也称乳儿期。婴儿期是婴儿出生后生长发育最快的时期。婴儿期身长增长约 50%，体重增加约 2 倍，头围增加 12 cm 左右，因而对能量和蛋白质的需求特别高，如供给不足易发生营养不良和发育迟缓。同时随着月龄的增加，婴儿从母体获得的免疫力逐渐消失，而自身免疫功能尚未发育成熟，故对疾病的抵抗力较弱。

婴儿期的保育要点如下。

1. 注意合理喂养

母乳是婴儿最适宜的食物，其成分能满足 6 个月内婴儿生长发育的需要，所以应提倡母乳喂养。婴儿满 6 个月后开始添加辅食，并逐渐增加辅食的种类和数量，同时可以继续母乳喂养至 2 岁。

2. 按时预防接种

接种疫苗是预防、减少与消除传染病的有效方法。婴儿应按照国家规定的计划免疫程序，在 1 岁以内完成卡介苗、脊灰疫苗、麻风疫苗及乙肝疫苗等疫苗的接种。

3. 定期健康检查

按目前婴儿期的健康体检要求，婴儿在出生后一年内需定期体检 4 次（3 月龄、6 月龄、9 月龄、12 月龄），6 月龄测查一次血红蛋白，8~9 月龄进行一次听力筛查。

4. 加强体格锻炼

满月以后婴儿就可到户外呼吸新鲜空气、接触阳光。2 个月开始每天做被动操，6 个月开始做主被动操，每天 1~2 次，促进婴儿基本动作的发展及骨骼、肌肉的发育。

5. 关注早期教育

婴儿早期教育以感觉和动作训练为主。婴儿的感知觉是在日常生活中通过实践与训练发展起来的。按照运动发展的规律，适时地训练婴儿翻身、坐、爬、站、走等能力，促进婴儿运动觉的发展。

（四）幼儿期

1岁至3岁，称为幼儿期。幼儿期体格生长速度较婴儿期缓慢，但中枢神经系统的发育加快。随着生活范围的扩大及接触事物的增多，幼儿的语言、思维和交往能力得到进一步发展，智力在这个阶段发育也较快；幼儿的好奇心强，但识别危险的能力较差，运动能力不完善，容易发生意外创伤和事故；免疫力仍然比较低，容易患常见病和传染病。

幼儿期的保育要点如下。

1. 合理安排膳食

供给丰富且平衡的营养，每日安排5~6餐，以满足幼儿生长的需要。在乳牙尚未出齐之前，幼儿的咀嚼能力和胃肠消化功能较弱，应提供细、软、烂的食物，便于消化。

2. 促进动作和语言的发展

通过游戏发展幼儿的跑、跳、攀登等大动作和平衡能力；通过搭积木、画画等训练幼儿的精细动作和手眼协调能力；通过讲故事、唱儿歌等促进幼儿语言能力的发展。

3. 加强安全教育

避免活动环境与设施中有致幼儿烫伤、跌伤等的危险因素；尽量不让幼儿食用瓜子、花生等易导致气管堵塞的食物；不宜让幼儿独自外出或留在室内，以免发生意外。

4. 坚持体检和预防接种

幼儿应每6个月体检一次，每年测查一次血红蛋白，筛查一次听力，系统观察其体格生长和营养状况。做好预防接种及贫血、营养不良、肥胖等常见病的防治工作。

5. 培养生活习惯

幼儿期是各种习惯形成的重要时期，应安排规律的生活，培养幼儿独立生活的能力和良好的饮食、睡眠和排泄等习惯。

第二节　婴幼儿生长发育的规律

问题情境

我家宝宝现在不到6个月，2个月10天的时候自己就能翻身了，4个多月时能坐起来，5个月的时候自己就能扶着东西站起来，所有的发育过程都是她自己完成的，大人没有帮助她。家里老人说她这样发育会影响长个子，网上也有很多育儿帖子说孩子太早站立行走对骨骼发育不好，是不是真的？怎么阻止她呢？

以上是某育儿网站上的求助帖，你认为这个宝宝正常吗？需要阻止她站立吗？

婴幼儿的生长发育，不论整体速度还是各器官、系统的发育，都遵循一定的规律。认知这些基本规律有助于正确评估婴幼儿的生长发育状况，更好地促进婴幼儿健康发展。

一、生长发育的阶段性和程序性

生长发育是一个连续的过程，由不同的发育阶段组成，如年龄分期、各阶段间顺序等不能被跨越。前一阶段的发育为后一阶段奠定相应的必要基础；任何阶段的发育出现障碍，都将会对后一阶段产生不良影响。例如，婴儿要经历从只能吃流食、躺卧和啼哭，到1岁左右能吃多种食物、会走和说单词的发展过程；动作发展必须经历抬头、转头、翻身、直坐、爬行、站立等步骤。其中任何一个环节发生障碍，都会影响整个婴儿期的发育，并使幼儿期的发育延迟。

婴幼儿生长发育阶段有一定的程序性，遵循由上到下、由近到远、由粗到细、由低级到高级、由简单到复杂的规律。

（一）头尾发展律

婴幼儿的发育遵循头尾发展律（由上到下），即生长发育首先从头部开始，然后逐渐延伸到尾部（下肢）（图2-2-1）。

从生长速度看，胎儿期头颅生长最快，婴儿期躯干增长最快，2～6岁下肢增长幅度超过头颅和躯干。因此，身体比例不断变化，由胎儿2个月时较大的头颅、较长的躯干、短小的下肢发展到儿童时期各部分较为匀称的比例。

从动作发展顺序看，首先是头部的运动（抬头），以后发展到上肢的活动（取物），再发展到躯干的活动（翻转或直坐），最后发展到下肢的活动，实现两腿站立和行走，即婴幼儿会走路前要先经过抬头、转头、翻身、直坐、爬行、站立等发育阶段（图2-2-2）。

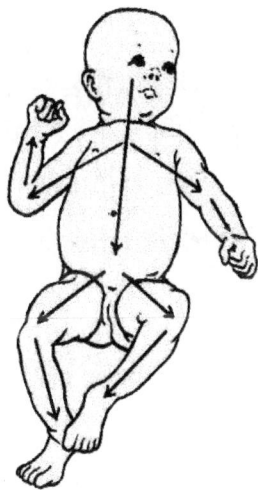

图2-2-1 婴幼儿发育的头尾发展律示意图

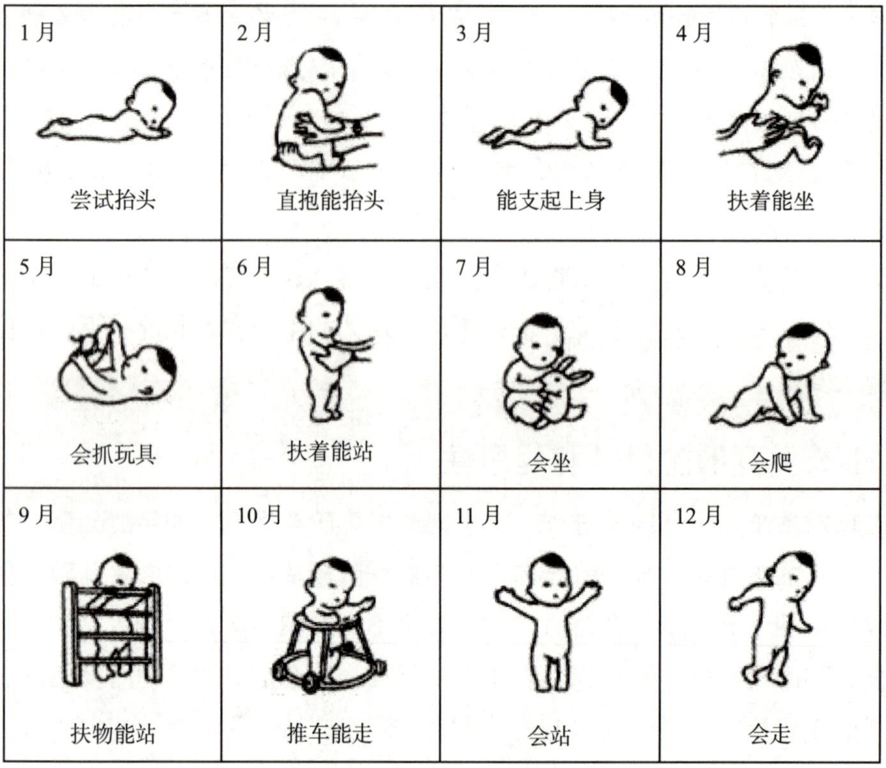

1月	2月	3月	4月
尝试抬头	直抱能抬头	能支起上身	扶着能坐
5月	6月	7月	8月
会抓玩具	扶着能站	会坐	会爬
9月	10月	11月	12月
扶物能站	推车能走	会站	会走

图 2-2-2　婴幼儿动作发展示意图

（二）近侧发展规律

婴幼儿发育还遵循近侧发展规律，即粗大动作和精细运动的发展表现为近躯干的四肢动作先发展，手的精细动作后发展（由近到远，即从臂到手、从腿到脚）。

此规律在婴幼儿上肢肌肉的发育中表现尤其明显，即近躯干的肩部肌肉先发育，进而是上臂、前臂、手腕和手指远端的精细肌肉群的发育。例如，新生儿只会上肢无意识乱动；4～5个月时开始有取物动作，但只能全手一把抓；8个月时能用拇指和食指抓玩具；12个月时才会用拇指和其余指尖自如地拿捏细小的物体；2岁左右会用勺子吃饭，但仍需要手腕的协调配合才能完成。

二、生长发育速度呈波浪式变化

婴幼儿生长发育是快慢交替的，从发育速度曲线上看，不是随年龄增长呈直线上升的，而是呈波浪式上升的。

胎儿期是身长和体重增加在一生中最快的阶段。身长在胎儿4～6月时增长约27.5 cm，占新生儿身长的一半左右；体重在胎儿7～9月时增加约2.3 kg，占正常新生儿体重的2/3以上。

出生后增长速度开始减慢，但出生后头两年的增长速度仍比较快。出生第一年内，身长增长 20~25 cm，约为出生时（50 cm）的 40%~50%；体重增加 6~7 kg，约为出生时（3 kg）的 2 倍。无论身长还是体重都是在出生后第一年增长最快。出生后第二年增长速度也较快，身长增长约 10 cm，体重增加 2.5~3.5 kg。2 岁以后增长速度减慢，平均每年身高增长 4~5 cm，体重增加 1.5~2.0 kg，保持相对稳定的速度，直到青春发育期再出现第二次生长发育高峰。

三、生长发育的不均衡性

（一）身体各部分发育的不均衡性

在整个生长发育过程中，身体各部分的增长幅度是不均衡的。从出生到发育成熟，头颅增大了 1 倍，躯干增长了 2 倍，上肢增长了 3 倍，下肢增长了 4 倍。由此身体各部分的比例不断变化，从胎儿时较大的头颅（约占全身 4/8）、较长的躯干（约占全身 3/8）和短小的下肢（约占全身 1/8），逐渐发育到成人时较小的头颅（约占全身 1/8）、较短的躯干（约占全身 4/8）和较长的下肢（约占全身 3/8）（图 2-2-3）。

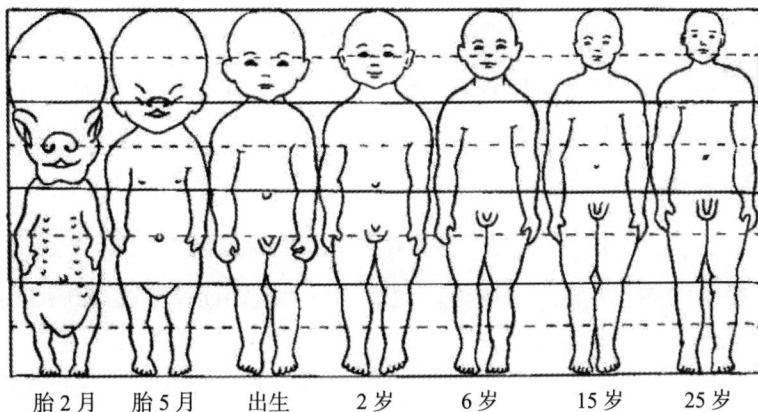

图 2-2-3　身体各部分比例变化示意图

（二）各系统发育的不均衡性

人体各系统的发育并不是按年龄以同步速度进行的，有的系统发育较早，有的系统发育较晚；同一系统在不同时期的生长发育速度也是不一样的，呈现不均衡的规律。根据不同组织、器官的不同的生长发育时间进程，可将全身各系统不同的生长模式归纳为四类（图 2-2-4）。

1. 一般型

肌肉、骨骼、心脏、血管、肾脏、肝脾及血液量等，它们的生长模式与身高、

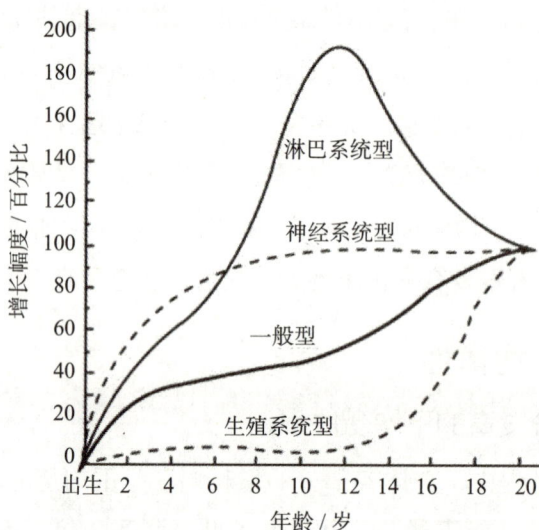

图 2-2-4　人体生长发育模式示意图

体重的基本相同，先后在婴幼儿期和青春期出现两次生长突增，其余时间稳步增长。出生后第一年增长最快，以后逐渐减慢；到青春期出现第二次生长发育高峰，青春期中后期增长速度减慢，直到成熟。

2. 神经系统型

脑、脊髓、视觉器官以及反映头颅大小的头围、头径等，只有一个生长突增期，其快速增长阶段主要出现在胎儿期至 6 岁前，而没有青春期的第二次生长突增。神经系统尤其是大脑最先发育，而且在胎儿期、出生后第一年发育特别迅速。

3. 淋巴系统型

胸腺、淋巴结、间质淋巴组织等在出生后至 10 岁前生长非常迅速，在 12 岁左右达到高峰，约达到成人的 200%，但在 10～20 岁随着其他系统的逐渐成熟和机体免疫功能的完善，逐渐萎缩。

4. 生殖系统型

人的生殖系统的发育较其他系统是最晚的，在婴幼儿期几乎不怎么发育，在出生后第一个 10 年内，其外形几乎没有发展，进入青春期后才会迅速发育。

四、生长发育的个体差异性

婴幼儿生长发育虽按一定的规律进行，但在一定范围内由于先天因素（遗传、性别等）和后天因素（环境、营养、疾病、生活制度等）的影响，无论身体形态还是机体功能都存在相当大的个体差异，呈现出高矮胖瘦等的不同。

即使在同性别、同年龄的群体中，每个婴幼儿的发育水平、发育速度、体型特点等也都会各不相同，导致他们的生长轨迹不会完全相同。

因此，评价一个婴幼儿的生长发育，不能简单地将其指标数据同标准进行比较，而应该全面考虑各种因素，将他以往的情况与现在的情况进行比较，观察其生长发育动态才更有意义。只要他在原有的基础上按正常的速度长高增重，即使没有达到所谓平均标准，也不能说是不正常的。

第三节　婴幼儿生长发育的影响因素

问题情境

小贝3个半月还不会抬头，于是妈妈带小贝到医院检查。医生经询问发现小贝没有高危病史，了解到家里长辈担心小贝脖子没长好，出生以来一直让他平躺或平抱他，从来没有让他趴过。医生分析：可能是小贝的锻炼机会遭到了剥夺，造成了他暂时的发育落后。医生马上把小贝竖抱起来，发现他的小脖子还挺硬的，晃晃悠悠挺住了，建议小贝妈妈回家后每天给他趴着玩的机会。半个月以后妈妈反映：小贝能趴着抬头了。

以上案例中，是什么因素导致了小贝抬头迟缓？还有哪些因素会影响婴幼儿的生长发育？

婴幼儿的生长发育在一定范围内受到多种因素的影响，大致可分为内在遗传因素和外在环境因素两大类。遗传决定机体生长发育的潜力，而环境因素则影响遗传潜力的发挥，决定发育的速度和达到的程度。例如，婴幼儿的身高既与父母的身高有关，也受营养、疾病等的影响。

一、遗传因素的影响

遗传对婴幼儿的生长发育起着决定性作用。婴幼儿生长发育的特征、潜力、趋向和限度等都受父母双方的种族、身材、外貌等遗传特征的影响，如皮肤和头发颜色、面型特征、身材高矮、对营养素的需要量、对疾病的易感性等。遗传性疾病如染色体畸变、代谢性缺陷等都会影响婴幼儿的生长发育。

有研究表明，同卵双生子身高的差别很小，头围测量值也很接近，说明骨骼发育受遗传因素影响较大。一般情况下，高个子父母所生孩子的身高要比矮个子父母所生的同龄人身高要高些，女孩的身高受母亲的身高影响多一些。子女成人时的大致身高可用下列公式计算：

儿子成年身高（cm）＝［父亲身高（cm）＋母亲身高（cm）］/2×1.08。

女儿成年身高（cm）＝［父亲身高（cm）×0.923＋母亲身高（cm）］/2。

父母的遗传因素不仅能预示子女的身高、体重，甚至能决定子女的体型，并且在很大程度上影响子女神经系统和内分泌系统的发育。

二、营养因素的影响

充足和调配合理的营养是婴幼儿生长发育的物质基础，是婴幼儿身体健康必不可少的关键因素。婴幼儿年龄越小受营养的影响越大。

充足的热量和优质的蛋白质、各种维生素和矿物质以及微量元素等都是婴幼儿生长发育所必需的。营养素供给充足且比例恰当，加上适宜的生长环境，可使婴幼儿的生长潜力得到充分的发挥。

母亲怀孕期间的营养状况、疾病情况、生活环境等各方面都对胎儿的生长发育具有重要的影响。宫内营养不良的胎儿不仅体格生长落后，严重时还影响脑的发育，甚至累及终生。

婴幼儿出生后长期营养供给不足，特别是前两年的严重营养不良，不仅会导致婴幼儿体重不增甚至下降，也会影响身高的增长和身体其他各系统的功能，如造成免疫、内分泌、神经调节功能低下，最终影响婴幼儿智力、心理和社会适应能力的发展。而婴幼儿营养过剩或不平衡所致的肥胖，也会对其生长发育产生不良影响。

三、疾病因素的影响

婴幼儿的生长发育受各种急慢性疾病的直接影响。疾病会对婴幼儿的生长发育产生十分明显的阻碍作用，其影响程度取决于病程的长短、病变涉及的部位和疾病的严重程度。

疾病会干扰正常的能量代谢，尤其是体温过高会使酶系统的正常功能受到影响，使代谢率升高，增加人体对各种营养物质的消耗。

有些疾病还会严重影响各器官和系统的正常功能，使婴幼儿的生长发育停滞不前甚至倒退。急性感染常使体重减轻，而反复感染及慢性疾病则同时影响体重和身高的增长。如婴幼儿腹泻，对消化吸收能力有明显的干扰，不仅影响营养物质的吸收，还会消耗体内原有的物质。长期腹泻会导致机体营养不良，不仅使体重减轻，而且可推迟语言与动作的发展。佝偻病患儿抵抗力低下，易患感染性疾病，严重时会影响其骨骼发育。

有些传染病，如流行性脑脊髓膜炎、流行性乙型脑炎等，不仅会造成严重的后遗症，还可威胁婴幼儿的生命。有些寄生虫病对婴幼儿的生长发育也有明显的影响，如蛔虫病、蛲虫病。

四、体育锻炼的影响

适宜的体育锻炼和劳动能增强婴幼儿体质，减少疾病，提高健康水平，是促进婴幼儿生长发育的重要因素。体育锻炼能促进新陈代谢，增强肌肉、骨骼、呼吸系统、循环系统的功能，改善大脑的控制和指挥能力，增强神经系统的调节功能，增强机体对外界的适应能力和对疾病的抵抗能力。

利用自然条件进行体育锻炼，可使婴幼儿对外界温度变化的耐受能力增强，增强免疫系统的功能，减少感染性疾病的发生。日光、空气、水能促进新陈代谢、消化、吸收和血液循环，有利于生长发育。比如，经常到户外活动，可以增加婴幼儿的日照时间，使其皮肤中的麦角固醇转化为维生素 D，增加钙的吸收和利用，有效预防佝偻病的发生。

体育锻炼不仅能增强体质，而且能对促进智力发展和培养良好的个性起到积极作用，是婴幼儿智力开发的重要途径之一。比如，婴幼儿的站和行不仅需要全身肌肉、关节的运动，还需要肢体的协调运动和身体重心的移动。因此，婴幼儿的站和行在促进大脑发育的同时，也促进了小脑的发育。此外，感觉器官所接受的刺激增多，使婴幼儿的脑细胞在数量和功能上得到充分的发展，对智力发展起到很好的促进作用。

五、生活制度的影响

合理的生活制度能使婴幼儿身体各个器官和系统（尤其是大脑皮层）有规律、有节奏地活动与休息，能有效地消除疲劳感，使营养也能得到及时的补充，从而保护婴幼儿神经、消化等系统的正常发育，促进婴幼儿的生长发育。

此外，还有一些其他因素，如生活环境、季候、药物等因素对婴幼儿的生长发育也有一定的影响。良好的居住环境、卫生条件，如阳光充足、空气新鲜、水源清洁等能促进婴幼儿的生长发育；各种环境污染会损害婴幼儿的身心健康，如噪声不仅会影响婴幼儿的听觉功能，也会使其神经中枢的调节功能紊乱。一般来说，春季婴幼儿的身高增长比较快，秋季体重增加较快。有些药物也可影响婴幼儿的生长发育，如较大剂量或较长时间使用链霉素、庆大霉素可致听力减退，甚至耳聋；长期使用肾上腺糖皮质激素可致身高增长的速度减慢。

第四节　婴幼儿生长发育的评价

问题情境

　　年轻父母们带孩子体检时，常会互相交流孩子的生长状况，看看别人家的孩子现在多高、多重了，再和自己的孩子比一比。一比之下，有喜有忧：如果自己的孩子长得偏快，家长就暗暗高兴；如果长得偏慢，家长则忐忑不安。

　　同龄的孩子都要遵循一样的身高、体重等发育指标吗？究竟如何评价孩子的生长发育情况才合理呢？

　　生长发育评价包括生长发育水平、生长发育速度、各指标关系的评价三个方面。照护者需要对婴幼儿的生长发育状况做出正确的评价，了解个体或群体婴幼儿现阶段的生长发育水平，并且对今后的生长发育做出合理的预测。

一、婴幼儿生长发育的评价指标

　　婴幼儿生长发育指标是进行评价的基础，这就要求选择具有良好代表性的指标，还应选择精确度高、准确性好、测定技术相对简便的指标。评价婴幼儿生长发育的指标主要包括形态指标、生理功能指标等。

（一）生长发育的形态指标

　　生长发育的形态指标是指身体及其各部分在形态上可测量出的各种度量，如长度、宽度、围度及质量等。形态指标可以较稳定地反映体格发育和营养状况，测试方便，准确性高。

　　最重要和常用的形态指标是体重和身高。此外，代表长度的有坐高、手长、上肢长、下肢长；代表宽度的有肩宽、骨盆宽、胸廓横径和前后径；代表围度的有头围、胸围、上臂围、大腿围、小腿围；代表营养状况的有皮褶厚度等。

　　婴幼儿常用的形态指标包括以下几项。

1. 体重

　　体重是指身体的总质量，在一定程度上反映婴幼儿骨骼、肌肉、脂肪和内脏质量及其增长的综合情况。体重是反映婴幼儿生长发育的最重要也是最易变和最活跃的指标。体重易于测量，结果比较准确，反映婴幼儿的营养状况，尤其是近期的营养状况。

　　足月新生儿平均体重为 3 kg；出生后头 3 个月增加最快，平均每月增加 0.6～1 kg，最好不低于 0.6 kg；3～6 个月次之，平均每月增加 0.6～0.8 kg；后 6 个月增加量减少，平均每月增加 0.25 kg。满 1 岁时体重大约是出生时的 3 倍。

1 岁后幼儿的体重增加速度明显减慢，1～3 岁平均每月增加 0.15 kg，全年增加 2～3 kg。

2. 身高（身长）

身高表示立位时颅顶到脚跟的总高度。婴幼儿一般需要卧位测量，因而称为身长。身长是生长发育最基本的形态指标之一，也是准确评价生长发育水平、发育特征和生长速度不可缺少的指标。它反映的是长期营养状况，短期内影响生长发育的因素（营养、疾病等）对身长影响不明显。

3. 头围

头围反映颅骨和脑的大小及其发育情况，是敏感反映婴幼儿头部发育的重要指标。但聪明与否和头围大小并不成正比。头围过大要考虑有无脑肿瘤、脑积水。

4. 胸围

胸围表示胸廓的围长，间接说明胸廓的容积及胸部骨骼、肌肉和脂肪层的发育情况，一定程度上反映身体形态与呼吸器官的发育情况。

5. 囟门

囟门的大小与闭合时间可衡量颅骨的骨化程度。囟门早闭合，要注意是否为头小畸形；囟门晚闭合，要注意是否为佝偻病、脑积水。

6. 牙齿

乳牙萌出时间一般在 6 个月左右，早的 4 个月开始出牙，晚的可到 10～12 个月。12 个月后未萌出者考虑为乳牙萌出延迟。乳牙萌出时间的个体差异较大，与遗传、内分泌、食物性状有关。

（二）生长发育的生理功能指标

生长发育的生理功能指标是指身体各器官、系统在生理功能上可测量的各种度量。婴幼儿的生理功能发育与形态发育相比较，生理功能发育变化更迅速，变化的范围更广，对外界环境的影响比较敏感。

婴幼儿期常用的生理功能指标有以下几项。

1. 心率和脉搏

心率和脉搏反映婴幼儿心脏和血管的功能，一般心率和脉搏相一致。婴幼儿年龄越小，每分钟心跳和脉搏次数越多，且容易受外界因素的刺激而增加。一般而言，新生儿的心跳为 140 次左右 / 分，婴儿为 120～140 次 / 分，幼儿为 90～120 次 / 分。

2. 血压

血压是反映心血管功能的重要指标，容易受活动、情绪等影响。婴幼儿血压比成人低得多，年龄越小血压越低，高血压在婴幼儿中不多见。

3. 呼吸频率

婴幼儿由于肺的容量相对比成人小，年龄越小，呼吸频率越快。新生儿每分钟呼吸 40~50 次，有时节律不齐，随着年龄的增长逐步减慢；婴儿每分钟的呼吸次数一般在 24~30 次。如果安静时婴幼儿每分钟的呼吸次数大于或等于 50 次，那么婴幼儿可能有肺部炎症，应及时去医院诊治。

二、婴幼儿生长发育的评价方法

（一）粗略估算法

1. 体重

婴幼儿体重可用以下公式估算：

1~6 个月：体重（kg）= 出生体重（kg）+ 月龄 ×0.6。

7~12 个月：体重（kg）= 出生体重（kg）+ 月龄 ×0.5。

1~3 岁：体重（kg）= 年龄（岁）×2+7（或 8）。

2. 身长

足月儿身长平均为 50 cm，出生后第一年增长最快，大约增长 25 cm，约增长 50%，达到 75 cm；第二年增长速度减慢，全年增长约 10 cm；2 岁时身长约为 85 cm；第三年增长约 5 cm。

1 岁以后平均身长的计算公式：身长（cm）= 年龄（岁）×5+80。

3. 头围

新生儿头围平均为 34 cm。头围在出生后第一年增长最快，前半年增加 9 cm，后半年增加 3 cm，平均每月增加 1 cm，1 岁时头围为 46 cm 左右；第二年头围增长减慢，仅增长 2 cm；第三年增长 1~2 cm，3 岁时头围平均为 48 cm，已与成人相差不是很多了。

4. 胸围

新生儿胸围平均为 32 cm，小于头围 1~2 cm。但胸围增长速度快，随着月龄的增加，胸围逐渐赶上头围。一般在 1 岁时，胸围与头围相等，现在由于营养状况普遍较好，不少婴儿在未满 1 岁时胸围就赶上了头围；1 岁以后，胸围增长明显快于头围。若超过 1.5 岁，胸围仍小于头围，则说明生长发育不良。

（二）指数法

指数法利用数学公式，根据身体各部分的比例关系，将两项或多项指标相关联，转化成指数进行评价。常用指数有以下几种。

1. 身高体重指数

此指数表示单位身高的体重，体现人体充实度，也反映营养状况。

计算公式：身高体重指数＝［体重（kg）/身高（cm）］×1000。

2. 身高胸围指数

此指数反映胸围与身高的比例关系，即每厘米身高的胸围数，这与婴幼儿的胸廓发育和皮下脂肪量有关。此指数在出生后3个月内有一定增加，而后随年龄增长而减小，且男孩大于女孩。

计算公式：身高胸围指数＝胸围（cm）/身高（cm）×100。

3. 身高坐高指数

此指数通过坐高和身高的比值，反映人体躯干和下肢的比例关系，反映体型特点。可根据该指数的大小，将个体的体型分为长躯型、中躯型和短躯型。

计算公式：身高坐高指数＝坐高（cm）/身高（cm）×100。

4. BMI 指数

BMI 指数又称体重指数，不仅能较敏感地反映身体的充实度和体型胖瘦，且受身高的影响较小，与皮脂厚度、上臂围等反映体脂累积程度指标的相关性也高。

计算公式：BMI 指数＝体重（kg）/［身高（m）］^{2}。

本方法的优点是计算方便，便于普及，所得结果直观，应用广泛。不足之处在于受种族、区域、性别、年龄和身高的影响明显。使用时注意克服指数的机械性弱点，最好依据百分位数法先将指数分为若干等级，确定其等级含义。

（三）离差法

离差法是将个体的发育数值和标准的均值及标准差进行比较，以评价个体发育状况的常用方法。

理论依据：正常个体的发育状况多呈正态分布，而正态分布范围又与均值和标准差有一定的关系：68.3%的个体发育水平在均值±1个标准差的范围内；95.4%的个体在均值±2个标准差的范围内；99.7%的个体发育水平在均值±3个标准差的范围内。这说明个体的发育水平比较集中地分布在均值上下；离均值越远，个体数越少。以均值和标准差来评价个体的发育状况，比单用一个均值更加准确、更为合理。

利用离差法原理进行评价的具体应用方法有以下两种。

1. 发育等级评价法

发育等级评价法是离差法中最常用的一种。它利用标准差（S）与均值（$\overline{X}$）的位置远近划分等级。评价时，以均值（$\overline{X}$）为基准值，以标准差（S）为离散距，制成生长发育评价标准。将个体该发育指标的实测值与同年龄、同性别相应指标的发育标准比较，用其差数除以标准差，以获得超过或低于均值的标准差数，然后再评定等级。国内常用发育五等级评价标准表（见表2-4-1）进行评价。

表2-4-1 发育五等级评价标准表

等级	标准
上等	$\overline{X}+2S$ 以上
中上等	$\overline{X}+S$ 至 $\overline{X}+2S$
中等	$\overline{X}-S$ 至 $\overline{X}+S$
中下等	$\overline{X}-2S$ 至 $\overline{X}-S$
下等	$\overline{X}-2S$ 以下

发育五等级评价法以均值加减一个标准差为"中等"，依次向两端再各分两个等级：均值加一个标准差至加两个标准差为"中上等"，加两个标准差以上为"上等"；均值减两个标准差至减一个标准差为"中下等"，减两个标准差以下为"下等"。

一般的生长发育等级评价中，身高和体重是最常用的指标。个体的身高、体重在判定标准均值 ±2 个标准差范围内，即为"中等""中上等""中下等"均可视为正常。但在均值 ±2 个标准差范围外，即为"上等"或"下等"，不能据此定为异常，需定期持续观察，结合其他检查，慎重得出结论。婴幼儿的体重有升有降，易受内外环境影响。若婴幼儿体重连续数月下降，则应先排除疾病再评价营养状况。

发育等级评价法的优点是简单易行，可较准确、直观地了解个体婴幼儿的发育水平。不足之处是只能用于单项指标评价，不能对婴幼儿体型进行评价，也不能反映婴幼儿生长发育的变化趋势。

2. 发育曲线图评价法

根据离差法原理，将当地不同年龄、不同性别婴幼儿的某项发育指标的均值、均值 ±1 个标准差和均值 ±2 个标准差，分别标在坐标纸上连成曲线，作为评价个体发育水平的标准。然后将各个婴幼儿的发育指标实测值，分别按年龄标在曲线图上，就能根据实测值所处的位置确定婴幼儿的发育等级。我国较为常用的是根据2005年九市儿童体格发育调查数据研究制定的中国0～3岁儿童生长参照标准（图2-4-1）。

中国0～3岁男童身长、体重标准差单位曲线图　　　　中国0～3岁女童身长、体重标准差单位曲线图

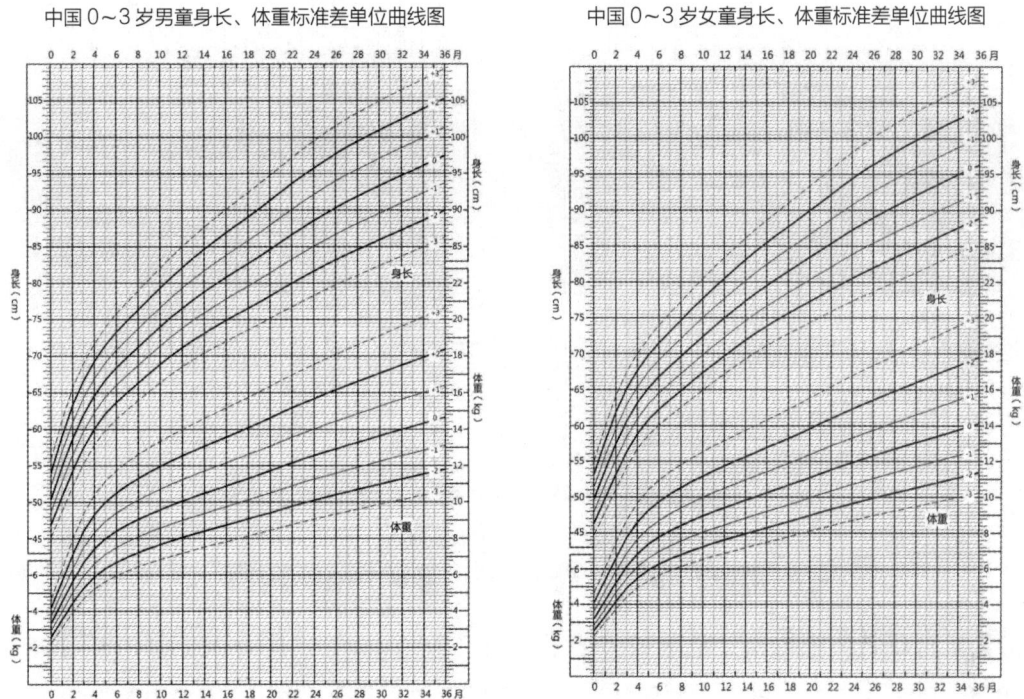

注：根据2005年九市儿童体格发育调查数据研究制定。
　　首都儿科研究所生长发育研究室制作。
参考文献为李辉：《中国0～18岁儿童青少年生长图表》，上海，第二军医大学出版社，2009。

图2-4-1　身高生长发育标准曲线图（0～3岁）

发育曲线图评价法的优点是简便直观，能清楚说明婴幼儿的发育水平所处的等级；能追踪观察婴幼儿某项指标的发育趋势和发育速度；能比较个体与群体的发育水平。不足之处在于不能通过同时评价几项指标来分析婴幼儿发育的匀称度。

（四）百分位数法

百分位数法的原理、过程与离差法相似，但基准值（P50）和离散度（P3、P25、P75和P97等）均以百分位数表示。优点是无论指标是否呈正态分布，都能准确显示其分散程度。

目前利用百分位数和曲线图结合制成的身高、体重等指标的百分位数曲线图，已成为目前世界卫生组织和许多国家或地区评价婴幼儿生长发育状况和发展趋势的主要标准（图2-4-2）。评价时只需找到个体身高或体重在图上的位置，即可评

中国0～3岁男童身长、体重百分位数曲线图　　中国0～3岁女童身长、体重百分位数曲线图

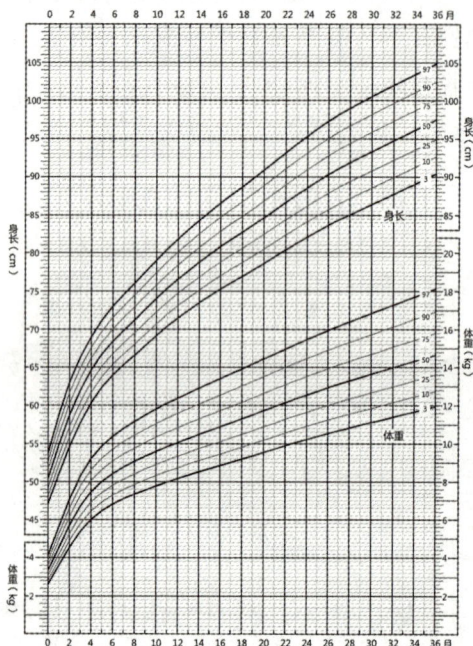

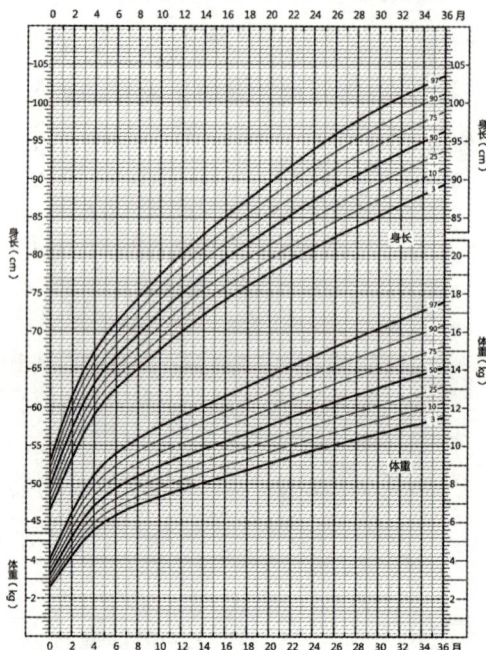

注：根据2005年九市儿童体格发育调查数据研究制定。

参考：《中华儿科杂志》，2009年第3期。

图 2-4-2　中国0～3岁婴幼儿身长、体重百分位数曲线图

价其发育现状。根据所处范围描述结果，如位于"＜P3""P3～P25""P25～P75""P75～P97"或"＞P97"范围内，分别相当于"下等""中下等""中等""中上等"和"上等"。

本方法的优点在于形象直观，反映发育水平准确，便于动态观察。缺点与离差法中的发育曲线图评价法相同：制定标准时对样本量的要求较高。若各性别、年龄组的人数不足150人，制成的标准曲线两端值（P3、P97）摆动较大，直接影响标准的应用价值。

（五）三项指标综合评价法

世界卫生组织及联合国儿童基金会推荐用与身高、体重相关的三项指标，即年龄别身高、年龄别体重及身高别体重这三项指标进行综合评价。将每个指标的第20百分位点（P20）及第80百分位点（P80）作为界值，并定义：测量值为P20～P80为中，高于P80为高，低于P20为低，借此可较全面地了解婴幼儿过去、当前的健康及营养状况，以便做出适宜的保健指导。

身高别体重反映匀称度，以其测量值为基准，结合年龄别身高、年龄别体重，将婴幼儿的生长发育状况分为低、中、高三个组，以便做出相应可靠的评价及适

宜的保健指导。用三项指标进行综合评价可出现 18 种不同的营养健康情况（见表 2-4-2）。

表 2-4-2　三项指标综合评价表

身高别体重	年龄别身高	年龄别体重	评价结果
低	低	低	既往和近期营养不良
低	中	低	目前营养不良，既往尚可
低	中	中	近期营养不良，既往尚可
低	高	低	目前营养不良
低	高	中	瘦高体型，近期营养欠佳
中	低	低	既往营养不良，目前尚可
中	低	中	既往营养不良，目前正常
中	中	低	目前营养尚可，既往欠佳
中	中	中	营养正常，中等
中	中	高	营养正常，偏重
中	高	低	高个子，偏瘦，既往欠佳
中	高	中	高个子，营养良好
中	高	高	高个子，体型匀称，营养良好
高	低	中	近期营养不良，目前营养良好
高	低	高	近期肥胖，既往营养不良
高	中	中	目前营养良好，中等偏胖
高	中	高	近期营养过剩，肥胖
高	高	高	大高个，近期营养过剩

三项指标综合评价法的优点是可以对营养状况做出判断。婴幼儿有的长得矮壮，有的长得高瘦，可能其生长发育均属于正常。不足之处是比较烦琐。

本章小结

婴幼儿生长发育各阶段都有其特殊性，了解婴幼儿生长发育的规律及其影响因素是科学育儿和早期照护工作的重要依据。照护者应切实掌握婴幼儿生长发育指标的具体测量方法，并能运用合理的评价方法，综合评价婴幼儿的生长发育状况，为促进婴幼儿的健康发展提供科学的指导和建议。

📝 阅读导航

陈飒英，庞宁．婴幼儿发育评估方法［M］．北京：金盾出版社，2007．

早教机构和托育机构教师需要对婴幼儿各年龄段的性格、体格和认知发展水平开展初步评估。怎样科学地评估婴幼儿的生长发育，为培育身心健康的婴幼儿提供可靠的依据？本书基于婴幼儿生长发育的基础知识，介绍了新生儿、婴幼儿不同年龄段生长发育的特点，以及智力评估和体格发育的评估方法。本书科学性强，图文并茂，通俗易懂，为照护者科学地评估婴幼儿是否健康提供了可靠的依据。

🔍 学习检测

一、问答题

1. 婴幼儿年龄段的划分及各年龄段的特点是什么？
2. 婴幼儿生长发育有哪些主要规律？
3. 如何理解生长发育的不均衡性？
4. 影响婴幼儿生长发育的因素有哪些？
5. 婴幼儿生长发育的指标有哪些？各有什么意义？
6. 如何测量婴幼儿的体重、身长、头围和胸围？

二、案例分析

案例1：萌宝站立得早，6个多月就可以扶东西站起来了，然后会慢慢扶着走，9个半月就开始自己走路了。妈妈一直为宝宝走得快而感到高兴，也鼓励萌宝多练习走路。可等到衣服穿少了，妈妈发现萌宝的腿部呈O型。妈妈后悔莫及！

问题：萌宝的问题是什么原因引起的？若你是萌宝妈妈，在日常生活照护中如何引导孩子的动作发展？

案例2：托育园某小朋友原本活泼好动，近段时间却变得沉默寡言，睡眠不安，食欲明显减退，体检时体重也明显下降，整体情况与上次体检相比有后退现象。老师了解到该幼儿的父母近段时间经常吵架闹离婚。

问题：该幼儿的生长发育后退受什么因素的影响？结合实际说说还有哪些因素会影响婴幼儿的生长发育。

案例3：某婴儿体重4 kg，前囟门1.5 cm×1.5 cm，头不能竖立，抱起喂奶时出现吮吸反射。

问题：该婴儿最可能的月龄是多少？判断依据是什么？

案例4：一家长带宝宝来医院进行体检。检查结果：体重10.5 kg，身长80 cm，前囟门已闭合，出牙12颗，胸围大于头围。

问题：衡量婴幼儿营养状况的最佳指标是什么？该宝宝最可能的年龄是多大？判断依据是什么？

实践体验

项目　婴幼儿体格检查及测量方法

一、实训目的

在了解婴幼儿体格检查内容的基础上，掌握婴幼儿体格检查的方法和动作要领，能采用正确的方法给婴幼儿进行身长、体重、头围、胸围的测量，了解婴幼儿体格检查时的注意事项。

视频资源

婴幼儿体格检查及测量方法

二、设备及物品

①体重测量设备：卧式婴儿秤、坐式体重秤、站式体重秤。

②身长测量设备：卧式标准测量床、身高计。

③物品：婴儿模型、软尺、记录单、笔、消毒剂。

三、操作步骤

（一）测量前的准备

①环境准备：测量环境安全、宽敞，光线明亮，室温为20℃～22℃，湿度为55%～65%。

②测量者准备：测量者衣物整洁，扎起头发，摘掉首饰，剪短指甲，洗净双手。

③物品准备：婴儿模型、卧式婴儿秤或体重秤、卧式标准测量床或身高计、软尺、记录单、笔。

④婴幼儿准备：被测婴幼儿应排空大小便或已进食2小时，脱帽，取舒适体位。

（二）体重测量

1. 卧位体重测量（1岁以内婴儿）

①将卧式婴儿秤平稳放置于测量台上，打开并将读数归零。

②脱去婴儿鞋袜、外衣、纸尿裤，或测量后扣除外衣裤及纸尿裤的质量。

③取仰卧位，将婴儿小心放于婴儿秤上，不扶、不靠其他物体。

④待婴儿秤数值稳定后，读取数值，以kg为单位，精确到小数点后两位。

⑤将婴儿抱离婴儿秤，及时给婴儿穿上纸尿裤、外衣。

⑥测量者洗净双手，记录读数。

2. 坐位（2岁左右幼儿）或立位（3岁以上幼儿）体重测量

①将坐式或站式体重秤平稳放置于地上，并将读数归零。

②脱去幼儿的外衣、鞋帽。

③让幼儿安静坐或立于体重秤上。

④参照卧位体重测量④-⑥步骤。

（三）身长（高）测量

1. 身长测量

①婴儿取卧位，脱去帽子、鞋袜、外衣，穿单衣仰卧于测量床底板中线上。

②一助手护住婴儿头部，使婴儿面向上，两耳在一水平线上，耳郭上缘和眼眶下缘的连线与底板垂直，颅顶接触头板。

③测量者位于婴儿右侧，左手轻轻按住婴儿双膝，使其下肢伸直并紧贴测量床底板，右手移动足板，使足板紧贴婴儿两足底，并与底板垂直。

④当量板两侧数字相等时，从滑动板与围板接触处，读取刻度尺上的读数，以cm为单位，记录时保留小数点后一位。

⑤将婴儿抱离测量床，为其戴好帽子，穿好外衣、鞋袜。

⑥测量者洗净双手，记录测量值。

2. 身高测量

①被测幼儿脱去帽子、鞋袜、外衣，背靠立柱，赤足站在底板上。

②引导幼儿头部正直，两眼平视前方，耳郭上缘与眼眶下缘最低点呈水平位；胸部挺起，双臂自然下垂，手指并拢，脚跟靠拢，脚尖分开约60°；保持两肩胛间、骶骨部、足跟三点紧靠垂直立柱，呈"三点一线"站立姿势。

③测量者位于被测幼儿一侧，向下滑动水平压板，底面轻触幼儿头顶，使水平压板呈水平位。

④测量者双眼与滑侧板呈水平位，读取所指刻度，以cm为单位，精确到小数

点后一位。

⑤及时让幼儿戴好帽子并穿上鞋袜和外衣。

⑥测量者洗净双手，记录测量值。

（四）头围测量

1. 卧位头围测量（1岁以内婴儿）

①脱去婴儿的帽子，使其舒适仰卧。测量者站位于婴儿前方或右侧。

②测量者用左手拇指将软尺的零点固定于婴儿头部右侧眉弓上缘，以此为起点。

③左手食指与中指固定软尺于枕骨粗隆，手掌稳定婴儿头部，右手拉软尺绕过枕骨结节最高点，经左侧眉弓上缘回至零点。

④将软尺重叠交叉，读取软尺与零点重合处的数据，以 cm 为单位，保留小数点后一位。

⑤及时给婴儿戴上帽子。

⑥测量者洗净双手，记录测量数据。

2. 立位头围测量

①幼儿脱帽，坐或立好。测量者坐或立于幼儿前方或右侧。

②参照卧位头围的测量②－⑥步骤。

（五）胸围测量

1. 卧位胸围测量（1岁以内婴儿）

①婴儿取仰卧位，自然平躺在床上，脱去外衣，使其两手自然平放，处于平静状态。

②测量者站位于婴儿右前方，用左手拇指将软尺零点固定于婴儿右侧乳头下缘，以此为起点。

③右手拉软尺经右侧绕至后背两肩胛骨下缘，再经左侧回至零点。

④将软尺重叠交叉，读取软尺与零点重合处的数据，以 cm 为单位，保留小数点后一位。

⑤及时给婴儿穿上外衣。

⑥测量者洗净双手，记录测量数据。

2. 立位胸围测量

①被测幼儿脱去外衣，安静站立，双肩放松，两手自然下垂，两足分开与肩同宽，呼吸均匀。

②测量者位于幼儿正前方，软尺置于两肩胛下角下缘，沿胸两侧回至前面乳

头中心点测量。

③参照卧位胸围的测量④－⑥步骤。

（六）整理

整理好婴儿模型，将所有的物品和仪器归位，摆放整齐。

四、注意事项

测体重时，最好在清晨、便后空腹时进行；应注意保暖；婴儿不可摇晃或接触其他物体；计算时应扣除身上衣物的质量。

测量身长（高）时，仰卧位测量注意脚板一定要压到脚跟处，使用双侧都有刻度的测量床时应注意两侧读数要保持一致；立位测量需要严格执行"三点靠立柱""两点呈水平"的测量要求，水平压板与头部接触时，松紧要适度，头发蓬松者要压实头发；妨碍测量的发辫、发结要放开，饰物要取下。

测头围和胸围时，软尺需紧贴皮肤；长发或梳辫者，应先将头发在软尺经过处上下分开。

尽量分散婴儿的注意力，使其保持安静，以保证测量的顺利进行。

第三章　婴幼儿心理健康与保育

导言

　　早期教育工作者要树立正确的健康观念，在重视婴幼儿身体健康的同时，要高度重视婴幼儿的心理健康。本章主要阐述了婴幼儿心理健康的标准、影响因素，以及常见心理卫生问题及其干预，旨在引导照护者正确把握婴幼儿心理健康的标准、各年龄段婴幼儿的心理保健要点，理解影响婴幼儿心理健康的三大因素，掌握婴幼儿常见心理卫生问题及其干预措施，促进婴幼儿心理健康发展。

学习目标

1. 了解心理健康的概念和标准。
2. 掌握各年龄段婴幼儿的心理保健要点。
3. 理解影响婴幼儿心理健康的三大因素。
4. 掌握婴幼儿常见心理卫生问题及其干预措施。

知识导览

第三章　婴幼儿心理健康与保育
- 第一节　婴幼儿心理健康概述
  - 一、心理健康的概念
  - 二、婴幼儿心理健康的标准
  - 三、各年龄段婴幼儿的心理保健要点
  - 四、影响婴幼儿心理健康的因素
- 第二节　婴幼儿常见心理卫生问题及其干预
  - 一、情绪障碍
  - 二、睡眠障碍
  - 三、言语障碍
  - 四、行为障碍
  - 五、儿童多动症
  - 六、儿童孤独症

第一节　婴幼儿心理健康概述

问题情境

很多家长认为我们只需要关注0～3岁婴幼儿的吃喝拉撒睡，至于心理健康，他们认为："孩子这么小，哪有什么心理健康问题啊？"对此，你怎么看？

有不少照护者由于缺乏必要的婴幼儿心理方面的专业知识，常常忽视了婴幼儿的爱与归属、尊重等心理需要，这直接或间接地导致婴幼儿出现了不同程度的心理健康问题。

一、心理健康的概念

随着社会的不断进步，人们对健康的理解已不局限于身体没有疾病，更多着眼于身体和精神的全面健康。1990年，世界卫生组织提出，健康包括躯体健康、心理健康、社会适应良好和道德健康四个方面。可见，心理健康是现代人健康不可分割的重要方面。

那么，什么是心理健康？1946年，第三届国际心理卫生大会对此定义为：所谓心理健康，是指在身体、智力以及情绪上与他人的心理健康不相矛盾的范围内，将个人心境发展成最佳状态。具体表现为：身体、智力、情绪十分协调；在适应环境、人际关系中能彼此谦让；有幸福感；在工作中，能充分发挥自己的能力，过有效率的生活。心理健康有狭义和广义之分。狭义的心理健康主要是指无心理障碍的状态；广义的心理健康是指一种持续的积极发展的心理状态。心理健康的个体能够在适应环境的过程中，充分发挥主观能动性，积极调节自己的心理状态，妥善处理和适应人与人之间、人与社会环境之间的相互关系。

二、婴幼儿心理健康的标准

0～3岁婴幼儿正处于身心迅速发展的关键时期，故成人在细心呵护、精心照料他们的同时，还应该关注他们的心理健康。和生理健康一样，人的心理健康也具有一定的标准。成人可以借助这些标准关照婴幼儿的心理健康状态，以期能够及时发现问题，促进他们身心全面发展。

（一）智力发育正常

正常的智力水平是婴幼儿生活、游戏、学习与社会适应的基本心理条件。智力发育正常是衡量婴幼儿心理健康的重要标志。智力水平的高低是先天遗传和后天环境共同作用的结果。智力正常的婴幼儿具有主动的、机敏的、独立的、充满活力的人格特征，能够积极适应周围环境。反之，婴幼儿则社会适应能力差，较难适应托育机构的生活与学习，容易出现各种心理障碍，需要特殊的教育和护理。

（二）情绪积极稳定

情绪积极稳定是衡量心理健康的重要标志之一，它表明个体的中枢神经系统处于相对平衡的状态。同成人一样，0～3岁婴幼儿也有快乐、愤怒、悲哀、恐惧等情绪。心理健康的婴幼儿在快乐、高兴等积极情绪体验方面占优势，尽管也会有悲哀、恐惧等消极情绪出现，但不会持续太久。他们能够在成人的科学引导下，认知自己的情绪，并尝试适当表达情绪。

（三）愿意与人交往

儿童的心理健康标准还体现为与儿童社交范围相称的人际交往和谐。0～3岁婴幼儿的人际关系比较简单，主要是与照护者、同伴之间的关系。这些人际关系可以反映出他们的心理健康状态。心理健康的婴幼儿愿意与熟悉的照护者一起活动，也愿意和小朋友一起游戏，同时能够在人际交往过程中获得积极的情绪体验。

（四）社会适应良好

一个人应具有良好的社会适应能力，能够积极主动地调节自身以适应环境的变化，这也是心理健康的标志之一。在日常生活中，心理健康的婴幼儿应该较好地适应环境的变化，喜欢并适应群体生活；在托育机构能与小朋友和睦相处，遵守基本的行为规范，在集体中受到欢迎和信任，具有初步的归属感。

三、各年龄段婴幼儿的心理保健要点

（一）新生儿期的心理保健要点

软弱、娇嫩是新生儿生理上的突出特点，但是他们的成长发育是非常迅速的，对感知觉也很敏感，还有一些特有的反射行为。照护者可以从以下几个方面对新生儿进行适当的教育训练。

1. 感觉方面

新生儿从出生的第一天开始，就有主动探索外部世界的潜在能力。他们用视觉、听觉、触觉等接受来自周围环境的多种刺激。在日常护理中，父母应该为宝宝创设一种温馨、和谐的心理环境，多与宝宝进行眼神交流，或者给宝宝听柔和、舒缓、轻松的音乐。另外，父母还应该为宝宝做抚触。对宝宝轻柔的爱抚，不仅仅是皮肤间的接触，更是一种爱的传递，可以增强亲子互动。

2. 语言方面

日常的声音，尤其是母亲的话语，可以使新生儿对外界环境产生兴趣。例如，新生儿在哭闹时听到母亲的呼唤声就能安静下来，有人对他们讲话时他们表现得很安静。父母在给宝宝洗澡、穿衣、换尿布、喂奶等过程中，应该多与宝宝进行眼神和语言的交流，如轻柔地呼唤宝宝的名字，用柔和的声音跟宝宝说话，帮助其较好地适应外部环境，建立起安全感、信任感。

3. 社会性方面

照护者在照料新生儿的过程中，应该为其创设一种安全、舒适、温馨的物质环境和精神环境，保证他们在生理上得到科学的照顾，同时在心理上获得情感的满足，与重要他人形成良好的依恋关系，以此促进他们情感和社会性的健康发展。

（二）婴儿期的心理保健要点

婴儿期也称乳儿期，这个时期的婴儿在心理健康方面面临着两个挑战：一是陌生人焦虑，二是分离焦虑。

1. 陌生人焦虑

大部分婴儿在六七个月以前，对陌生人的反应通常是积极的。但从六七个月以后，婴儿形成了对亲人的依恋情感，他们开始害怕陌生人，表现为不让陌生人抱、见到陌生人爱哭闹等。这个现象称为"陌生人焦虑"。陌生人焦虑在 8～10 个月的时候最为严重，1 岁以后程度逐渐降低。大部分婴儿都会出现陌生人焦虑，只是焦虑的程度有所差别，出现的时间也不尽相同。照护者要做的第一件事就是接纳，给婴儿足够的时间来观察和适应新环境，不要强迫婴儿跟他们害怕的人交流，也不要强迫婴儿马上对陌生人做出回应，尽量让婴儿用自己的方式去接触陌生人。

2. 分离焦虑

分离焦虑是指婴幼儿因与亲人分离而产生的焦虑、不安或不愉快的情绪反应，又称离别焦虑。大部分婴儿从七八个月起，就会表现出明显的分离焦虑。研究表明，长时间的分离焦虑容易导致婴儿抵抗力下降，如容易感冒、发烧和肚子疼等。所以婴儿健康成长的守护者——家长，一定要处理好婴儿的这种分离焦虑情绪。首先，家长要认同和理解孩子的消极情绪。其次，家长要给予孩子高质量的亲子陪伴，平时可以与孩子玩一些分离游戏，比如捉迷藏和上班游戏，通过对生活场景的模拟，让孩子确切知道爸爸妈妈离开后是会回来的。

（三）幼儿期的心理保健要点

2 岁以后幼儿的自我意识开始萌发，主观能动性越来越强，对成人的要求和安排喜欢说"不""我就要"等。2岁以后的幼儿开始进入人生第一个心理反抗期。这个时期的幼儿有了自己的愿望，喜欢自己的事情自己做，不希望别人来干涉自己的行动，一旦遭到父母的反对和制止，就容易发脾气。

如何应对幼儿的第一心理反抗期，帮助幼儿顺利度过这一特殊阶段呢？首先，照护者应教会孩子一些基本技能。当孩子因为做不好某件事而懊恼、发脾气时，照护者应沉住气，耐心地指导孩子正确的方法，使其掌握技巧，从而使其在游戏活动中获得成就感。其次，给孩子抉择的机会。应减少说"不可以"的次数，提供选择以满足孩子的需要。最后，尊重孩子的想法。这一时期只要孩子的行为不具伤害性，就不要过分干涉和束缚孩子的行为。照护者应该将孩子作为一个独立的个体，试着去体察孩子内心真实的想法及需求，学会尊重他们的想法，允许孩子自由表达自己的想法，让他们感受到自己是个有能力、有力量的人。切不可强迫孩子按大人的意志去做事，或用打骂、恐吓手段对待他们，这些都会影响其身心的健康发展。

四、影响婴幼儿心理健康的因素

影响婴幼儿心理健康的因素主要有生物、心理和社会三个方面，各因素之间相互影响、交互作用。

（一）生物因素

影响婴幼儿心理健康的生物因素主要包括遗传、先天素质、意外伤害和疾病。

1. 遗传

遗传是影响婴幼儿心理健康的重要因素。儿童期发育障碍和精神疾患，包括婴儿孤独症、儿童精神分裂症和儿童多动综合征等的发生和发展均与遗传有关，而且患有遗传性疾病的儿童常伴有行为异常。研究表明，近亲结婚夫妻所生子女的遗传性疾病发病率、早期死亡、智力低下的比例远比非近亲结婚的高。

2. 先天素质

先天素质是遗传基因和胎儿发育过程中的环境因素之间复杂的相互作用的结果。胎儿发育过程中的环境因素包括母亲在孕期的营养、用药情况、情绪状态、环境污染等。

孕妇营养不良可导致胎儿为低体重儿、先天畸形；孕妇妊娠早期患风疹，可引起胎儿畸形、智力低下；孕妇缺碘会引起甲状腺功能低下，可导致胎儿患"呆小症"；孕妇用药不慎可能会导致胎儿畸形、出生后发育迟缓、智力障碍；链霉素可引起先天性耳聋等；孕妇情绪不好，使体内分泌的激素的种类和数量发生改变，会影响胎儿的正常发育。

此外，环境污染、放射线、烟酒等也会对胎儿的发育造成损害，从而影响婴幼儿心理的发展。例如，环境中的汞、铅等有害元素，可导致胎儿大脑发育畸形、智力低下；X 射线可使胎儿发育严重畸形，身体、大脑发育迟缓；孕妇长期大量饮酒，可引起胎儿患酒精中毒综合征，导致生长发育迟缓、中枢神经系统发育障碍；孕妇吸烟或长期被动吸烟，会导致胎儿缺氧、生长发育障碍和畸形等。

3. 意外伤害和疾病

婴儿早产和出生时缺氧、低体重是影响婴幼儿心理健康的主要因素。分娩过程中如难产、胎盘过早剥离、脐带过长绕颈，可导致胎儿出生时缺氧、脑组织损伤，使婴幼儿智力和动作的发展明显落后于同龄人，但多数在入学后能够达到正常的发展水平。部分由缺氧导致的脑损伤或肺功能缺陷，可能持续终身。

意外伤害和疾病引起的脑损伤可直接引起婴幼儿失语、痴呆、昏迷、意识障碍等症状，从而影响其心理健康。此外，意外伤害和疾病造成的残疾、并发症和后遗症等，会间接影响心理健康，如四肢残缺、失明、瘫痪、耳聋等，可导致婴幼儿出现自卑、情绪低落等情绪障碍和行为异常。

（二）心理因素

影响婴幼儿心理健康的心理因素主要有需要、自我意识、情绪和气质。

1. 需要

婴儿出生后最基本的需要就是生理需要。随着其身心的不断发展，除了食物、水、氧气、睡眠、休息、衣着等基础生理需要，他们的需要越来越复杂，产生了被爱、被尊重、被别人称赞等需要。如果照护者不能提供条件及时满足这些需要，婴幼儿可能会产生焦虑、紧张等消极情绪。这些不良情绪倘若得不到适当的调节，可能会引发一些行为问题和心理障碍。

2. 自我意识

自我意识就是个体对于自己以及自己与他人关系的认识。自我意识是一个很广的概念，它包括自我知觉、自我认知、自我调节、自我监控、自我评价和自尊等概念。一个人自我知觉和自尊的建立，始于 0~3 岁且贯穿成年。0~3 岁婴幼儿正处于自我意识的萌芽阶段，他们通常是在与成人、同伴的交往和游戏中，从成人的言行中逐渐认识自我、评价自我的。因此，成人对婴幼儿片面的评价将不利于其形成正确的自我知觉，可能会造成婴幼儿出现任性执拗、攻击性行为、退缩行为等情绪和行为障碍。

3. 情绪

情绪是人对客观现实的一种态度体验，主要反映了客观现实与人的需要之间的直接关系。焦虑、愤怒、恐惧等不良情绪对婴幼儿的心理健康起消极作用。这些消极情绪往往与婴幼儿的身心发展需要能否得到满足有很重要的关系，如安全需要、被爱的需要等。婴幼儿长期处于消极情绪所带来的紧张状态下，就易产生行为失调、情绪失控等不良心理问题。

4. 气质

气质主要是由生物因素决定的相对稳定而持久的心理特征。儿童的气质特点具有一定的年龄稳定性。婴儿时期的某些气质特点会持续到入学，甚至成年以后。但儿童的气质特点也并非一成不变的。儿童的气质特点对其照护者的养育活动具有直接的影响。父母总是倾向于采取与儿童活动水平、生活节律相适应的喂养方式和亲子交往模式。反过来，父母的教养方式可以在一定程度上改变儿童某些方面的情绪反应模式。此外，气质对儿童的社会行为有重要影响。活动水平高的儿童与同伴交往的积极性、主动性往往很高，但其攻击性行为、与同伴的冲突一般也比较多；羞涩、退缩的儿童经常静静地站在同伴旁边观看同伴游戏，很少主动与同伴交谈，常对同伴行为做出消极的反应。

（三）社会因素

影响婴幼儿心理健康的社会因素主要有家庭、托育机构、社会环境。

1. 家庭

家庭是婴幼儿生活和初级社会化的场所。父母作为孩子的第一任教师，既要满足孩子吃喝拉撒等最基本的生理需要，又要及时满足孩子的安全需要、被爱的需要、被尊重的需要等多种心理需要，从而促进孩子身心和谐发展。家庭对婴幼儿的影响主要体现在两个方面。首先，家长的教育观，主要表现为家长对他们在教育中的角色与职能的认识。它影响着家长的教育方式和家长在家庭教育中作用的发挥。如果家长能够充分意识到婴幼儿是社会的一员，不是自己的附属物，有自己独立的人格、思想，具有发展的主动性，那么家长在教养过程中会明确自身在婴幼儿成长中的作用和应担任的角色，尊重婴幼儿的想法和意愿。其次，家长的教养方式。它是指家长在抚养子女的日常活动中表现出来的一种行为倾向，是对家长各种教养行为特征的概括，是一种具有相对稳定的行为风格，通常有民主型、专制型和溺爱型三种教养方式。不同类型的教养方式对婴幼儿的心理发展存在着不同程度的影响。

2. 托育机构

托育机构是对婴幼儿实施科学保育、教育的机构，是婴幼儿离开家庭步入的第一个社会场所。托育机构的物质环境、人际关系、保教人员的专业素养等软硬件设施都会对婴幼儿的心理健康产生重要影响。婴幼儿年龄小，生活自理能力较差，好玩好动，这就需要保教人员付出更多的爱心、耐心去呵护婴幼儿的成长。如果师幼关系紧张，保教场所缺乏温馨、和谐的氛围，教育方法单一、枯燥等都可能使婴幼儿表现出情绪低落、恐惧、焦虑、紧张等。保教人员应该树立正确的儿童观、教育观，在自己的教育实践中多倾听婴幼儿的观点或意见，关注他们的心理感受或内在体验。

3. 社会环境

自出生第一天起，婴儿就开始了逐步社会化的过程。在这个过程中，婴幼儿主要通过父母等重要他人获得对社会的认知。社会的政治制度、文化氛围、大众传媒、风俗习惯等都会对身在其中的个体产生深远的影响，潜移默化地影响婴幼儿生活的方方面面。其中，大众传媒、社会风气和环境污染是影响婴幼儿心理健康的重要因素。随着科学技术的不断发展，有些婴幼儿过早地接触到了电视、电脑、手机等。这些大众传媒可以在一定程度上丰富婴幼儿的生活，拓宽婴幼儿的视野，但是大众传媒所带来的不健康信息等，也可能导致婴幼儿产生恐惧情绪、焦虑情绪、攻击性行为等情绪和行为问题。成人不应该忽视科技给婴幼儿成长带来的影响，要理性对待、以身作则、科学引导。

第二节　婴幼儿常见心理卫生问题及其干预

问题情境

2 岁的强强上托育园了。老师向强强父母反映强强在园几乎不说话，只是长时间呆坐着。老师跟他说话，他也不回应。强强父母告诉老师，他在家里和家人说话、交流都很正常。强强怎么了？老师和家长应该怎么做？

托育机构的教师应该掌握婴幼儿常见心理卫生问题及其干预措施，与家长密切配合，共同关注婴幼儿的心理健康。

一、情绪障碍

在日常生活中，婴幼儿难免会产生一些消极情绪，如悲伤、愤怒、恐惧等，可能几天过后就会恢复正常。但是，如果婴幼儿的消极情绪持续数周甚至数月仍不见好转，并影响到了婴幼儿的生活和人际交往，那么成人就应该引起重视，并采取相应的干预措施。

（一）焦虑障碍

焦虑障碍是一组以不安和恐惧为主的情绪障碍，出现无明显原因的或是不现实的、先占性的情绪反应，伴不安、恐惧的认知和自主神经活动。

分离焦虑是一种相当常见的焦虑障碍，在年幼儿童中常见，是婴幼儿与依恋对象（如主要的照护者、亲密的家庭成员）分离或将要分离时产生的过度焦虑。按照我国和国际精神疾病诊断标准，分离焦虑多起病于6岁前，主要表现为与亲人特别是父母分离时，出现明显的焦虑情绪（如哭闹、发脾气），有的还伴有做噩梦、讲梦话、恶心呕吐、食欲不振、心跳加快、多汗、乏力等症状。

婴幼儿进入托育机构，都会不同程度地出现分离焦虑。入托育机构是婴幼儿适应集体生活、迈向社会的第一步。从父母温暖的怀抱、熟悉的家庭环境离开，进入托育机构这个陌生的场所，是婴幼儿生活中的一个重要转折。他们不仅需要面对陌生的老师、环境，还要面对更多新的要求，难免在生理上和心理上感到不适应，从而产生焦虑情绪。

解决分离焦虑的关键是尽快帮助婴幼儿熟悉新环境，建立安全感；建立对新老师的信任，产生依赖感；建立对托育机构生活的喜爱，产生愉悦感。值得一提的是，家长应该尽量消除自身的焦虑情绪，积极帮助孩子适应托育机构的生活。

面对婴幼儿初入托的分离焦虑情绪，照护者应该给孩子更多的关爱，特别是身体的爱抚和照顾，减缓孩子的分离焦虑；创设温馨、家庭化的环境，让婴幼儿感到熟悉、亲切和安全；设计丰富有趣的教育活动，吸引婴幼儿的注意力；适时培养婴幼儿的自理能力，如练习用勺子自主进餐，大小便时从需要大人帮助到自己独立穿脱裤子等。

（二）恐惧性焦虑

恐惧也属于焦虑范畴，是指婴幼儿对某些物体或特定环境产生强烈的害怕情绪并回避，但当婴幼儿的害怕和回避大大超过了客观的危险程度，并因此产生退缩，对婴幼儿的生活、学习和交往造成明显的负面影响，这可能就是异常的恐惧，属于恐惧性焦虑。婴幼儿主要的恐惧对象有生疏的动物和情境、陌生人、闪光、阴影、噪声、黑暗、梦境等。

婴幼儿恐惧时，主要有以下表现。恐惧情绪：例如，遇到恐惧对象或事件，婴幼儿会立即出现恐惧情绪和躯体反应。认知症状：婴幼儿过于担心自己受到所恐惧对象的伤害，但往往说不出自己的这类担心。躯体症状：心慌，心跳加速，气促，胸闷，胸痛，颤抖，出汗，有窒息感，恶心呕吐，站立不稳，眩晕，有不真实感、失控感。回避行为：极力回避恐惧对象或事件，从而影响日常生活和社会功能。

婴幼儿的恐惧多数产生于成人的恐吓和其自身的直接感受，随着年龄的增长可以自行消退。如果恐惧感长期不消退，就有可能导致婴幼儿出现退缩或回避行为。照护者在任何情况下都不可采用恐吓、威胁的方法教育孩子，而应当认同孩子的恐惧情绪，了解孩子内心的感受，懂得用科学的引导方式帮助孩子正确认识恐惧源而不是消极回避。如果恐惧程度严重，且持续时间长，则要进行专门治疗。

（三）暴怒发作

暴怒发作多由受到挫折、个人要求和欲望得不到满足引起，在幼儿期比较常见，男孩女孩都有可能发生，没有明显的性别差异。暴怒发作的时候，幼儿大哭大闹，口头威胁，坐在地上或躺在地上打滚，伴自我伤害行为，如用头撞墙、拍打脑袋，同时也可能会有毁坏物品的表现，如摔东西、破坏玩具、撕衣服或剪衣服等。劝阻或者关注常常使得他们变本加厉，直到自己的要求或者愿望得到满足，暴怒发作才可能自行停止。

儿童暴怒下的潜在感受常是抑郁、焦虑和不安全的感觉。愤怒失控的问题最终会对孩子的心理功能造成很大的影响，如情绪调控能力差、亲子关系不和谐、同伴关系紧张、社会适应能力下降。

针对暴怒发作的干预方法有：①尊重孩子，科学教育。正确的儿童观应该是将孩子视为人格独立、平等的个体。照护者应善于倾听孩子的想法，不迁就、不溺爱，也不指责、不命令。②以身作则。当孩子暴怒发作时，照护者需要为孩子树立良好的榜样，切不可乱发脾气，保证孩子所处环境的安全，防止出现孩子自伤、创伤、触电等一些意外事故，事后再与孩子就事由进行互动。③教会孩子自我控制。照护者可通过绘本故事、角色游戏等，教会孩子释放消极情绪的方法，及时对孩子已经表现出的适当的自我控制行为进行赞赏。

二、睡眠障碍

（一）夜惊

夜惊是指儿童在入睡 1～4 小时内突然坐起、惊叫哭喊，伴有一些惊恐的表情或者动作，以及心率加快、呼吸急促、瞳孔放大、大汗淋漓等一些自主神经的兴奋症状，但对家人的问话没有反应。严重者可一夜频繁发作，次日对发作经过不能回忆。

3岁之前的婴幼儿出现夜惊主要是生理性表现。新生儿、婴儿和小年龄的幼儿大脑皮层尚未发育成熟，而大脑皮层下中枢的兴奋性比较高，所以大脑皮层对其下中枢的控制能力比较弱。而且婴幼儿的神经细胞发育也不完善，神经通道之间的"绝缘性"也比较差，所以当外界稍有一点"风吹草动"，兴奋就会扩散到全身。婴幼儿睡眠比较浅，一旦受到微弱的外界因素的刺激就容易产生没有规律、全身性、短暂的异常运动现象。

婴幼儿的平时活动也会导致夜惊。性格外向的孩子比较容易出现夜惊，这是因为孩子白天的活动过于激烈，而熟睡中，神经系统仍然处于兴奋中，所以容易出现夜惊。如果孩子睡觉前看了一部恐怖的电影，听大人讲了一件可怕的事情或者睡觉前受到了大人的责备心情不好，也容易出现夜惊。卧室内的空间不流畅、呼吸不畅、消化不良也会引起夜惊。

夜惊一般不需要治疗，随着年龄的增长，夜惊会逐步消失。保证充足的睡眠、作息规律、避免过度疲惫、释放心理压力等可缓解夜惊的发作。如果夜惊发生比较频繁，照护者可以试着在经常发生的时间点提前15分钟轻轻叫醒孩子，以防止夜惊的发生。

（二）梦魇

梦魇是指个体在梦中见到了可怕的景象或遇到了可怕的事情，醒后有压迫感、惊恐尖叫、呼吸加快、肢体欲动不能等短暂的情绪紧张状态，对梦中的内容尚能记忆片段。梦魇通常发生在后半夜，孩子因梦魇醒来后或被叫醒后，常能回忆起噩梦的内容。值得一提的是，梦魇和噩梦是有区别的，梦魇有压迫感和肢体欲动不能的感觉，噩梦则没有。

精神高度紧张、胸闷憋气等身体不适，或者睡觉时肢体被压都是梦魇的发病原因。

发生梦魇时，照护者要及时叫醒孩子，抱一抱，安慰一下，提醒孩子那只是个梦，不是真的；可以帮孩子给可怕的梦境编织一个快乐的结局，尽快让他平静下来；还可以鼓励孩子把梦境画下来或说出来。这些都有助于孩子再次入睡。照护者可以借此了解孩子日常恐惧的对象。睡前避免看电视，及时发现孩子的压力并进行有效的疏导可减少梦魇的发生。改善睡眠环境和不良睡姿也有利于避免发生梦魇。若孩子经常发生梦魇，建议让孩子与心理医生谈谈。

三、言语障碍

（一）语言发育迟缓

语言发育迟缓是指由各种原因引起的儿童口头表达能力或语言理解能力明显落后于同龄儿童的正常发育水平的现象。一般认为，18个月时不会讲单词者、30个月时不会讲短句者均属于语言发育延缓。

智力低下、听力障碍、构音器官疾病、中枢神经系统疾病、语言环境不良等因素均是儿童语言发育迟缓的常见原因。若发现儿童有语言发育迟缓现象，应努力查找病因。若儿童无以上明确原因而出现语言发育明显延迟现象，则称为特发性语言发育障碍或发育性语言迟缓。

照护者可以通过以下方法改善儿童语言训练的环境：改善家庭内外的人际关系，给儿童创造一个和谐、温暖、健康的家庭生活环境；培养儿童良好的性格、兴趣和交往态度；改善对儿童的教育方法；帮助儿童改善交往态度和社会关系；改善和帮助儿童克服不良的兴趣、爱好和行为习惯。

（二）口吃

口吃俗称"结巴""磕巴"，是一种言语障碍，主要表现为讲话时常在某个字音、单词上表现出停顿、重复、拖音，说话不流畅，伴跺脚、摇头、挤眼、歪嘴等动作。多发生于3岁左右的幼儿，男孩多于女孩。

口吃的发生主要与心理状态有关。幼儿由于肌肉控制能力的发展落后于情绪和智力活动表达的需要，常表现为说话踌躇和重复；一些家长对孩子的语言表达做过多矫正，或采取恐吓、强制等方法来训练孩子的语言，导致孩子精神过度紧张，从而形成口吃。幼儿突然受到惊吓（如听了可怕的故事、看了恐怖的影片），模仿别人口吃，个性急躁都可能形成口吃。此外，一些严重的躯体疾病，如百日咳、流感、麻疹或脑部受到创伤都可能造成大脑皮层功能减退而引起口吃。

面对孩子的口吃，照护者应首先做到注意自己的语言习惯，与孩子说话时，规范自己的语言表达方式，避免说不完整的句子，特别要避免拖腔；为孩子创设良好的沟通氛围，与孩子讲话时，要心平气和、不慌不忙，尊重孩子，认真倾听，不随便打断孩子的讲话，使其养成从容不迫的讲话习惯；科学地引导孩子说话，正确对待孩子说话时不流畅的现象，不模仿、不讥笑，不断消除其紧张情绪。

四、行为障碍

（一）吮手指、咬指甲

婴儿吮吸手指很常见，这是正常现象。随着年龄的增加，2岁以后，这种行为会逐渐消退。若2岁以后此行为继续存在并成习惯，则应及时纠正。有些幼儿经常不由自主地咬去长出的指甲，还咬指甲周围的表皮，甚至会把甲床咬出血来。

吮手指的诱因主要有婴儿期喂养不当、缺乏环境刺激，比如，长牙期比较容易出现吮手指的行为。咬指甲的行为，主要与幼儿紧张的心理状态有关，比如，幼儿被爱的需要长时期得不到满足，或者缺乏同龄伙伴一起游戏等。

科学应对孩子吮手指、咬指甲的行为，照护者应注意定时、定量喂足喂好孩子，使其养成良好的生活饮食习惯；教养方式要科学、合理，关注并满足孩子被爱、被关注的需求，找出并消除导致孩子心理紧张和焦虑的因素；丰富孩子的精神生活。照护者可以和孩子玩亲子游戏，带孩子去户外活动；可多引导孩子参与集体游戏活动，支持孩子与同伴交往；培养孩子良好的卫生习惯，定期为其修剪指甲。

（二）小儿夹腿综合征

小儿夹腿综合征是儿童行为障碍的一种表现，婴幼儿发病较多，1~3岁为高发期，女孩更为多见。主要表现为摩擦会阴部，婴幼儿可两腿并拢或交叉内收或利用桌子角摩擦外阴。女孩常两腿交叉上下擦动，摩擦时出现面红、眼神凝视及额头或全身出汗等现象。多在入睡前、刚睡醒时或单独玩耍时进行，每次持续数分钟，发作次数不等，可一日数次，或数日发作一次。婴儿被从床上抱起或改变体位时，动作可停止；较大幼儿的此种动作可被有意识地中断。

小儿夹腿综合征的发生原因有以下几方面。局部刺激：外阴湿疹、蛲虫、尿布潮湿或裤子太紧等刺激引起外阴局部发痒，继而引起摩擦。疾病因素：大约有70%的患儿血清铁蛋白降低，故医生认为此症系体内贮存铁不足，引起儿茶酚胺代谢紊乱的结果。心理因素：有的儿童因家庭气氛紧张，缺乏母爱，遭受歧视等，又无太多玩具可玩，便通过刺激自身来寻求宣泄，从而产生夹腿动作。

面对小儿夹腿综合征，照护者要了解此症的性质，不必过于焦虑；平时不要给孩子穿过于紧身的衣裤，睡前可让孩子进行适当的体育活动，使孩子疲倦后再上床睡觉，以便孩子能很快入睡；睡时不要给孩子盖太多被子，孩子醒后尽量让其立即起床，以消除导致此种习惯形成的条件；经常给孩子清洗外阴，清洗时，注意用水撩拨冲洗，而不要用手去清洗；发作时可转移孩子的注意力，加强教育和护理。

（三）攻击性行为

儿童的攻击性行为也称儿童的侵犯性行为，是指儿童欲望得不到满足时，出现的侵犯他人身体、毁坏物品、用言语攻击的行为。婴幼儿的攻击性行为常常表现为打人、骂人、咬人、推人、踢人、抢别人的东西等。

每个年龄段的攻击性行为，均有其原因。婴儿在长牙期，牙龈不舒服，吃奶的时候会咬妈妈的乳头。在这个阶段，家长需要提前准备牙胶，供孩子咬，缓解不适。妈妈喂奶的时候，将整个乳晕让孩子含着，而不是让其只含乳头。婴儿手眼协调能力比较差，无法控制自己的力道，可能只是想抚摸你，或者抱抱你，结果变成了"打"。碰到这种情况，照护者首先要明白孩子真正的意图。

1～3岁幼儿的自我意识逐渐萌芽，当他们达不到目的时，他们会用打人、咬人等方式来表达自己的不满情绪。这个阶段幼儿的语言虽然有了一定的发展，但是还缺乏一定的社交经验和技巧，不会用正确的方式与同伴沟通。他们只是努力得到他们想要的东西，或者是保护那些他们认为属于自己的东西，目的不是伤害别人。行为主义心理学家还认为，攻击性行为是一种社会学习性行为，是通过观察别人的攻击行为模式而学习到的。

无论何时，出于何种原因，当孩子出现打人、咬人等攻击性行为时，照护者都应立即制止。照护者应重视言传身教的作用，为孩子树立良好的榜样；耐心地帮助孩子学会正确沟通，比如喜欢哪个小朋友，可以试着拉一拉对方的手，这时照护者要拉着孩子的小手示范动作；通过绘本阅读、角色扮演，帮助孩子学习如何与他人相处，学会识别自己的情绪，使其掌握正确的人际交往技巧。

（四）说谎

说谎是儿童把和实际情况完全不相符合或者根本没有发生的事件，描述得完整、确定。幼儿说谎一般分为无意说谎和有意说谎。

无意说谎是指说谎行为本身不受主体自身控制，是一种无意识的行为，表现为幻想与现实混同、认识不足而导致理解错误等形式。例如，有的幼儿对小朋友说他坐了飞机，非常开心，事实上这个幼儿生活中从没有坐过飞机。这类说谎是无意识和不自觉的行为，而与道德水平没有关系。

有意说谎表现为否认错误、虚夸成绩和有意欺骗等形式，它是幼儿为达到某种目的或满足某欲望而有意做的。这类说谎如果得不到正确引导，将影响幼儿身心健康发展。

幼儿无意说谎的主要原因有：①幼儿认知水平较低，大脑皮层发育不够完善，造成其说出与事实不相符合的"谎言"。幼儿也会把自己渴望得到的东西、希望发生的事情说成自己已经得到了的、发生了的。②表达能力不足引起的说谎。幼儿词汇量有限，在用词方面存在很大的困难，常常词不达意，被误认为是说谎。③能力的限制引起的说谎。幼儿由于受思维水平的限制，理解能力差。如果照护者问孩子问题的时候，没有考虑到孩子的年龄特点，可能会造成孩子不理解，从而被动说谎。幼儿的有意说谎主要是为了得到表扬、奖励或者开脱责任、逃避责罚，也可能是家长说谎、幼儿模仿。

对于幼儿的无意说谎，照护者不必紧张，因为随着幼儿年龄的增长和心智水平的提高，这种现象会逐渐消失；而对于幼儿的有意说谎，照护者则应了解幼儿说谎的原因，采取相应的教育策略加以正确引导，使其心理健康发展。

五、儿童多动症

儿童多动症，即指脑功能轻微失调综合征（MBD）或注意缺陷多动障碍（ADHD），是一种以注意障碍为突出表现、以多动为主要特征的儿童行为问题。这类患儿智力正常或基本正常，但行为及情绪方面有缺陷，表现为注意力不易集中、注意短暂、活动过多、情绪易冲动，以致影响学习成绩，在家庭及学校均难与人相处。患儿中男孩远较女孩多。病因很复杂，包含多种因素，如遗传、脑部器质性病变、代谢障碍、铅中毒，以及环境污染、成人不良的教育方式等。

多数患儿在婴幼儿时期即易兴奋、多哭闹、睡眠差、喂食较困难、不容易养成定时大小便的习惯。随着年龄的增长，除活动增多外，患儿往往动作不协调，注意力不集中或集中时间很短，情绪易冲动而缺乏控制能力，上课不守纪律。患儿智力正常，但因注意力不集中，听觉辨别能力差，语言表达能力差，所以学习能力一般较低。因此，照护者在婴幼儿0～3岁时应该细心观察，多加甄别，以利于早发现、早治疗。

针对儿童多动症的治疗方法主要有：①心理疗法。消除各种使患儿感到紧张的因素、严格作息制度、增加文体活动等对治疗儿童多动症有积极的作用。②行为疗法或行为指导。重点在于培养和发展患儿的自制力、注意力。行为疗法主要是对患儿进行特殊训练，例如视觉注意力训练、听觉注意力训练、动作注意力训练等，这类特殊训练可以延长患儿注意力集中的时间。③饮食疗法。

六、儿童孤独症

儿童孤独症，又称儿童自闭症，在男孩中多见，一般起病于婴幼儿期，是一种较为严重的发育性障碍。它主要表现为不同程度的社会交往障碍、语言交流障碍、重复刻板行为，这也是典型的自闭症"三联症"。

（一）临床表现

1. 社会交往障碍

患儿不能与他人建立正常的人际关系，年幼时即表现出与别人无目光对视，表情贫乏，缺乏期待被父母拥抱、爱抚的表情或姿态，也缺乏享受到爱抚时的愉快表情，甚至对父母和别人的拥抱、爱抚予以拒绝；分不清亲疏关系，对待亲人与对待其他人都是同样的态度；不能与父母建立正常的依恋关系，与同龄儿童之间难以建立正常的伙伴关系，例如，在托育机构多独处，不喜欢与同伴一起玩耍，看见一些儿童在一起兴致勃勃地做游戏时没有观看的兴趣或参与的愿望。

2. 语言交流障碍

语言交流障碍是孤独症的重要症状，是大多数儿童就诊的主要原因。语言交流障碍可以表现为多种形式。多数孤独症儿童有语言发育延迟或障碍，通常在两三岁时仍然不会说话，或者在正常语言发育后出现语言倒退，即在两三岁以前有表达性语言，但随着年龄的增长语言逐渐减少甚至完全丧失。他们对语言的感受和表达运用能力均存在某种程度的障碍。

3. 重复刻板行为

患儿对于正常儿童所热衷的游戏、玩具都不感兴趣，而喜欢玩一些非玩具性的物品，并且可以持续数十分钟甚至几个小时而没有厌倦感；对玩具的主要特征不感兴趣，却十分关注非主要特征。患儿固执地要求保持日常活动程序不变，如上床睡觉的时间、所盖的被子都要保持不变，外出时要走相同的路线。若这些活动被制止或行为模式被改变，患儿会表示出明显的不愉快和焦虑情绪，甚至出现反抗行为。患儿有重复刻板动作，如反复拍手、转圈、跺脚等。

此外，孤独症儿童的智力水平很不一致。少数患儿的智力在正常范围内，大多数患儿表现为不同程度的智力障碍。国内学者研究[1]发现，孤独症患儿智商低于70者占61%，而智力处于边缘水平和智力正常者占39%，这与既往国外的相关研究结果[2]基本一致。

---

[1]　贾美香、王力芳：《孤独症儿童的智力水平与社会适应能力》，载《中国心理卫生杂志》，2010，24（11）。

[2]　Fombonne E., "Epidemiological surveys of autism and other pervasive developmental disorders: An update," *Autism Der Disorder*, 2003, 33（4）.

（二）病因

病因尚不清楚，可能与以下因素有关：①生物学因素。遗传因素对孤独症的作用已趋于明确，但儿童孤独症的具体遗传方式还不明了。孕期和围生期胎儿经受的脑损伤，如孕妇病毒感染、胎儿宫内窒息、产伤等也属于生物因素。②环境因素。例如，早期生活环境单调，缺乏情感、语言等的丰富和适当的刺激，没有形成良好的社会行为，也是引发该病的因素。

（三）干预

教育和训练是较为有效的干预方法，目标是促进患儿语言发育，提高其社会交往能力，使其掌握基本的生活技能和学习技能。患儿在学龄前一般因不能适应普通托育园生活，而在家庭、特殊教育学校、医疗机构中接受教育和训练。

目前药物治疗尚无法改变孤独症的病程，也缺乏治疗核心症状的特异性药物。但对于某些患者，在医嘱下适当用药可改善其情绪和行为症状，如情绪不稳、注意缺陷和多动、冲动行为、攻击行为、自伤和自杀行为、抽动和强迫症状以及精神病性症状等，有利于维护患者自身或他人安全、顺利实施教育训练及心理治疗。

照护者应该在婴幼儿期多注意观察，如发现孩子有孤独症的相关症状，应该尽早诊断、及早治疗。如果托育机构有孤独症患儿，教师应和家长密切配合，共同制订康复计划，为患儿创造温馨、安全的生活与交往环境，以促进其交往能力、言语能力的发展。照护者一定要对患儿的康复充满信心。国内外孤独症康复训练的结果表明，绝大多数孤独症患儿，随着年龄的增长和训练的加强，其症状都会有不同程度的改善。

本章小结

处在不同年龄阶段的婴幼儿面临不同的心理发展问题。照护者应掌握婴幼儿各阶段的心理发展特点，为其提供适宜的保育；同时，也要熟悉婴幼儿常见的心理卫生问题，在保教工作中及时发现问题，与家庭密切合作，共同促进婴幼儿健康发展。

阅读导航

［1］刘丽云. 0～3岁儿童教养［M］. 上海：复旦大学出版社，2014.

本书主要介绍了新生儿期、1岁内婴儿、1～2岁幼儿和2～3岁幼儿的生理、心理发展特点以及育儿理念、教养要点和潜能开发等内容。鉴于0~3岁婴幼儿教养活动的实施主要是在家庭和托育机构中进行的，故本书还专门针对提升家长的教养指导能力和培养合格的0~3岁早教师资队伍进行了详细阐述，既注重早教理论知识的全面性和系统性，又注意提供多样化的亲子游戏活动和教养指导，语言浅显易懂，可操作性强。

［2］张劲松.学前儿童心理健康指导［M］.上海：复旦大学出版社，2013.

本书目标人群为0~6岁儿童，以现代的健康观和科学的儿童心理健康促进理念为指导，注重教育学与医学心理学的结合、理论与实践的结合。本书既阐述了婴幼儿心理健康的意义、心理行为的神经生理学基础以及儿童心理健康的影响因素，又围绕婴幼儿心理发展规律分别阐述了0~3岁和3~6岁儿童的心理健康指导原则、目标和方案，介绍了学前儿童常见或重要的心理问题和心理障碍，并特别关注被忽视和被虐待儿童以及留守儿童的心理问题。

学习检测

一、问答题

1. 婴幼儿心理健康的衡量标准有哪些？
2. 请结合你在托育机构的见习经历，谈一谈影响婴幼儿心理健康的因素。
3. 托育机构教师可以采取哪些途径或方法促进婴幼儿心理健康发展？

二、案例分析

案例1：某幼儿3岁了，妈妈发现她最近总是喜欢咬指甲，不光把手指甲咬没了，还把手指头咬流血了。妈妈很焦虑，用了很多方法都不管用。

问题：请你帮这位妈妈出出主意，怎么做可以让孩子改掉这个坏习惯？

案例2：两岁半的阳阳刚上幼儿园托班，每天入园后，阳阳都在教室里大声哭泣，并喊着："我要回家！我不要上学！"阳阳吃午餐时食欲不振，午睡时也在不停地抽泣。

问题：照护者应该怎么做？

案例3：最近托育园的张老师很烦恼，因为班里新来的浩浩（3岁，男）小朋友经常会出现攻击性行为，比如，只要他想要某个玩具，他就会一声不吭地把另一个小朋友手上的玩具抢过来。下午户外活动的时候他就把一个小女孩推倒了。

问题：请你帮张老师想想办法，如何纠正浩浩的行为？

第四章 婴幼儿照护与保健

导言

　　0～3岁婴幼儿生活自理能力较弱，所以照护者需要负责对婴幼儿进行生活照护和日常保健，指导婴幼儿养成良好的行为习惯。照护者应具备婴幼儿照护的相关专业知识和技能，利用科学育儿知识，开展多种形式的服务活动，促进婴幼儿的早期发展。

学习目标

1. 了解婴幼儿日常生活照料的主要内容和方法。
2. 能进行婴幼儿饮食、二便、睡眠、出行和盥洗的日常生活照料。
3. 了解婴儿抚触、婴幼儿三浴锻炼和婴儿操的好处及方法。
4. 能实施婴幼儿抚触和婴儿操等保健措施。

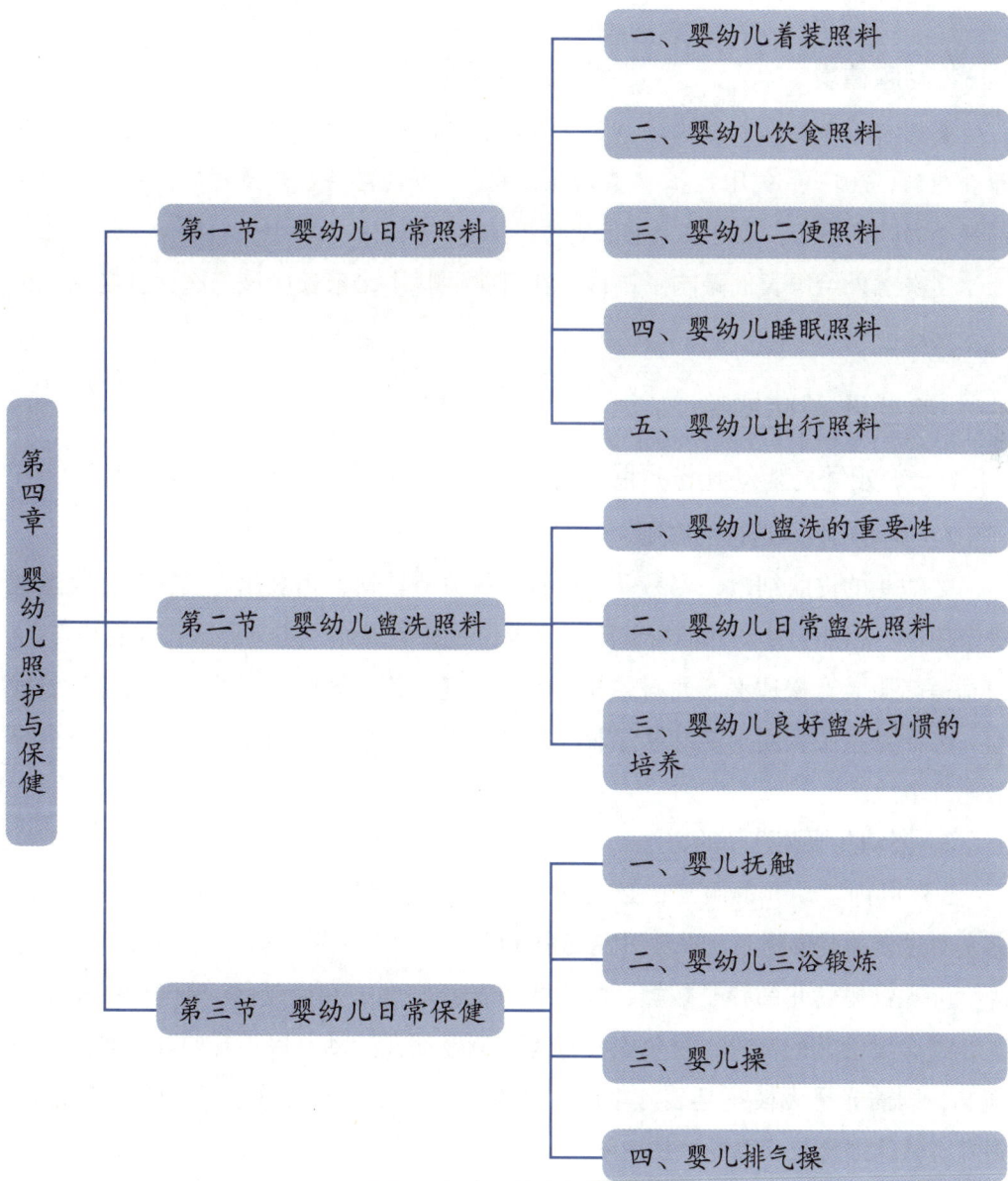 知识导览

第四章　婴幼儿照护与保健

第一节　婴幼儿日常照料
- 一、婴幼儿着装照料
- 二、婴幼儿饮食照料
- 三、婴幼儿二便照料
- 四、婴幼儿睡眠照料
- 五、婴幼儿出行照料

第二节　婴幼儿盥洗照料
- 一、婴幼儿盥洗的重要性
- 二、婴幼儿日常盥洗照料
- 三、婴幼儿良好盥洗习惯的培养

第三节　婴幼儿日常保健
- 一、婴儿抚触
- 二、婴幼儿三浴锻炼
- 三、婴儿操
- 四、婴儿排气操

第一节　婴幼儿日常照料

问题情境

　　连帽衫是年轻家长喜欢给孩子置办的服饰之一。它布料柔软，穿脱方便。但谁会想到，2015年9月11日，某幼儿园内，3岁的浩浩在玩滑梯时，被连帽衫上的绳子勒住了脖子，最终窒息而亡。

　　多次意外给家长们敲响了警钟：在日常照料中，家长应该怎么保证婴幼儿的安全健康呢？

一、婴幼儿着装照料

（一）如何为婴幼儿选择服装

1. 婴幼儿服装选择的原则

　　婴幼儿的皮肤细嫩，容易受伤；腕、肘关节较松，当被用力拉扯时，会造成关节脱臼。因此，婴幼儿的服装除了要求保暖和美观外，还应舒适、方便和安全。舒适是指服装宽松适度、面料柔软、吸湿透气、款式简单，不妨碍婴幼儿生长发育；方便是指服装便于婴幼儿穿脱和运动；安全是指服装的扣子、绳子等不会导致意外事故。

2. 婴幼儿服装选择的方法

　　3岁以内婴幼儿的服装，必须满足服装A类标准，头部和颈部不应有绳带，避免有过多的装饰物品，以免引发安全问题。

　　上衣：婴幼儿的脖子较短，故上衣可选择圆领或和尚领的，便于头部活动；大小适合婴幼儿的身材，避免衣袖过长影响婴幼儿运动；以不带纽扣为佳，如有纽扣，则需光滑无棱角且装订牢固；内衣宜选择浅色、柔软、吸汗的纯棉织品，避免有硬的缝合边，以免擦伤皮肤。

　　裤子：婴幼儿适合选择宽松的有松紧带的束腰裤或背带裤。束腰裤应避免腰被勒得太紧，以免影响婴幼儿的呼吸和骨骼的正常发育；背带裤应将背带调整至合适的长度，以免影响婴幼儿躯干的增长，并提醒婴幼儿注意背带的安全；避免裤腿过长或过宽而影响婴幼儿活动，或带来危险。男婴裤子的前开口不应有拉链，以防伤及生殖器；女婴不宜穿开裆裤，以免引起尿路感染。

　　鞋子：婴幼儿适合大小适中、软硬适度、轻便、舒适、透气性好、有利于运动的鞋子。根据脚的胖瘦、宽窄来选择合适的鞋子，款式以高过脚面的高帮鞋为主，长短要以鞋子的内长比婴儿的脚长长 0.5～1 cm 为宜，还应注意鞋底的软硬、厚薄，是否防滑等；较大幼儿可穿系带的鞋，但鞋带不宜过长；夏天的凉鞋应特别注意其舒适性和安全性，避免婴幼儿脚面皮肤被磨、脚底起泡等现象出现。中国儿童健康鞋专家丘理在《一双好鞋》中将为儿童选鞋的策略归纳为"一折、二捏、三拧、四按、五闻"。"一折"是为了确定鞋底弯曲部位在前部约三分之一处，即脚弯的地方，这样可以保护足弓；"二捏"是为了确定鞋子的后帮和前头要硬，起到稳定关节的作用；"三拧"是指检查鞋子是否容易变形；"四按"是指用手按鞋内部前掌部位，太柔软的不要选；"五闻"是指闻鞋子有没有异味，如果有，不选。

袜子：婴幼儿适合选择纯棉袜。款式、尺寸要符合婴幼儿的脚型；袜腰适当宽松；注意袜子里面的线头是否过长、过多，以免缠住婴幼儿的脚趾而导致意外事故发生。

（二）如何给婴幼儿着装

为婴幼儿穿衣服可不是一件容易的事情，特别是为新生儿穿衣服。新生儿身体柔软，颈部无力，四肢屈曲。给新生儿穿脱衣服时首先要将室温调节到24℃～26℃，关闭门窗避免对流风；把新生儿放在床上或操作台上，检查尿布是否干净，不干净的话需要先更换尿布。

1. 穿衣服的技巧

穿开衫。将衣服平铺在台面上，置于婴儿的身下，领口对准婴儿的颈部。为了使婴儿的手臂容易进入，可以先把袖子卷短一些，然后一只手将婴儿的手臂送入袖口，另一只手伸入袖口抓住婴儿的手轻柔拉出。一只胳膊伸入后，将衣服从后身拉过来，将婴儿的另一只胳膊轻轻地抬起来，顺着关节的弯曲，先向上，然后向外侧伸入袖子。如果婴儿伸入袖子时有困难，可以轻轻推一下婴儿的肘关节，这样，让外界给一点力，容易使婴儿的胳膊伸进袖子。

套头式的上衣最好选择领口较大或领口处有按扣的，先把衣服从下摆向领口弄成一个圈，用两手把领口撑开，对于会坐的婴儿，把衣服的领口套过婴儿的头；对于不会坐的婴儿，把卷成圈的衣服放在床上，把婴儿的头放在中间，让婴儿的脖子枕着衣服的后襟，然后轻柔拉衣服的前襟使其穿过婴儿的头部。拿起一个衣袖，同样弄成圈，照护者的手指从中穿过去后抓住婴儿的手，把婴儿的手从袖中轻轻地拉过去，顺势把衣袖套在婴儿手臂上，另一侧同样这样穿。穿好后，把婴儿上半身抬起，把衣服往下拉。

穿裤子与穿衣服相同，先把裤腿弄成圈。照护者一边穿衣服一边和婴儿说话。如果婴儿不太配合，照护者也可以在为其穿衣服的同时，用一些玩具转移婴儿的注意力。

2. 脱衣服的技巧

如果上衣是开衫，给婴幼儿脱衣服的时候只要先拉一下一侧的袖口，新生儿的胳膊就很容易被脱下来，再把衣服从身后拉到另一侧，然后拉一下另一侧袖口，这样衣服就脱下来了。脱套头的衣服，与穿衣的步骤正好相反。一只手轻轻托起婴幼儿的头颈部，另一只手先解开领口上的按扣，把衣服从婴幼儿的腰部向上卷到胸前，握着婴幼儿的肘部轻轻把胳膊拉出，最后把领口撑大，小心将衣服从婴儿的头部脱下来，再轻轻放下婴幼儿的头颈部。脱裤子时也需要一只手在裤管内握住婴儿的小腿，另一只手脱下裤子。

二、婴幼儿饮食照料

（一）婴幼儿的饮食特点

婴幼儿生长发育迅速，对营养和能量的需求高，但各项身体机能尚未完善，故其饮食特点表现为：①1岁以内的婴儿的主要食品是乳类，母乳最佳，其他食品用来弥补乳类营养的不足。②婴幼儿的辅食需要与婴幼儿的咀嚼、吞咽能力相适应，质地从泥糊状逐步过渡到团块状固体食物。③婴幼儿的进食从哺乳逐渐过渡到喂食、自主进食，再到与家人同桌吃饭，这个过程可促进婴幼儿大动作、精细动作的发展，有利于家庭亲子关系的建立。④婴幼儿的饮食应当满足细、软、烂、小、巧的特点，注意培养和锻炼婴幼儿特别是2岁前的婴幼儿的咀嚼能力。⑤婴幼儿的食欲有其变化的过程。1岁左右的婴儿生长发育迅速，食欲较旺盛；2～3岁的幼儿因活动范围的扩大，注意力经常集中在对周围事物的探索和游戏中，造成食欲时好时坏、波动不定。

（二）婴幼儿饮食的保育要点

1. 0～6个月

①6个月内的婴儿宜纯母乳喂养。

②由于母乳缺乏或其他原因不能以母乳喂养的可选用配方奶人工喂养。

2. 6～12个月

①继续母乳喂养，不能继续母乳喂养的使用配方奶人工喂养。

②及时添加辅食，从富含铁的泥糊状食物开始，遵循由一种到多种、由少到多、由稀到稠、由细到粗的原则。辅食不添加糖、盐等调味品。

③引入新食物后要密切观察婴儿是否有皮疹、呕吐、腹泻等不良反应。

④注意观察婴儿所发出的饥饿或饱足的信号，并及时、恰当回应，不强迫喂食。

⑤鼓励婴儿尝试自己进食，培养进餐兴趣。

3. 12～24个月

①继续母乳或配方奶喂养，可以引入奶制品作为辅食，每日提供多种食物。

②鼓励和协助幼儿自己进食，关注幼儿以语言、肢体动作等发出进食需求，顺应需求喂养。

③培养幼儿喝生活饮用水的习惯，不提供含糖饮料。

4. 24～36个月

①每日提供多种食物。

②引导幼儿认识和喜爱食物，培养幼儿专注进食的习惯和选择多种食物的能力。

③鼓励幼儿参与分餐、摆放餐具等活动。

（三）营造良好的进餐环境

良好的进餐环境需要注意以下几点：一是营造舒适的物理环境，包括餐厅（就餐区）光线充足、空气流通、温度适宜，餐桌与食具清洁美观、大小适宜，室内布置优雅整洁，还可播放一些轻松、优美的音乐，以促进食欲。二是创设健康的心理环境，包括尊重婴幼儿的食物选择，不强迫婴幼儿进食，不体罚或批评婴幼儿，营造愉快的进餐气氛。三是提供与婴幼儿年龄相符合的餐具和恰当的就餐时间，为婴幼儿提供自主进食的机会，帮助婴幼儿逐渐学会拿杯子、用杯子喝水、用器皿吃饭，掌握进餐技能，提高进餐兴趣。四是注意食品的色、香、味、形以及食品的摆放，以吸引婴幼儿进食。五是餐前组织安静的活动以稳定婴幼儿的情绪，用热情的态度、颇具感染力的语言介绍饭菜的内容和营养成分，引起婴幼儿的进餐兴趣。

（四）提供合适的膳食

为婴幼儿提供与其发育特点相适应的食物，制定膳食计划和科学食谱，并为有特殊饮食需求的婴幼儿提供喂养建议。

0～6个月婴儿，提倡纯母乳喂养，不能母乳喂养的选用配方奶人工喂养。母乳喂养应遵循正确的母乳储存、准备和喂养程序；人工喂养应遵循奶瓶准备、储存的卫生程序。

6～9个月婴儿，每日需要添加辅食1～2次，哺乳4～5次，辅食与哺乳交替进行。添加辅食应从每日一次开始，尝试在一餐中以辅食替代部分母乳，然后逐步过渡到以单独一餐辅食替代一次母乳。添加辅食还应当从单一食物开始，每次只添加一种新食物，逐次引入。开始可选择含铁丰富的泥糊状食物，每次喂食 1 小勺，逐渐加量。

9～12 个月婴儿，每日添加辅食 2～3 次，哺乳降为 2～3 次。添加辅食可以选择在早、中、晚餐时间段进行。制作辅食的食物包括谷薯类、豆类和坚果类、动物性食物（鱼和禽等）、蛋、含维生素 A 丰富的蔬果、其他蔬果、奶类及奶制品等 7 类。辅食种类每日应当不少于 4 种，并且至少要包括一种动物性食物、一种蔬菜和一种谷薯类食物。食物过渡为带小颗粒的稠粥、烂面、肉末、碎菜等，10～12 个月时食物应当更稠，并可尝试块状食物。

1 岁以后吃软烂饭，2 岁左右接近家庭日常饮食。

膳食应符合婴幼儿的个人特点、文化背景和民族习惯，了解婴幼儿食物过敏情况，制订应对食物过敏的计划，选择新鲜、营养丰富的食材。1 岁以内婴儿辅食应当保持原味，不加盐、糖等调味品。1 岁以后辅食要少盐少糖。2 岁后幼儿食用家庭膳食，仍要少盐少糖，避免食用腌制品、熏肉、含糖饮料等高盐高糖和辛辣刺激性食物。少食用不必要的加工食品、化学添加剂和人工色素／调味料。

（五）婴幼儿进餐时的照护

进餐时的照护主要包括：

①安排婴幼儿定时定位进餐。照护者应坚持遵守婴幼儿个人的喂食时间表或一日生活制度，在相对固定的时间、就餐位置安排婴幼儿进餐。

②照顾婴幼儿进餐的个别差异。对人工喂养的婴儿，保证正确配奶和喂奶；对独立进餐困难的婴幼儿协助进食；对食欲不好、进食量少的婴幼儿，顺应喂养，不强迫进食；为身体状况不好、患有疾病的婴幼儿提供适合的饮食；对有过敏体质的婴幼儿，避免其出现过敏反应。

③培养婴幼儿良好的饮食习惯。提醒婴幼儿进餐时要保持安静，禁止婴幼儿在走路、跑步、玩耍或躺下时进食；指导婴幼儿学会使用餐具，鼓励婴幼儿细嚼慢咽，对挑食、偏食的婴幼儿进行正面引导，有效控制进餐时间。

④仔细观察幼儿的进餐行为，并及时回应；鼓励婴幼儿表达需求，注意观察婴幼儿的进餐情绪、进餐速度、进餐量以及对食物的偏好等，发现问题能及时处理。例如，当婴幼儿进餐时情绪低落、食欲较差，应检查婴幼儿健康状况并询问原因；当婴幼儿进食出现呛咳时，观察判断是否出现食物梗阻，并及时救助。

（六）培养婴幼儿良好的饮食习惯

1. 帮助婴幼儿建立良好的饮食规律

对于在家的婴幼儿，尽可能地安排婴幼儿的用餐时间与家庭用餐时间同步。婴幼儿会注意到大人们的这种"社交"方式，并进行模仿，包括吃饭间的交谈、吃饭时的方式和礼仪、如何使用餐具等。对于托育机构中的婴幼儿，应制定一个固定的就餐时刻表，包括早餐、早点、午餐、午点、晚餐和晚点，让孩子知道一天每隔 2～3 小时就会有食物供应，以确保他们不会挨饿。

2. 培养婴幼儿独立进餐的习惯

培养婴幼儿独立进餐，是进餐方式的最终目的，不仅是让婴幼儿掌握一项生活技能，还是促进手眼协调发展和培养自主性的好方法，照护者应多给婴幼儿提供练习的机会。4～6 个月婴儿逐渐具备了进餐技能，随着大动作、精细动作的发展，6 月时可以用手抓，8 个月时可以用拇指、食指拾食物。用勺、杯进食可促进口腔动作协调，学习吞咽；从泥糊状食物过渡到碎末状食物可帮助婴儿学习咀嚼。用手抓食物，既可增加婴幼儿进食的兴趣，有利于促进婴幼儿手眼协调和独立进餐的能力，还有助于婴幼儿神经的发育。

3. 形成婴幼儿良好的进餐行为

照护者应避免婴幼儿就餐时分散注意力，不要给婴幼儿看电视，不在就餐时批评他们，不允许带书籍或玩具就餐。应逐渐培养婴幼儿饭前洗手、饭后擦嘴漱口（刷牙）、不挑食、不偏食、细嚼慢咽、不撒饭、不敲碗筷、咀嚼不出声等良好的饮食习惯和文明的进餐行为。

三、婴幼儿二便照料

（一）婴幼儿二便的特点

新生儿出生后不久即排尿，最迟可延迟至出生后 36 小时左右。1.5～3 岁幼儿主要通过控制尿道外括约肌和会阴肌来控制排尿，3 岁幼儿通过控制膀胱逼尿肌收缩来控制排尿。婴幼儿排尿次数较多，每日 10～20 次。正常情况下尿液呈淡黄色，在出汗多、喝水少的情况下颜色变深。新生儿每日排尿 400 mL，6 个月婴儿每日排尿 400～500 mL，幼儿为 500～600 mL。婴幼儿每日排尿少于 200 mL 时即为少尿，一昼夜尿量 30～50 mL 称为无尿。新生儿出生后头几天水分摄入量少，每天排尿 4～6 次；出生 1 周后，因新陈代谢旺盛，进水量增多而膀胱容量小，每天排尿可增加到 20～25 次；6 个月～1 岁，随着半流质辅食的增加及肾功能的逐渐完善，每日排尿次数减少为 15～16 次；2～3 岁，每日平均排尿 10 次。

母乳喂养、人工喂养以及混合喂养的婴幼儿在排便次数上、粪便性状方面各有特点。母乳喂养、未加辅食的婴儿大便呈黄色或金黄色，稠度均匀如药膏状，或有种样的颗粒，偶尔稀薄而微呈绿色，呈酸性反应，有酸味但不臭，每天排便2～4次；以牛乳人工喂养的婴儿大便色淡黄或呈土灰色，质较硬，呈中性或碱性反应，有明显的臭味，每天排便1～2次；混合喂养的婴幼儿大便，若同时加食淀粉类食物，则大便量增多，硬度比单纯牛奶喂养稍小，呈暗褐色，臭味增大。若将蔬菜、水果等辅食加多，则大便与成人近似，每天排便1～2次。

婴儿排便有一些特有的迹象。例如，小便信号：打尿颤，睡梦中突然扭动身体，玩时突然发呆等。大便信号：0～6个月婴儿面部潮红、两眼直视、身体用力；7个月以上婴儿身体前倾、面部潮红、两眼直视、身体用力等。

（二）婴幼儿二便的保育要点

1. 0～12个月

①0～1个月婴儿尿布湿了要及时更换，大便后要及时清洗并晾干臀部，擦好护臀霜。

②2～5个月婴儿定时喂养，不仅有利于肠胃蠕动，还有利于定时大便。

③6～9个月婴儿可以适当在固定地方的便盆中进行大小便。

④10～12个月婴儿在成人提醒下，知道是否要大小便，坐盆时要求婴幼儿不脱鞋、不玩玩具，集中精力便完以后再玩。

⑤注重与婴儿互动交流。

2. 12～24个月

①鼓励幼儿及时表达大小便需求，形成一定的排便规律，逐渐学会自己坐便盆。

②协助和引导幼儿如厕后自己洗手、穿衣服等。

3. 24～36个月

①培养幼儿主动如厕的习惯。

②引导幼儿如厕后使用肥皂或洗手液正确洗手，认识自己的毛巾并擦手。

③鼓励幼儿如厕时自己穿脱衣服。

（三）婴幼儿二便的照护

1. 鼓励和引导婴幼儿自主排便

照护者发现婴幼儿有排便迹象后，应及时指导他们排泄，避免膀胱过度充盈、失去收缩能力而发生排尿困难或感染，防止粪便长时间积存而发生便秘。对成功排便的婴幼儿给予表扬和鼓励，对偶尔不小心将尿或粪便排到裤子上或床上的婴幼儿给予理解，不予指责，消除排泄失误造成的紧张感、恐惧感，为婴幼儿独立排便建立信心。

2. 观察和评估婴幼儿的二便情况

婴幼儿排便的情况反映其身体的健康状况，所以照护者应仔细观察婴幼儿的排尿、排便情况，发现问题及时处理。对连续几天未排大便的婴幼儿，应让婴幼儿多饮水、多吃蔬菜和水果、多运动并帮助婴幼儿排便。粪便有酸臭味多是由食量过多或消化不良引起的，应教育婴幼儿少吃零食，不暴饮暴食。喝水不多却多次排尿，同时伴有尿血、尿痛的现象，大便较稀且排便次数较多或大便的颜色异常，应带孩子及时去医院检查。

3. 掌握更换尿布的正确方法

及时更换。更换的时间和次数要因人而异。一般早晨醒来、睡觉前和每次洗澡后要更换；进食后容易发生粪便排泄，也要及时换尿布。

舒适安全。换尿布前先将所需的用品准备妥当，如干净的尿布、湿纸巾或卫生纸、尿布疹药膏、浴巾或干布。把柔软、温暖、防水的隔尿垫放在床上或尿布台上为婴儿换尿布，防止婴儿翻滚和扭动而造成意外。

流程规范。换尿布时，要按正确的顺序进行。整理和准备必要材料—轻轻抱起孩子到尿布台上—清洁孩子尿布包裹的污染区域—脱掉脏尿布—给孩子换上干净的尿布—给孩子洗手并将孩子送回监护区—清理并给尿布台消毒—清洗双手并在孩子的日志中记录尿布的更换情况。

加强沟通。在积极、轻松、愉快的氛围中帮助幼儿洗手和如厕，教授正确的洗手程序，展示正确的洗手技巧，必要时提供凳子，鼓励幼儿随时自主洗手。为婴儿换尿布时要充满爱心，要充分利用这个机会用目光、语言和动作与婴儿进行沟通。

4. 做好婴幼儿二便后的清洁与护理

照护者应严格按照规范流程做好婴幼儿二便后的清洁与护理，避免引发红臀、尿道炎和膀胱炎，及时提醒或帮助婴幼儿洗手。正确的洗手程序为：打湿双手—添加洗手液—清洗20秒—冲洗—擦干。注意婴幼儿厕所与便盆的清洁卫生。托育机构的厕所应保持清洁卫生，经常打扫消毒。务必将婴幼儿换下来的尿布卷包好，丢进有盖子的垃圾桶内，并将尿布台及垫子进行消毒，以减少细菌滋生。便盆应立即刷洗干净，每日消毒。马桶每次使用后都要冲水，并及时消毒。

（四）指导与训练婴幼儿排便

照护者在训练婴幼儿排便时，应注意以下几点。

1. 勤换尿布，为二便训练奠定基础

在婴幼儿使用尿布阶段，照护者应注意婴幼儿的饮食量、出汗的情况、季节与气温的特点，以及婴幼儿的身体活动情况，以便较准确地把握给婴幼儿换尿布的时间，并勤换尿布，让婴幼儿感受到干尿布与湿尿布的不同，为婴幼儿感受便意打下基础。

2. 注意观察，及时发现排便信号

婴幼儿在排大便前，常排出有臭味的气体，同时伴有身体用力的动作和发出使劲的声音。照护者应及时发现婴幼儿排大便前的表现并及时指导婴幼儿坐便。

3. 多管齐下，养成良好的排便习惯

照护者可以引导婴幼儿饭后坐便，利用肠反射将大便排出；指导婴幼儿多运动、多饮水、多吃蔬菜和水果，防止婴幼儿便秘，尽可能地帮助婴幼儿养成每天排便的习惯。

4. 专心致志，建立良好的排便反射

婴幼儿在排便时，需要专心致志，每次排便的时间为 5 分钟左右。婴幼儿在排便时吃东西或玩耍，会分散他们的注意力，不利于排便反射的建立；较长时间坐盆，还会造成婴幼儿肛门脱出和引发腿部、臀部的疲劳。

5. 适时鼓励，防止出现心理性便秘

婴幼儿成功地排出大便后，照护者应对其进行赞扬和鼓励，不要对婴幼儿的排便表现出厌恶的神态，防止婴幼儿出现心理性便秘。

（五）培养婴幼儿良好的二便习惯

1. 找准二便训练的良好时机

婴幼儿 1.5～2 岁时，控制大小便的肌肉能力已成熟，具备训练二便的基础。尿湿了或解便了，会有所表示或让大人知道，如感觉得到膀胱胀和便意时突然安静下来、脸表情改变、跳脚、蹲下、拉扯裤子或用语言、手势告诉大人，喜欢换上干净的尿布；听得懂关于排便方面的语言，如尿尿、嗯嗯、臭臭、便便的意思。通过观察把握训练如厕的良好时机，培养婴幼儿用语言表达大小便的习惯。

2. 善用婴幼儿喜欢模仿的特点

照护者通过示范，抓准婴幼儿二便的间隔时间，提前几分钟进行提醒。或者，让婴幼儿看别的同伴如何使用小马桶。

3. 准备婴幼儿专用便盆

准备婴幼儿专用便盆，先将它放在孩子常游戏的地方，让孩子逐渐熟悉它。如果孩子出现想小便或大便的迹象，或利用孩子午睡刚睡醒或饭后 20～30 分钟的好时机，带他到便盆处，鼓励他脱下尿布坐上去，尿（或便）在里面。

4. 循序渐进培养二便卫生习惯

照护者应一步步地引导婴幼儿自己完成如厕，形成良好的如厕习惯，如学会向成人表示便意、自己脱裤子、使用卫生纸、洗手等（见表 4-1-1）。只要有点滴进步，照护者就要给予鼓励和表扬，不要让婴幼儿有太大的压力，以免带来紧张、焦躁不安或抑制的心理反应。

表 4-1-1 托育机构如厕各环节保育要求

序号	如厕环节	具体的要求
1	创设情境	• 将贴画或图片固定于厕所中幼儿眼睛的平视处，让幼儿感觉放松。卫生纸置于幼儿易抽取处。 • 将垃圾桶置于马桶旁，方便幼儿丢卫生纸。 • 将防滑椅置于马桶旁前侧，且调整好位置。
2	放马桶坐圈	• 教导幼儿正确使用马桶坐圈，并请幼儿试做。 • 教导幼儿抽取卫生纸，对折两次擦拭马桶坐圈，擦净后，再对折一次，将卫生纸丢入垃圾桶内，并请幼儿试做。
3	上防滑椅	• 提醒幼儿手扶墙或洗手台，小心地踏上防滑椅。 • 提醒幼儿慢慢转身、站稳。
4	脱裤子	• 教导幼儿将拇指伸入两侧裤内，将裤子往下拉至膝盖，并请幼儿试做。
5	坐马桶	• 教导幼儿坐下，手扶马桶坐圈，并请幼儿试做。
6	安抚上厕所	• 以安抚的话语和动作使幼儿安心上厕所，运用诱导方法鼓励幼儿尿尿（听水声、唱歌、欣赏画和聊天等）。
7	擦拭外阴部	• 教导幼儿抽取卫生纸后对折两次，并请幼儿试做。 • 教导幼儿由外阴部前方往后方轻轻按或擦，并请幼儿试做。 • 教导幼儿擦拭后将卫生纸再折一次，丢入垃圾桶内，并请幼儿试做。
8	穿裤子	• 教导幼儿站起来。 • 教导幼儿把大拇指伸入内裤两侧，并往上拉至腰部，将内裤拉平，并请幼儿试做。

序号	如厕环节	具体的要求
9	下防滑椅	• 提醒幼儿手扶墙或洗手台，小心地踏下防滑椅。
10	检视马桶坐圈	• 教导幼儿检视马桶坐圈，有脏污时取卫生纸擦拭，然后将卫生纸丢入垃圾桶，并请幼儿试做。
11	按、拉冲水阀	• 提醒幼儿尿完后要轻轻按或拉冲水阀冲水。 • 提醒幼儿洗手。 • 将贴画或图片、垃圾桶、防滑椅归位。

四、婴幼儿睡眠照料

（一）婴幼儿的睡眠特点

婴幼儿脑的发育主要在睡眠中进行，充足的睡眠有利于脑细胞的发育和记忆力的增强。如果睡眠不足，婴幼儿会烦躁不安、食欲不振，并影响体重增长，使抵抗力下降。婴幼儿睡眠充足的标准为：清晨自主醒来，精神状态良好；精力充沛，活泼好动；食欲正常；体重按正常的生长速度增长。

新生儿每日的睡眠时间为 16～20 小时，白天和夜间的睡眠时间各占一半。随着婴幼儿年龄逐渐增大，睡眠的时间可逐步缩短（见表 4-1-2），白天清醒的时间会更多，晚上的睡眠时间也会更多。

4～6 个月的婴儿，白天需要睡 2～3 觉，分别是晨觉、午觉和黄昏觉。晨觉时长为 40 分钟左右，午觉时长为 2 小时左右，黄昏觉时长为 40 分钟左右。7～12 个月的婴儿，一般只需要睡 2 觉，如果白天太累，可能在黄昏时间补个觉，一般不超过 1 小时。但 7～9 个月时，有些婴儿白天仍然需要睡 3 觉，有些则已经过渡到白天只需要睡 2 觉。3 岁左右的幼儿白天只需要午睡，时间不宜超过 2 小时，以免影响夜间睡眠。婴幼儿的睡眠有个体差异，因自身气质不同、家庭环境不同，睡眠特点也不一样。只要没有疾病，婴幼儿的睡眠时间可以由自己决定。

表 4-1-2　婴幼儿的睡眠次数和时间

年龄	次数	白天持续时间	夜间持续时间	全天睡眠时间
初生	每日 16～20 个睡眠周期，每个周期 0.5～1 小时			20 小时
2～6 个月	3～4 次	1.5～2 小时	8～9 小时	14～18 小时
7～12 个月	2～3 次	2～2.5 小时	10 小时	13～15 小时
1～3 岁	1～2 次	1.5～2 小时	10 小时	12～13 小时

（二）婴幼儿睡眠的保育要点

1. 0～12个月

①识别婴儿困倦的信号，通过常规睡前活动，帮助婴儿独自入睡。

②帮助婴儿呈仰卧位或侧卧位，脸和头不被遮盖。

③注意观察婴儿睡眠状态，减少抱睡、摇睡等过度安抚。

2. 12～24个月

①固定幼儿睡眠和唤醒时间，逐渐建立规律的睡眠模式。

②坚持开展睡前活动，确保幼儿进入较安静状态。

③协助和引导幼儿穿脱衣服，培养幼儿独自入睡的习惯。

3. 24～36个月

①规律作息，保证幼儿每日有充足的午睡时间。

②引导幼儿自主做好睡眠准备，鼓励幼儿自己穿脱衣服，养成良好的睡眠习惯。

（三）营造安全、舒适的睡眠环境

适宜的睡眠环境是保证婴幼儿高质量睡眠的前提。尽量让婴幼儿在自己所熟悉的环境中睡觉，布置一个温馨、舒适、安静的睡眠环境，主要包括：

第一，睡前开窗换气，调暗灯光，拉好窗帘，保持室内空气新鲜，室温以20℃～25℃为宜，相对湿度为55%～60%，冬季要有保暖设施，夏季须备防蚊用具。

第二，让婴幼儿在专属的床上睡眠，避免婴幼儿在椅子、沙发、坐垫和成人床上等不安全的环境中睡眠。

第三，婴幼儿床宜选择软硬适中的单层平板床，床垫与婴幼儿床每侧间隙应小于两指宽。选择合适的床单，并配置与季节相符的被褥。

第四，切勿将枕头、不使用的被子、玩具、毛绒动物、摇铃等放在婴儿床上，切勿在床内或附近安装挂饰物，以免发生意外。

第五，睡前避免剧烈运动和过度兴奋；清洁口腔，1岁前的婴儿不会刷牙，可用清水漱口；洗净婴幼儿的脸、脚和臀部，睡前最好让婴幼儿排尿，帮婴幼儿穿上轻便的睡衣。

（四）婴幼儿睡眠中的照护

照护者应仔细观察婴幼儿的睡眠行为，包括困倦信号、睡眠姿势、睡眠状态等，发现问题及时处理。

1. 捕捉困倦信号，及时安排

困倦信号包括：眼神呆滞，不专注；打哈欠，皱眉，吸吮手指，揉眼睛；动作变慢或肢体乱动；变得安静或哭闹、焦虑；对周围事物不再有原来的兴趣；身体变软；不配合游戏；"只要母亲"的情况多起来了；想喝奶等。

2. 观察睡眠状态，实时调整

婴幼儿睡眠时，宜采用仰卧姿势。了解健康入睡状态，包括安静、呼吸均匀、头部略有微汗。分析婴幼儿入睡困难的原因，并实时调整。可造成睡眠障碍的主要因素有：睡眠环境不佳；吃得过饱或过少；睡前过度兴奋、过度疲劳，或受到惊吓；睡姿不佳造成胸口受压、呼吸不畅等。

3. 发现睡眠问题，尽快处理

若婴幼儿出现睡眠不安、哭闹乱动、睡后易醒、发热、呼吸急促、脉搏加快、摇头抓耳、抽搐等现象，应尽快报告给保健医生，严重的及时送医检查。

（五）培养良好的睡眠习惯

1. 建立良好的作息规律

睡眠习惯要在睡眠昼夜节律的基础上形成。照护者应帮助婴儿学习识别白天和黑夜的差异，如白天适当减少婴儿的睡眠，室内光线要亮一些，睡觉时可把光线适当调暗。尽量不要过多干扰固定的喂奶时间，促进婴儿内在生物钟与外界环境协调。可以在婴儿出生1～2周后固定晚餐时间，3～4月后逐渐定时喂奶。照护者应根据不同年龄婴幼儿的睡眠时间和次数，制定合理的生活制度并严格执行，尽量保证婴幼儿作息规律。

2. 培养自主入睡的习惯

营造温馨、舒适、安静的睡眠环境，不随意更换照护者和睡眠环境，尽量让婴幼儿在熟悉的环境中睡眠，不在睡前批评婴幼儿，让婴幼儿保持良好的情绪，有睡前陪伴、阅读故事等睡前比较固定的仪式，时间一般要控制在半小时以内，必要时借助一定的安慰物，如安抚奶嘴、奶瓶等，逐渐代替照护者的安慰行为，使婴幼儿学会自我平静、自主入睡。

3. 保持良好的睡眠姿势

6个月以前的婴儿严禁趴着睡。这主要是由于小婴儿颈部肌肉发育不成熟，还不能很好地抬头、转头和翻身，俯卧时容易发生意外窒息。让婴幼儿保持良好的睡眠姿势，帮助婴幼儿采用仰卧位或侧卧位姿势入睡，脸和头不被遮盖。

4. 培养睡眠自理能力

教育家陈鹤琴先生提出："凡是儿童自己能做的，应当让他自己做。"所谓生活自理能力是指儿童在日常生活中照料自己生活的自我服务性劳动的能力。它是一个人应具备的最基本的生活技能，包括自己穿脱衣服、鞋袜和整理衣服。在睡眠活动中，照护者应在协助和引导幼儿穿脱衣服、鞋袜的基础上，鼓励幼儿自己穿脱衣服、鞋袜和整理衣服。

五、婴幼儿出行照料

（一）婴幼儿的出行准备

1. 出行工具

根据情况选择合适的出行工具，如婴儿背带、腰凳、婴儿推车、防雨罩、婴儿安全座椅、妈咪包等，可以为刚学会走路的婴幼儿准备学步带或者护膝。

2. 衣服寝具

出行时至少为婴幼儿准备两套衣服，一套贴身内衣和一套保暖外套，便于婴幼儿不小心弄湿或弄脏时更换。还要准备一顶能挡风遮阳的帽子、一双吸汗的棉袜和一双柔软、合脚的鞋子，以及干净的围兜和手绢等。为了防止宝宝睡觉着凉，还需备一条毯子。

3. 食物餐具

人工喂养的婴儿出行时，需要为其携带配方奶粉、奶瓶、装有开水的保温壶和凉开水，便于冲泡配方奶粉。断奶的幼儿，需要为其携带辅食、饮水杯、便携餐盒和碗勺套装等。

4. 卫生用具

准备纸尿裤、婴幼儿湿巾及纸巾、隔尿垫、护臀霜、可以用来装脏纸尿裤和脏衣服的塑料袋，还需要准备婴幼儿润肤油或防晒霜、防蚊液等。

5. 安抚用具

准备婴幼儿安抚奶嘴、婴幼儿喜爱的玩具和故事书等，能在陌生的环境中起到安抚作用。

（二）婴幼儿的出行方式

1. 托抱婴幼儿出行

婴幼儿身体头大且重，骨骼的胶质多、弹性大，肌肉还不发达、力量较弱，如果托抱姿势不正确很容易造成生长发育出现异常。因此，托抱婴幼儿应根据不同年龄婴幼儿的特点选择合适的托抱法。婴幼儿的托抱要遵循"轻、慢、稳"的原则，注意颈部和臀部为两个着力点，注意保护婴幼儿的头部和腰部。1～2个月的婴儿，主要采用横抱，也可采用角度较小的斜抱。3个月后主要采用竖抱。但无论采用何种抱姿，都要注意保护好婴幼儿，不仅要抱得舒服，还要让婴幼儿有安全感，因此，抱起、放下动作要轻柔。这样，婴幼儿不仅能感受到被保护、被关爱，更能早早地与外界接触，学习更多的东西。

（1）摇篮式横抱动作要领

先把左手放到婴幼儿头颈下方，用右手托住婴幼儿的腰部和臀部，再慢慢地把婴幼儿抱起，使他的身体有依托，保证头不往后垂。然后再把婴幼儿的头移向左臂弯，将他的头放到左臂弯中，这样将婴幼儿横抱在臂弯里，稳稳地托住他的头部、颈部、背部和臀部。

（2）橄榄球式横抱动作要领

先把一只手放到婴幼儿头颈下方，用另一只手托住婴幼儿的腰部和臀部，再慢慢地把婴幼儿抱起，然后把婴幼儿的腿伸到你的身体后方，将婴幼儿后半部身体夹在你一侧的腋下，使婴幼儿的头部贴近你的腰部或胸部，用同侧的前臂和手做支撑扶住婴幼儿上半部身体和头。

（3）依偎式贴胸抱动作要领

先把一只手放到婴幼儿头颈下方，用另一只手托住婴幼儿的腰部和臀部，抱起时，让婴幼儿的头部先抬起，然后是臀部。继而竖起婴幼儿，将婴幼儿的头靠在胸前或肩膀下方，使婴幼儿呈竖立的状态，确保婴幼儿的头部偏向一边，不会影响呼吸。一只手臂托住婴幼儿的颈背部，另一只手臂托住婴幼儿的臀部。

（4）板凳式竖抱动作要领

当婴幼儿稍大一些，可以较好地控制自己的头部时，可以将婴幼儿抱起来后让婴幼儿背靠着你的胸部，然后用一只手托住他的臀部，用另一只手护住他的胸部，这样可以让婴幼儿很好地看看他面前的世界。

2. 使用背带兜出行

（1）使用前的准备

外出前检查背带兜各组成部分是否完好，各插扣能否完好扣紧。根据婴幼儿的年龄阶段选择合适的使用方式。横抱式适合0～4个月婴儿，纵抱式适合4～12个月，前抱式适合4～12个月，背抱式适合6～30个月。

（2）使用方法

第一步，在腰部扣紧腰带，也可以在前面扣紧再转回腰部。

第二步，直着抱起婴幼儿，让婴幼儿靠着你的肩膀，然后一只手托住婴幼儿的头后部。

第三步，身体向后倾，用胸腹部支撑着婴幼儿，向上拉起兜袋，撑开兜袋，让婴幼儿的腿穿过兜袋的洞。

第四步，一只手托住婴幼儿，另一只手把肩带拉到肩膀上。当婴幼儿坐正时，婴幼儿的质量逐渐落到背带兜上。向前倾时，需要把一只手放在婴幼儿的头后，以保护婴幼儿的颈部。

（3）注意事项

在婴儿吃奶后30分钟使用，以连续使用不超过2小时为宜；对于颈部肌肉尚未发育成熟的婴儿，应选择合适的托抱姿势使用；使用背带兜的过程中不要做太大的动作，以免对婴儿造成伤害。

3. 使用婴儿车出行

（1）使用前的准备

外出前检查婴儿车的各部分性能，保证婴儿车全部展开、各部位卡紧、刹车性能良好。轮子、安全带及其他配件没有缺失、松脱和破损，处于安全良好状态。天冷时，需要在婴儿车内放一条毯子，将婴儿包好后放入车中。

（2）使用方法

第一步，选择合适的使用地点。因为婴儿坐在车里，离地面很近，很容易呼吸到地面上的灰尘，所以婴儿推车适合在车少、地平的地方使用。

第二步，给婴幼儿系好安全带。婴儿坐车时一定要给婴儿系好腰部的安全带，防止婴儿遇到颠簸从车里滑出来。腰部安全带的松紧度以能放入大人手指四指为宜，调节部位的尾端最好余下3 cm。

第三步，调整合适的靠背角度。推车靠背最低角度以170°为宜，以免角度太平造成吐奶。

第四步，必要时固定轮闸。避免让婴儿一人留在婴儿车上，如必须离开一下或转身时，必须固定轮闸。

（3）注意事项

婴儿车可分为坐式及平卧式两种，最好只让6个月以下的婴儿使用，因为6个月以上的婴儿活动能力增强，较易发生意外。不要把杂物挂在车扶手上，容易造成婴儿车重心不稳而翻倒。固定好车架上面的玩具，以免砸伤婴儿。有坡度的地方，需抓牢扶手，以免婴儿车自动滑行、翻倒，造成婴儿受伤。停车时要固定轮闸。避免将婴儿独自留在婴儿车上，教育婴儿不要把手指放入车轮里面。

4. 使用儿童安全座椅出行

（1）使用前的准备

将儿童安全座椅安装在汽车后排两侧位置。因为婴幼儿好动，安装在副驾驶位置，容易影响正常驾驶而引发事故。一旦发生事故，安全气囊触发时的冲力很有可能造成婴幼儿胸部骨折、颈椎骨折、窒息等严重伤害。

（2）使用方法

第一类，体重低于9 kg的婴儿，应使用后向式儿童安全座椅，将安全带置于较低的狭槽内，与肩齐或比肩略低，将安全带夹头的顶部系在腋窝的位置。

第二类，体重9～18 kg的婴幼儿，应使用后向式汽车座椅，将安全带插入指定的加固狭槽内，与肩齐或比肩略高，将安全带固定在腋窝的位置，保持安全带贴在身上。

第三类，体重超过18 kg的儿童，使用安全带定位，加高座椅，将肩部安全带紧贴前胸系在肩部以上，确保不系到孩子的颈部、脸部和胳膊上。腰部安全带应贴紧大腿，不高过腹部。

第四类，对于145 cm以上的儿童，肩部安全带应穿过前胸，刚好系在肩上，不要放在胳膊下面或后背上。腰部安全带应贴紧大腿，不高过腹部。

（3）注意事项

根据婴幼儿的体重选择合适的安全座椅。收拾好重物，并将车内儿童有可能触及的危险物品放到妥当的位置。婴幼儿上车后应立即使用安全座椅并扣好安全带。禁止婴幼儿站在座位上或在座位上跳来跳去。

第二节　婴幼儿盥洗照料

问题情境

琪琪出生才2个月，每天吃了睡，睡了吃，长得白白胖胖。一天，妈妈给琪琪换裤子时发现琪琪的裤裆上有很多黄色的分泌物，闻上去有一股浓浓的腥臭味。把琪琪抱到市儿童医院一检查，结果让一家人瞠目结舌：琪琪居然患上了真菌性阴道炎。

医生耐心地询问了琪琪家人的卫生习惯，发现奶奶在琪琪大小便后都是用一张湿纸巾随便在琪琪屁股上一抹，看起来表面干净就可以了。医生认为这就是琪琪的病因，你知道为什么吗？

一、婴幼儿盥洗的重要性

（一）提高皮肤的抵抗力

婴幼儿皮肤很娇嫩，局部防御机能差，很容易受损伤，且受伤处容易成为细菌入侵的门户，轻则引起局部感染发炎，重则可能使炎症扩散至全身（如引起败血症等）。盥洗可使婴幼儿毛发、皮肤保持清洁，减少皮肤被汗液、皮脂、灰尘污染的机会，提高皮肤的抵抗力，维护身体的健康。

（二）预防尿布疹

婴幼儿会阴部容易滋生病菌，应勤洗并保持干燥。每次换尿布后，特别是在大便后应以婴儿湿巾清洁臀部，再用护臀霜涂抹，有利于预防尿布疹（红臀）的发生。

（三）预防五官疾病

婴幼儿鼻腔内纤毛少，当接触污浊空气时易发生鼻黏膜感染。1岁内的婴儿常发生倒睫，鼻泪管发育不全，使眼泪无法顺利排出，导致眼屎累积。婴幼儿的眼、耳、鼻是身上最容易产生秽物的器官，需要照护者及时清洁护理，避免五官感染。

（四）预防婴幼儿口腔疾病

婴幼儿口腔疾病的发生，常常和口腔残留食物变质、没有做好口腔清洁有关。如果不注意口腔清洁，还会影响到以后的牙齿健康及发育，可能会出现乳牙萌出较迟缓、龋齿牙龈炎、口腔多种黏膜的溃疡等。

二、婴幼儿日常盥洗照料

（一）眼、耳、鼻、指（趾）甲护理

1. 眼睛

在给婴幼儿清洁眼睛前需要先做好手部卫生，用消毒的棉签、棉球蘸些温开水或生理盐水清洁婴幼儿的双眼，以棉签、棉球不滴水为宜，由内眼角到外眼角轻轻擦拭。棉球用一次即丢弃，不可反复使用，尤其是两只眼睛绝不可混用棉球，以免发生交叉感染。如果使用消毒纱布清洁，清洁时需要折叠纱布，保证每次都使用干净的纱布角。如果睫毛上粘着较多分泌物，可用消毒棉球、纱布先湿敷一会儿再清洁。

如果婴幼儿眼部感染，不应擅自给婴幼儿使用抗生素眼药水或眼膏，必须遵医嘱，否则可能会造成婴幼儿眼内出现耐抗生素的细菌感染，形成难治愈的慢性结膜炎。

2. 耳朵

用潮湿的小毛巾擦婴幼儿的耳郭、耳朵背面及耳后，尤其要轻轻擦拭耳后下方皱褶处。注意洗澡时不要使水浸入耳内。

3. 鼻腔

婴幼儿如因鼻痂堵塞鼻腔哭闹不安时，可用消毒棉签蘸少量温开水，挤干后轻轻插入鼻腔旋转，将鼻痂卷出。注意动作要轻柔，不要把棉签插得过深。

4. 指（趾）甲

尽量每周用婴幼儿指甲剪给婴幼儿修剪一次指（趾）甲。一般选择婴幼儿熟睡时修剪，避免修剪过度。

（二）口腔清洁护理

1. 无牙期的口腔清洁

方法一：在每次哺乳后或喂完奶后，给婴儿喂少许温开水。

方法二：准备大小约 4 cm×4 cm 的消毒纱布和一杯温开水，选择光线充足的环境，以便清楚观察婴儿口腔的每一个部位。用一只手抱住婴儿，用另一只手给婴儿清洁口腔及牙齿。把纱布的一角裹在你的食指上，用温开水把纱布沾湿，分别用纱布的不同部位轻轻擦拭婴儿的牙龈和舌头等。

清洁口腔时，通过谈话、唱儿歌的方式与婴儿进行交流，可以缓解婴儿的紧张情绪，让婴儿感受清洁口腔是一件令人愉快的事情。

2. 长牙期的口腔清洁

出牙期间，在每次哺乳后或喂完食物后，给婴幼儿喂点温开水，以起到冲洗口腔的作用。然后，用指套牙刷套帮助婴幼儿擦洗牙龈和刚刚露出的小牙。

3. 出牙后的口腔清洁

1 岁后，指导幼儿使用牙刷和牙膏进行口腔清洁护理，牙刷选用幼儿适用的软毛牙刷，牙膏选择可吞咽的不含氟牙膏。每次饭后刷牙，刷牙前将牙刷用温水浸泡 1～2 分钟，使刷毛变得柔软。使用巴氏刷牙法刷牙。顺着牙缝进行刷牙，每个牙位都需要刷 10 遍。刷门牙的时候刷毛要靠近牙龈部位，使之与牙面呈 45° 角，刷上牙时往下刷，刷下牙时往上刷；刷后牙的咬合面时，应来回交叉刷；刷完外侧面还应刷内侧面、后牙的咬面，每个面要刷 10 遍，才能达到清洁牙齿的目的。

（三）臀部清洁护理

婴幼儿因长年使用尿布，易出现尿布疹，除了需要选择吸湿性、透气性好的尿布，还需要在婴幼儿大便后及时进行臀部清洁。

1. 清洗前的准备

认真清洗双手，保持室内空气新鲜、温度舒适。准备婴幼儿专用的清洗臀部的小盆和纯棉纱布、新的纸尿裤和换洗用的衣物等。在盆中加水，先加冷水再加热水，将水温控制在 38℃～40℃。

2. 给女婴清洗臀部的要领

第一步，先用纸巾擦去臀部残留的粪便渍。

第二步，用一块纱布清洗大腿褶皱处。

第三步，清洗尿道口和外阴，注意一定要由前往后擦，即从尿道口向后清洗到阴道口、肛门。这样的顺序可以减少细菌感染的机会。

第四步，清洗大腿根部，往里清洗至肛门处。

第五步，用另一块干净的干纱布以按压的方式由前往后拭干臀部。

第六步，让臀部暴露在空气中 1～2 分钟，再换上干净的纸尿裤。

3. 给男婴清洗臀部的要领

第一步，先用纸巾擦去臀部残留的粪便渍。

第二步，清洗生殖器。先将包皮轻轻翻开，用纱布沾水清洗龟头，再由上往下清洗阴茎，注意动作要轻柔。清洗反面时，可用手指轻轻提起阴茎，但不可用力拉扯，最后用手轻轻将婴儿的睾丸托起再清洗。注意：大部分的男婴在 2 岁之前，包皮和龟头不会完全分开，这时不需要特意翻开清洗，因为如果动作太大或婴儿乱动都容易把婴儿弄伤。待婴儿再大一些，包皮与龟头完全分开之后，再协助婴儿翻开包皮清洗。

第三步，轻轻抬起婴儿的双腿，清洗臀部及肛门处。

第四步，用另一块干净的干纱布以按压的方式轻轻拭干阴茎和睾丸处的水渍，再拭干大腿褶皱处、肛门处和臀部的水渍。

第五步，让臀部暴露在空气中 1～2 分钟，再换上干净的纸尿裤。

（四）皮肤清洁护理

婴儿新陈代谢旺盛，皮肤代谢的废物多，皮肤的保护功能差，故最好每天洗澡，洗澡时应特别注意颈、腋下、腹股沟大小阴唇之间或男婴的阴囊下方的皮肤清洁。婴儿使用的肥皂、浴液、爽身粉、婴儿油等应当没有刺激性。

1. 洗澡时间与温度

洗澡一般在上午 10 点到下午 4 点之间，在婴儿饭后半小时至 1 小时进行。在洗澡前应该关闭门窗、电风扇，调节室内温度至 26℃～28℃。洗澡时的水温宜保持在 38℃～40℃，虽说可用手肘内侧试水温，但最好还是由温度计来判断。

2. 洗澡前的材料准备

洗澡前先把婴儿专用的浴盆、小毛巾、浴巾、沐浴露、洗发水、润肤油、护臀霜、75% 酒精、棉签、换洗的衣服、尿片、无菌棉签等所需的物品准备妥当。

3. 洗澡的步骤

洗脸与洗头：清洗之前，用左肘部和腰部夹住婴儿的屁股，左手掌和左臂托住婴儿头，用右手慢慢清洗。洗眼：由内眼角向外眼角擦；洗额头：由眉心向两侧轻轻拭擦前额；洗面：用洗脸的纱布或小毛巾蘸水后轻轻拭擦；洗耳：用手指裹毛巾轻轻拭擦耳郭及耳背；洗头：将婴儿专用的对眼睛无刺激的洗发水倒在手上，然后在婴儿的头上轻轻揉洗，注意不要用指甲接触婴儿的头皮。若头皮上有污垢，可在洗澡前将婴儿油涂抹在宝宝头上，这样可使头垢软化而易于去除。最后将婴儿头上的洗发水洗干净。

洗身体：为婴儿脱掉衣服后立即将其放入水中，以免婴儿着凉；左手托住婴儿的头、肩部；右手托住婴儿臀部并引导婴儿首先将脚放进水中，然后逐渐降低身体的其他部位，进入浴盆；婴儿洗澡时的清洗顺序为：颈部—腋下—手、足—尿布区域（为女婴清洗尿布区域时，注意要由前向后洗）。最后，用清水冲洗干净婴儿的身体与头部。

4. 结束后的护理

将婴儿放在铺好的浴巾上，迅速包裹起婴儿并仔细擦干其身上的水分，特别注意擦干颈部、臀部、腋下等部位；用棉签蘸一点婴儿油，在婴儿的外耳道、鼻腔轻轻转2～3圈，清洁出污垢与水珠；用棉签蘸75%酒精清洁脐部，具体方法见脐部护理相关内容。最后为婴儿穿上干净的衣服。

5. 注意事项

建议每天都洗澡。洗澡及护理过程中要注意保暖。

为早产儿及皮肤有破损的新生儿洗澡时，只用温度适宜的清水擦洗即可；为足月儿洗澡时，可选用酸碱度中性的婴儿沐浴露，并注意不要使泡沫流入婴儿眼睛。

每次洗澡时间不宜超过10分钟。洗后用吸水性好的柔软毛巾轻轻擦拭干婴儿的身体，再抹上婴儿专用的润肤油。

婴儿生病时和接种疫苗后24小时内不要洗澡。哺乳后30分钟以内不要洗澡。

在婴儿的脐带未脱落前，不要让洗澡水浸湿脐部，或贴上护脐贴。

三、婴幼儿良好盥洗习惯的培养

良好的盥洗习惯有利于婴幼儿身心健康和行为习惯的培养。照护者对不同年龄的婴幼儿进行盥洗训练和指导，以便婴幼儿熟练掌握盥洗技能，形成自觉盥洗的习惯。

1. 鼓励婴幼儿练习盥洗

照护者不要因为担心婴幼儿自己洗不干净而包办代替，应放手让婴幼儿练习盥洗。针对13～24个月龄的幼儿，协助和引导幼儿自己洗手，刷牙；针对25～36个月龄的幼儿，引导幼儿餐后漱口，正确刷牙，使用肥皂或洗手液正确洗手，认识自己的毛巾并擦手。

2. 持之以恒，耐心指导

任何一项盥洗都包括许多步骤，只有反复练习，才能使婴幼儿熟练掌握，并形成习惯。因为婴幼儿各方面的能力较低，所以照护者必须对婴幼儿进行反复的持之以恒的指导和训练，才可能取得较好的效果。

3. 根据年龄特点因材施教

不同年龄婴幼儿的盥洗教育，其指导的内容和方法应各有不同。对1岁以内的婴儿，以照护者全程帮助为主；1～2岁的幼儿，照护者可以在部分简单的环节放手让幼儿独立完成，难以完成的环节由照护者帮助完成；2～3岁的幼儿，照护者在每日的盥洗环节指导幼儿练习，学会大多数盥洗内容的操作。

第三节　婴幼儿日常保健

问题情境

随着婴儿游泳的普及，有很多的妈妈都喜欢带着自己的宝贝去游泳馆游泳。2007年，长江大学附属的一家医院的产科曾被曝出一个婴儿游泳致严重虚脱和一过性脑缺氧的事故。当时天气炎热，家长见孩子在游泳池里游得正欢，护士欲将孩子抱出泳池，并告诉家长婴儿游泳每次以15～20分钟为宜，家长却坚持要求让孩子多游一会儿。30分钟后，护士发现该婴儿面色发白、口唇发绀、两眼上翻、呼吸急促时，紧急送院抢救。当入住儿科后，孩子已四肢抽搐，确诊为游泳虚脱和一过性脑缺氧，所幸治愈后顺利出院。

你认为孩子出现上述问题的原因是什么？

婴幼儿可利用自然条件如空气、阳光、水进行身体锻炼，提高适应力；也可以通过照护者对婴幼儿实施主被动操增进婴儿运动，增强体质；还可以通过抚触刺激分布在皮肤上的不同感受器，促进婴幼儿神经系统发育和智能形成。

一、婴儿抚触

（一）婴儿抚触的概念

婴儿抚触是指在科学指导下，有技巧地对婴儿全身进行抚摸，通过抚触者双手对婴儿身体各部位的皮肤进行有次序、有手法、有技巧的抚摩，让大量良好、温和的刺激通过皮肤的感受器传到中枢神经，使婴儿得到触感上的满足和情感心理上的安慰。抚触是产生良好的生理、心理效应的一种保健方法。

（二）婴儿抚触的作用

1. 促进婴儿神经系统的发育

皮肤是人体最大也是最基本的感觉器官，能接受外界的多种刺激，如温度觉、触觉、痛觉、位觉等，这些感觉传到中枢神经系统后做出应答。良性适度的皮肤刺激可对神经系统起正向作用，尤其从胎儿6个月至出生后2岁之内，神经系统发育最快、可塑性最强，这种刺激可促进神经系统的发育。

2. 提高婴儿的免疫力

抚触可以通过刺激婴儿的淋巴系统提高机体的免疫力，促进婴儿的生长发育，减轻身体对刺激的压力反应，减弱应激反应，增强免疫应答，提高机体免疫力。同时能促进血液循环，让身体的排泄物顺畅排出。此外，还能增强肌肉、骨骼、皮肤的柔软性。

3. 促进婴儿的睡眠

抚触能让婴儿的情绪得到缓解，减轻紧张感和焦虑，有利于诱导婴儿睡眠，改善婴儿睡前睡醒后哭闹的情况，提高婴儿睡眠质量。

4. 满足婴儿的情感需求

抚触能给予及时的按摩刺激，使婴儿心理上得到安慰，能安抚婴儿的情绪，增强亲子交流、亲子互动，满足婴儿的情感需求。

（三）婴儿抚触的方法

1. 抚触的前期准备

关闭门窗，将室内温度调至26℃～28℃，播放轻柔的音乐。给抚触台铺上包布，准备好婴儿的毛巾、尿布、干净的衣物。剪短指甲，清洗双手，涂抹润肤油，将双手搓暖，与婴儿适当沟通，做好准备。

2. 抚触的动作要领

（1）头面部

①两手拇指指腹从眉弓部向两侧太阳穴方向按摩。

②两手拇指从下颌部中央向外上方按摩，至双耳下方，形成微笑状。

③左右手交替，一手托头，用另一手的指腹从前发际线向后脑按摩，至双耳后乳突。

（2）胸部

两手分别从胸部的两侧肋下缘向对侧肩部按摩，应避开乳头。

（3）腹部

两手依次从婴儿的右下腹至上腹再向左下腹，呈顺时针方向按摩。

（4）上肢

按摩手臂，双手握住婴儿的一条胳膊，沿上臂向手腕的方向按摩，一直到手腕；按摩手背、手指，用拇指从手掌面向手指方向按摩，对每个手指都进行搓动。

（5）下肢

按摩腿，双手握住婴儿的一条腿，由大腿根部向脚踝的方向按摩，一直到脚踝；按摩脚背、脚趾，用拇指从脚跟向脚趾方向按摩，对每个脚趾都进行搓动。

（6）背臀部

按摩背部：双手指腹并拢放在婴儿背部，以此为中心线。双手与婴儿的脊柱平行，自婴儿颈部向下横向抚触背部两侧的肌肉至婴儿的臀部。按摩臀部：双手掌心分别按住婴儿臀部左右侧，均向外侧按摩。

3. 抚触的注意事项

抚触一般在婴儿吃完奶后1小时左右进行，沐浴后最好。婴儿的情绪稳定，没有哭闹和身体不适。

抚摸动作不能重复太多次，持续时间先从5分钟开始，然后延长到15分钟。

抚触时，手法、力度要根据婴儿的感受做具体调整。通常的标准是，做完之后如果发现婴儿的皮肤微微发红，则表示力度正好。

抚触过程中要与婴儿进行语言和情感交流。

不要将润肤油滴到婴儿眼睛里；脐带还未脱落时，抚触一定要避开脐带。

婴儿身体不适，或接种疫苗后，不要抚触。

二、婴幼儿三浴锻炼

（一）三浴锻炼的概念

三浴锻炼是指利用日光、空气、水来锻炼身体的保健方法，即日光浴、空气浴和水浴，简称"三浴"。

（二）三浴锻炼的作用

1. 提升婴幼儿对自然环境的适应性

婴幼儿对外界环境变化的适应能力较差，通过三浴锻炼可以提高人体对外界条件特别是不断变化的外界环境的适应能力。冷空气可使血管先收缩后扩张，血管扩张的灵活性提高，机体对寒冷的适应能力就强。水的导热性强，能从体表带走大量的体热，再加上水流的强度，可使婴幼儿全身体温调节功能加强，促进血液循环，增强人体对外界冷热气温的适应能力。

2. 提高婴幼儿对疾病的抵抗力

日光、空气、水是大自然赋予人们的维持生命、促进健康的三大宝物，它们有多方面综合保健作用，如紫外线可使皮肤中的 7- 脱氢胆固醇转变为维生素 D。三浴锻炼可以提高婴幼儿的抵抗力，预防多种疾病。据统计，经常坚持三浴锻炼的婴幼儿的佝偻病、感冒、呼吸道疾病、慢性传染病等发病率明显下降。

3. 促进婴幼儿的生长发育

日光、空气、水的综合作用，可以提高人体物质代谢功能，增进食欲，增强消化与吸收能力。经常进行三浴锻炼的婴幼儿，往往食欲良好、睡眠充足、精神状况良好、身体健壮，有利于婴幼儿更好地生长发育。

（三）三浴锻炼的方法

1. 空气浴

（1）空气浴的方法

空气浴主要利用气温与人体皮肤表面温度之间的差异形成刺激，从而增强机体的体温调节和适应能力。空气浴适用于任何年龄的婴幼儿，时间根据婴幼儿的不同年龄和身体状况确定，可从 5 分钟开始，然后逐渐增加，可达 2 小时。

空气浴应从温暖的春季开始，逐渐过渡到冬季。冬季可在室内进行，可以先开门开窗通风换气，使室内空气清新。室外场所应选择自然绿化、无阳光直射和空气新鲜的地方，时间以早晨和上午为好。刚开始时，气温以 22℃～24℃为宜，风速以 0.9～1 m/s 为宜，相对湿度以 60%～70% 为宜。空气浴可与各种活动如主被动操、游戏结合进行。

（2）空气浴的注意事项

①根据季节、天气变化和婴幼儿的身体情况安排锻炼。

②要循序渐进，密切注意婴幼儿的反应，如有皮肤发紫、面色苍白、发凉等情况，需立即停止。

③身体特别虚弱，患有急性呼吸道疾病、急性传染病、急慢性肾炎、化脓性皮肤病以及代偿不全的心瓣膜病的婴幼儿应禁止锻炼。

2. 日光浴

（1）日光浴的方法

在日光浴开始以前，应先进行5～7天的空气浴。日光浴适宜在夏天8～9点或15～17点进行，冬天可在中午进行，宜采用散射光或反射光，避免日光的直接照射。进行日光浴的场所应选择清洁、平坦、干燥、空气新鲜而又能避开强风的地方，夏季可在树荫下进行。在婴幼儿进行日光浴以前，要先开门开窗，让婴幼儿有个适应的过程再出门，可让婴儿躺在床上或席上，胸背交替地照射。为避免眼睛受到强烈日光的刺激，可以用凉帽遮盖头部。日光浴一般从5分钟开始逐渐延长到30分钟。结束后，应休息3～5分钟，最好给予擦澡或淋浴，并补充水分。

（2）日光浴的注意事项

①尽量让阳光直接接触皮肤，不要隔着玻璃晒太阳，但应避免阳光直射眼睛。

②要注意观察日光浴中婴幼儿的反应，若出现虚弱、大汗淋漓、神经兴奋、睡眠障碍、心跳加速等情况，应减少或停止日光浴。日光浴后还要及时给婴幼儿喂水。

③婴幼儿生病时，不宜进行日光浴，如发热、严重贫血、患心脏病以及消化系统功能紊乱等。

3. 水浴

（1）水浴的方法

常见的水浴有温水浴、冷水擦浴、冷水淋浴及游泳等几种。

①温水浴。适用于新生儿及婴儿，脐带脱落后即可进行。室温以24℃～26℃为宜，水温以35℃～37℃为宜，时长约10分钟。对于较大的婴儿，水温可稍低些。浸浴的方式是用较大的盆盛水，使婴儿半卧于盆中时，让婴儿颈部以下身体全部浸入水中。浸浴完毕，立即用大毛巾包裹好擦干，以婴儿皮肤轻度发红为宜。每天一次。

②冷水擦浴。适用于6个月以上的婴幼儿。室温在20℃以上，开始时用35℃左右水温擦浴，以后水温每隔2～3天可下调1℃，降至26℃左右，选择吸水性好的毛巾浸入温水后拧成半干，给婴幼儿擦浴，按上肢—胸—腹—侧身—背—下肢的顺序擦全身皮肤，至皮肤微红，完毕后用干毛巾擦干。

③冷水淋浴。适用于2岁以上的幼儿。室温在20℃以上，水温从33℃～35℃开始，以后每2～3天下调1℃，逐渐降至26℃～28℃。用冷水按上肢—胸

背—下肢的顺序冲淋全身，但不要冲淋头部。冲淋完毕后立即用毛巾擦干，穿好衣服。

④婴幼儿游泳。足月正常分娩的剖宫产儿、顺产儿即可进行。32~36周分娩的早产儿、体重在2000~2500 g的低出生体重儿（住院期间无特殊护理）。室温26℃~28℃，水温在38℃左右。游泳池水深大于60 cm，以婴幼儿足不触及池底为标准。在使用前需检查游泳圈的安全性，如型号是否匹配（泳圈内口直径稍大于婴幼儿颈围直径），保险扣是否安全，双气道是否充气均匀，是否漏气等。在进食后1小时左右游泳，可根据婴幼儿大小选择合适的游泳圈。游泳圈与婴幼儿颈部间隔约两手指，用一块小毛巾垫在婴幼儿下颌，脐带未脱落的新生儿还需要贴上防水护脐贴。让婴幼儿缓慢入水，可先拉着婴幼儿的手，等婴幼儿适应后再慢慢松开手，以免婴幼儿受惊吓。游泳时间以10分钟为宜。

（2）水浴的注意事项

①根据婴幼儿的适应情况，选择合适的水浴锻炼方式，并逐渐将水温降低。

②实施过程中应密切观察婴幼儿的表现，如果出现不适，应立即停止。

③注意实施过程中的安全防护，避免出现无人看护的情况。

④生病时应按医生的要求暂停或适当减少次数。

三、婴儿操

（一）婴儿操的概念

婴儿操是针对1岁以内婴儿，以亲切柔和的动作，在婴儿愉快情绪时开展的有节拍的活动，是一种在有节律的操作下增进婴儿运动的保健方法。

（二）婴儿操的作用

1. 促进婴儿动作的发展

实施婴儿操可以直接让婴儿改变姿势，为婴儿提供更多的运动机会，锻炼骨骼肌肉和身体的协调性、灵活性和自控能力，增强婴儿骨骼与肌肉的发育，促进婴儿动作的发展。

2. 促进婴儿的生长发育

实施婴儿操能培养婴儿的节奏感，有利于婴儿神经系统、血液循环系统和呼吸系统的发育与成熟，增强免疫力，预防疾病，促进婴儿智力发育和体格生长发育。

3. 促进婴儿的社会性发展

通过抚摸、拥抱和一起做运动，不仅有利于婴儿安定情绪、改善睡眠，还可以帮助婴儿建立安全感和自信心，增进亲子感情。

（三）婴儿操的方法

1. 婴儿被动操（42 天至 6 个月）

操作方法见本章实践体验项目九。

2. 婴儿主被动操（7～12 个月）

操作方法见本章实践体验项目十。

四、婴儿排气操

（一）排气操的概念

婴儿排气操是针对婴儿肚子胀气、肠绞痛等，以亲切柔和的动作，帮助婴儿排气，缓解不适的一种保健按摩方法。

（二）排气操的作用

做排气操，通过挤压肠管内的气体、粪便，可以让婴儿的胀气、宿便加快排出，不仅能有效解决婴儿胀气、攒肚、消化不良、便秘等肠道问题，还有缓解婴儿肠绞痛的作用。

（三）排气操的方法

1. 第一节"乾坤大挪移"

以婴儿肚脐为中心，照护者搓热手掌，顺时针轻轻按摩婴儿腹部，一圈为一个回合，做 4～8 个回合。

2. 第二节"推心置腹"

照护者两手交替自婴儿前胸向下至腹部轻抚，以 8 拍为一组，做两组；双手同时自婴儿前胸向下至腹部轻抚，以 8 拍为一组，做两组。

3. 第三节"蹬单车"

照护者握住婴儿小腿使其两腿交替往腹部蜷缩，以 8 拍为一组，做一组；握住婴儿小腿使其双腿同时往腹部蜷缩，以 8 拍为一组，做一组。

4. 第四节"触膝"

照护者用一只手握住婴儿的一只手，用另一只手握住婴儿对侧的小腿，弯曲婴儿的腿，使婴儿的手和对侧膝交叉相触，以 8 拍为一组，做一组。

5. 第五节"垂直抱腿"

照护者双手四指放在婴儿双膝上，大拇指放在婴儿的腘窝处，使婴儿的双腿竖直与身体呈 90°，起到挤压腹部的作用，以 8 拍为一组，做一组。

（四）婴儿排气操的注意事项

①排气操适合小月龄婴儿做，为避免吐奶，一定要在吃奶半小时后做。

②排气操利用压迫的原理，将婴儿肚子里的气压缩排出，所以婴儿出现放屁排便现象都属于正常且有效的现象。

③如果婴儿肠绞痛严重，做排气操时还是哭闹，应该及时带婴儿就医。

本章小结

本章主要介绍了对0～3岁婴幼儿着装、饮食、二便、睡眠、盥洗、出行进行照料的行为与活动，同时，也讲解了婴儿抚触、婴幼儿三浴和婴儿操等日常保健方法。本章还对照母婴护理和幼儿照护职业技能等级证书的要求，通过系列实践体验项目的训练，让读者掌握婴幼儿日常照护和保健的主要知识与技能。

阅读导航

［1］人力资源和社会保障部中国就业培训技术指导中心. 育婴员［M］. 北京：海洋出版社，2019.

2018年，上海出台了《关于促进和加强本市3岁以下幼儿托育服务工作的指导意见》，明确了托育服务从业人员岗位职责及资格要求，要求每班均配备育婴员和保育员，且育婴员不得少于1名。本书是为了推动育婴职业培训和职业技能鉴定的开展，在关于育婴师的国家职业标准的基础上，为从事0～3岁婴幼儿生活照料、护理和教育的人员培训编写教程，包含基础知识、育婴员、育婴师和高级育婴师四部分内容，其中育婴员部分包含婴幼儿喂养、照料婴幼儿盥洗、照料婴幼儿排便与睡眠、照料婴幼儿出行、环境与物品的清洁。

［2］王冰. 0～3岁婴幼儿日常照护［M］. 北京：北京师范大学出版社，2020.

随着我国对0～3岁婴幼儿托育工作的积极推进，面向低龄幼儿开办的托育机构逐渐增多。儿童的健康成长需要懂儿童、会科学育儿的照护者。本书结合0～3岁婴幼儿日常照护中的常见问题，将基础知识讲解与实际操作演示相结合，按照婴幼儿三个阶段（28天以内的新生儿期、1岁以内的婴儿期、2～3岁的幼儿期）的发育和发展特点，系统地介绍了婴幼儿日常照护的基本理念和具体方法。

学习检测

一、问答题

1. 如何给婴幼儿选择服装？

2. 如何为婴幼儿创造适宜的饮食环境？

3. 简述培养婴幼儿良好的二便习惯的方法。

4. 什么是婴儿抚触？婴儿抚触的好处有哪些？

5. 三浴锻炼指的是哪三浴？三浴锻炼的方法有哪些？

二、案例分析

案例 1： 小张老师是一名新入职的托育老师，她了解婴幼儿控尿能力差、排尿次数比成人多的特点，每天都给 4 个月的明明把尿，让明明摆脱纸尿裤的束缚，远离尿布疹的困扰。

问题： 如何评价小张老师的这一行为？

案例 2： 9 个月的明明的妈妈已经上班，明明由奶奶独自照看，白天小睡 3 次，每次 2 小时左右。奶奶每天下午 5~6 点都会让明明睡觉，这样自己能为家人准备晚饭。但是到了晚上明明就迟迟不睡了。

问题： 你认为奶奶的做法对吗？该如何纠正明明的睡眠习惯？

实践体验

项目一 为婴儿穿脱衣裤

一、实训目的

在了解婴儿生理特点的基础上，掌握婴儿不同类型服装的穿脱方法和动作要领，能采用正确的方法给婴儿穿脱衣裤，了解婴儿穿脱衣裤时的注意事项。

二、设备及物品

婴儿模型，婴儿前开衫、套头衫、裤子。

视频资源

为婴儿穿脱衣裤

三、操作步骤

（一）穿脱前的准备

①从安全角度对服装进行检查，看纽扣是否松动、衣带是否存在缠绕危险。

②关好门窗，剪短指甲，洗净双手，将衣服准备齐全后按顺序放好。

（二）穿脱

1. 穿前开衫

①将衣服的纽扣或带子解开，把它平铺在台面或床上，让婴儿平躺在衣服上，躺的方向跟衣服的方向一致，脖子对准衣领的位置。

②将衣袖堆缩成圆环状，将一只手从袖口伸进去，抓住婴儿的一只手。用另一只手将衣袖一点点向上拉，牵引婴儿的手臂穿过袖筒，调整好衣袖的长度。用同样的方法给婴儿穿对侧的衣袖。

③把穿好的衣服展平，系上前襟上的纽扣或系带。

2. 脱前开衫

让婴儿平躺在台面或床上，将开衫的纽扣或者带子解开，一只手从一只袖筒中抓住婴儿的肘部，使其弯曲，用另一只手抓住袖筒往下拉，把袖子褪下来。用同样的方法将对侧的袖子褪下来。

3. 穿套头衫

①把衣服堆缩成可以一手握住的圆环形状，领口朝上，衣摆朝下。用手指把领口撑开，从婴儿的头顶套入，套在婴儿的脖子上。

②将衣袖堆缩成圆环状，一只手从袖口穿到腋窝处，握住婴儿的手，牵引婴儿的手从衣袖中穿过。用同样的方法给婴儿穿对侧的衣袖。

4. 脱套头衫

①让婴儿平躺在台面或床上，用一只手伸进一侧袖筒，抓住婴儿肘部，另一只手抓住该侧袖口向外拉，将一侧衣袖褪下。用同样的方法将另一侧衣袖褪下。

②双手抓住套头衫领口，从婴儿的面部脱至后脑勺，然后一只手抬起婴儿的头，另一只手把衣服脱下。

5. 穿裤子

①把两条裤腿堆缩成圆环状，先把一只手沿着裤脚伸进裤腿，另一只手握着婴儿的一只脚放在已伸入裤腿的手中，然后将婴儿裤子一点点往上拉。用同样的方法给婴儿穿对侧的裤腿。

②将婴儿的屁股稍稍抬起，双手将裤子提至腰部。

6. 脱裤子

①先将婴儿的裤子从腰部褪至大腿处。

②一只手握住婴儿的大腿，另一只手拉住婴儿的裤腿将裤腿褪下。用同样的方法将另一侧裤腿褪下。

（三）整理

整理好婴儿模型，将所有的衣裤折叠起来，摆放整齐。

四、注意事项

在平整柔软的地方给婴儿换衣服，避免婴儿独自躺在换衣服的平台上。

给婴儿穿脱衣裤时，尽量将衣裤撑开，避免婴儿耳朵、鼻子、四肢受到拉扯。如果需要更换的衣裤不止一件，可以将要穿的衣服的衣袖或者裤腿都叠套在一起，减少换衣服的时间。

给婴儿穿脱衣裤时，需要与婴儿进行互动交流，防止婴儿在穿脱衣裤的过程中因视线被衣物遮挡而出现恐慌现象。

项目二　包裹婴儿

一、实训目的

理解正确包裹婴儿的知识和动作要领，能熟练包裹婴儿，了解包裹时的注意事项。

二、设备及物品

婴儿模型、包被。

三、操作步骤

（一）准备

清洁双手，面带笑容。

（二）包裹婴儿

①将包被平整地铺在台面上，将包被一角在包被对角线略上方处向内折下约15 cm，使包被呈三角形。

②将婴儿放在包被的对角线上，使肩颈部位于对折处。

③把婴儿胳膊平放在他身体的一侧，将一侧包被的角拉起包住婴儿后对折放在婴儿臀下。

④把婴儿另外一侧胳膊放下来，拉起包被下面的一角盖住婴儿另一侧肩膀。长出的部分折起来掖在婴儿身体下面。

⑤最后将另一侧角拉起，从前面裹住婴儿的身体并折放于婴儿另一侧身下。

（三）整理

将所用物品进行整理，摆放整齐。

四、注意事项

确保襁褓中的婴儿可以自由挪动屁股，襁褓不能特别紧。一个检验的方法是，

将手伸入襁褓中，确定婴儿的胸部与襁褓之间至少有 2 指的距离。

不能把婴儿裹得过热。

请勿将婴儿的背部朝上，否则会增加婴儿猝死的风险。

项目三　人工喂养

一、实训目的

了解冲兑配方奶粉的要求，掌握冲兑配方奶粉的
方法；了解人工喂养的知识，熟练掌握喂养方法。

二、设备及物品

配方奶粉、奶瓶、奶嘴、温开水、洗刷用具、消
毒用具；小毛巾、围嘴、婴儿模型。

视频资源

人工喂养

三、操作步骤

（一）准备

①清洁双手，取出已经消毒过的备用奶瓶。

②调适好温度适宜的温水。

（二）冲兑配方奶粉

①参考奶粉包装上的用量说明，按婴儿体重，将适量的温水加入奶瓶中。

②用奶粉专用的计量勺取适量奶粉，用奶粉盒（筒）口平面处刮平，放入奶
瓶中。

③盖好奶瓶，左右轻轻摇晃瓶身，使奶粉溶解至浓度均匀。

④将配好的奶滴几滴到手腕内侧，确定温度是否适宜。

（三）喂奶

①给婴儿戴上围嘴。

②将婴儿抱入怀中，使其头部在你的肘窝里，用前臂支撑婴儿的后背，使其
呈半坐姿势。

③反手拿奶瓶，用奶嘴轻触婴儿下唇，待其张开嘴后顺势放入奶嘴，动作要
温柔。

④喂奶时，始终保持奶瓶倾斜，使奶液充满奶嘴，避免婴儿吸入空气、引起
溢乳。

⑤喂奶完毕，将婴儿竖抱，采用直立式或端坐式，然后用空心掌轻轻拍打婴
儿后背，使婴儿打嗝后，再让其呈右侧卧位安睡。

（四）整理

喂完奶后将瓶中剩余的奶倒出，将奶瓶、奶嘴分开清洗干净。

四、注意事项

一定要根据婴儿不同的月龄选择对应阶段的配方奶粉，并配置婴儿月龄合适的容量。

先往奶瓶中加水，后加奶粉，按要求加。

双手握紧奶瓶，慢慢转动奶瓶摇匀奶粉，最低限度地降低气泡的融入度。

不要把婴儿放平，应该让其呈半坐姿势，这样能保证婴儿呼吸和吞咽安全、容易。

喂完后一定要拍嗝，然后放下让其呈右侧卧位躺下。

项目四　更换纸尿裤

一、实训目的

了解更换纸尿裤的知识和注意事项，能熟练地更换纸尿裤。

二、设备及物品

婴儿模型、湿巾、干净的纸尿裤、专用小盆、专用毛巾、护臀霜、收纳盆。

视频资源

更换纸尿裤

三、操作步骤

（一）准备

①清洁双手，面带笑容。

②准备干净的纸尿裤、湿巾、专用小盆、专用毛巾、护臀霜、收纳盆等，放在伸手能够到的地方。

（二）更换

1. 打开纸尿裤

①把需要更换的纸尿裤的腰贴打开并折叠，以免粘住婴幼儿的皮肤。

②用一只手将婴儿双足轻轻抬起，另一只手将纸尿裤由前向后取下。

③顺势用未污染的纸尿裤边缘由前往后轻轻擦拭会阴部和臀部，将粪便裹在纸尿裤里面，干净的一面朝上，然后对折垫于婴儿屁股下面。

④用湿巾或者专用毛巾蘸温开水将臀部洗净并擦干，注意从前往后。让婴儿的屁股在空气中自然晾干，或者用一块干净的布轻轻拍干。根据需要涂抹适量护臀霜。

⑤把脏纸尿裤拿走，放在一边的收纳盆中。

2. 更换纸尿裤

①取出一个新的纸尿裤，把纸尿裤上下全部打开。

②提起婴儿的双脚，将干净的纸尿裤放至婴儿的腰臀部，再将纸尿裤固定在脐下，注意粘条不能粘到婴儿的皮肤上。

③检查是否换好，然后给婴儿穿好衣服，把他放在一个安全的地方。

（三）整理

①将换下的纸尿裤收纳好，彻底清洗双手。

②将其他用品进行清洁、整理，摆放整齐。

四、注意事项

选择舒适、安全、温度适宜的地方更换纸尿裤。换完应将尿布台及垫子用消毒液擦拭一遍，以减少细菌滋生。

在更换纸尿裤前应先将所需的用品准备妥当。

更换纸尿裤的过程中要积极与婴儿沟通。

每次更换纸尿裤前后都需要清洗双手。

务必将换下来的纸尿裤卷包好后丢进有盖子的垃圾桶内。

项目五　正确托抱婴儿

一、实训目的

在了解婴儿生理特点的基础上，能采用正确的姿势托抱婴儿。重点掌握摇篮式横抱、橄榄球式横抱、依偎式贴胸抱、靠肩式竖抱、板凳式竖抱，以及抱起和放下婴儿的注意事项。

视频资源

托抱婴儿

二、设备及物品

婴儿模型。

三、操作步骤

（一）摇篮式横抱

1. 准备

摘去手上的饰物，清洁双手。婴儿呈仰卧状态。该方法适用于1~2个月的婴儿。

2. 托抱

托起婴儿。将一只手伸到婴儿头颈部下方托住头部，另一只手环绕托住婴儿

的腰臀部，两手同时用力上抬，将婴儿稳稳地抱起。

怀抱婴儿。将婴儿横抱在怀里，上身肢体放松，肘关节呈80°，使其颈部靠在你的肘弯处，前臂与手掌托住婴儿的背部和臀部，另一只手扶住婴儿的髋部。

放下婴儿。将婴儿轻轻抱离身体，先弯腰放下婴儿身体的后半部，再放下上半部和头部，最后抽出双手。

3. 整理

将婴儿模型摆放好，整理操作环境。

（二）橄榄球式横抱

1. 准备

摘去手上的饰物，清洁双手。婴儿呈仰卧状态。该方法适用于1岁以内的婴儿。

2. 托抱

托起婴儿。将一只手伸到婴儿头颈部下方托住头部，另一只手环绕托住婴儿的腰臀部，两手同时用力上抬，将婴儿稳稳地抱起。

夹住婴儿。将婴儿的腿伸到你的身体后方，使婴儿后半部身体夹在你一侧的腋下，让婴儿的头部贴近你的腰部或胸部，用同侧的前臂和手做支撑扶住婴儿上半部身体和头。

放下婴儿。恢复双手托住婴儿的姿势，将婴儿轻轻抱离身体，先弯腰放下婴儿身体的后半部，再放下上半部和头部，最后抽出双手。

3. 整理

将婴儿模型摆放好，整理操作环境。

（三）依偎式贴胸抱

1. 准备

摘去手上的饰物，清洁双手。婴儿呈仰卧状态。该方法适用于5个月以上的婴儿。

2. 托抱

托起婴儿。将一只手伸到婴儿头颈部下方托住头部，另一只手环绕托住婴儿的腰臀部，两手同时用力上抬，将婴儿稳稳地托起。

竖起婴儿。抱起时，先让婴儿头部抬起，然后是臀部，将婴儿的头靠在你的胸前或肩膀下方，使婴儿呈竖立的状态，确保婴儿的头偏向一边，不会影响呼吸。一只手臂托住婴儿的颈背部，另一只手臂托住婴儿的臀部。

放下婴儿。恢复双手托住婴儿的姿势，将婴儿轻轻抱离身体，先弯腰放下婴儿身体的后半部，再放下上半部和头部，最后抽出双手。

3. 整理

将婴儿模型摆放好，整理操作环境。

（四）靠肩式竖抱

1. 准备

摘去手上的饰物，清洁双手。婴儿呈仰卧状态。该方法适用于5个月以上的婴儿。

2. 托抱

托起婴儿。将一只手伸到婴儿头颈部下方托住头部，另一只手环绕托住婴儿的腰臀部，两手同时用力上抬，将婴儿稳稳地托起。

竖起婴儿。抱起时，先让婴儿的头部抬起，然后是臀部。将婴儿的头靠趴在你的肩膀上，使其口鼻露出肩膀、胸腹部贴着你的前胸。将婴儿抱直，一只手托住他的臀部，另一只手绕过婴儿的背部护住其上肢和头颈部。

放下婴儿。恢复双手托住婴儿的姿势，将婴儿轻轻抱离身体，先弯腰放下婴儿身体的后半部，再放下上半部和头部，最后抽出双手。

3. 整理

将婴儿模型摆放好，整理操作环境。

（五）板凳式竖抱

1. 准备

摘去手上的饰物，清洁双手。婴儿呈仰卧状态。该方法适用于6个月以上的婴儿。

2. 托抱

托起婴儿。将一只手伸到婴儿头颈部下方托住头部，另一只手环绕托住婴儿的腰臀部，两手同时用力上抬，将婴儿稳稳地托起。

婴儿坐起。抱起时，先让婴儿头部抬起，然后是臀部，让婴儿背朝你坐在你的一只前臂上，同时托住他的臀部，另一只手臂穿过婴儿身体，横拦住他的胸部。

放下婴儿。恢复双手托住婴儿的姿势，将婴儿轻轻抱离身体，先弯腰放下婴儿身体的后半部，再放下上半部和头部，最后抽出双手。

3. 整理

将婴儿模型摆放好，整理操作环境。

四、注意事项

托抱婴儿一定要动作轻柔，要按照婴儿的月龄与发育阶段有针对性地使用合适的托抱法。不建议过早竖抱，否则会对婴儿的脊椎发育产生影响。

在放下婴儿时，将两只手臂放在他的身下，慢慢把婴儿的头和后背放低，确保扶着他的头。当把婴儿的身体和臀部都放下之后，轻柔地把手臂从他的身下抽出。

项目六　婴幼儿口腔护理

一、实训目的

掌握婴幼儿不同年龄段口腔护理的方法和动作要领，以及婴幼儿口腔护理的注意事项。

二、设备及物品

牙齿模型、一次性纱布、小脸盆、婴幼儿牙刷、婴幼儿牙膏。

三、操作步骤

（一）准备

剪短指甲，清洁双手。

（二）口腔清洁

1. 用温开水清洁

让婴儿在吃完奶后喝一口白开水，冲洗一下口腔。

2. 无牙期的口腔清洁

①准备一块纱布，大小约为 4 cm×4 cm，再准备一杯温开水。用一只手抱住婴儿，另一只手准备清洁口腔及牙齿。

②把纱布一角裹在你的食指上，用温开水把纱布沾湿。将裹纱布的食指伸入婴儿口腔内，轻轻擦拭上牙龈的外侧，换一个角轻轻擦拭上牙龈的内侧。换不同的纱布角分别擦拭下牙龈的外侧和内侧。

③清洁舌头和口腔黏膜。

3. 长牙期的口腔清洁

①在使用前将指套牙刷清理干净，将它放入沸水里煮一两分钟。

②调整好婴儿在怀中的位置，使婴儿的头部尽量往后仰，然后将牙刷佩戴在手上。小心地擦拭婴儿的牙齿和牙龈部分，重点清理对象为牙齿、牙床交接的地方和牙缝。注意动作要轻柔。

4. 1 岁以上幼儿的口腔清洁

①使用前，将牙刷用温水浸泡1~2分钟，使刷毛变得柔软。

②选择适合1岁以上幼儿的可吞咽的不含氟牙膏，牙膏的使用量约为1粒大米的大小。

③使用巴氏刷牙法刷牙。顺着牙缝进行刷牙，每个牙位都需要刷10遍。刷门牙的时候刷毛要靠近牙龈部位，使之与牙面呈45°角，刷上牙时往下刷，刷下牙时往上刷；刷后牙的咬合面时，应前后交叉刷；刷完外侧面还应刷内侧面、后牙的咬面，每个面都要刷10遍，才能达到清洁牙齿的目的。（见图4-4-2）

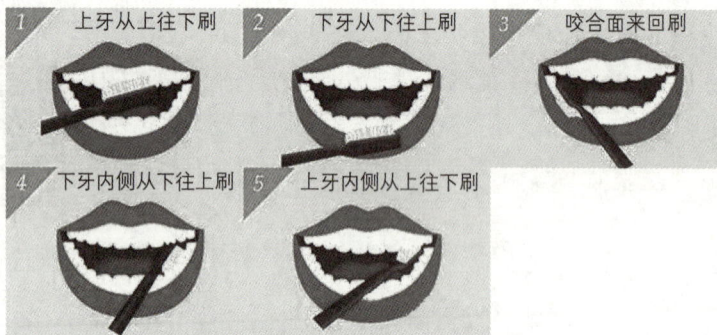

图4-4-2   巴氏刷牙法

（三）整理

将所用物品进行整理，摆放整齐。

四、注意事项

无牙期的口腔清洁方法适合0~6个月的婴儿，擦洗时使用的物品要保持清洁卫生，每擦洗一个部位都要更换干净的纱布部分；同时纱布上不要蘸过多的液体，以防婴儿将液体吸入呼吸道造成危险。

长牙期的口腔清洁方法适合6~12个月的婴儿，在每次刷牙前，应仔细检查指套牙刷是否损坏，牙刷是否清洁，使用后储存在阴凉干燥处。

1岁后刷牙应保持3分钟以上，1~3个月更换一次牙刷，使用儿童牙膏。

项目七   婴儿沐浴

一、实训目的

了解婴儿的生理特点，掌握婴儿沐浴的注意事项，能照料婴儿身体，步骤正确，手法得当。

二、设备及物品

婴儿模型、浴盆、浴巾、小毛巾、婴儿沐浴露；干净的内衣、尿布、包被；护臀霜、酒精、无菌棉签等。

视频资源

婴儿沐浴

三、操作步骤

（一）准备

①关闭门窗，室温保持在26℃～28℃。

②沐浴选择在喂奶后半小时至1小时内进行，将婴儿抱到准备台上，脱去衣服放入收纳筐，检查皮肤有无湿疹、划伤等。若皮肤有破损则不宜洗澡，保留纸尿裤用浴巾包裹好婴儿。

③准备浴盆、脸盆、浴巾、小毛巾、洗手液、婴儿沐浴露、婴儿洗发露、隔尿垫，以及干净的内衣、纸尿裤、包被、护臀霜、润肤露、湿巾、纸巾、酒精、无菌棉签等物品。

④束起头发，剪短指甲，摘除饰物，用七步洗手法洗净双手，将水盆及浴盆的水温调至38℃～40℃，先放入凉水再放入热水，水位在容器的1/2～2/3处，可放入温度计或用手肘内侧测试水温。

（二）沐浴

1. 洗脸

①脱去婴儿的衣服并用浴巾包好婴儿，将婴儿横托抱起。

②将小毛巾叠成小四方形，用其四个角分别擦洗婴儿的眼睛、鼻子以及嘴巴。再将毛巾对折，用毛巾清洁的另一面，顺时针擦洗婴儿的额头、左侧脸颊、下颌、右侧脸颊。

2. 洗头

①采用橄榄球式横抱法将婴儿的双腿夹在左腋下，用左手臂托住其背部，用手掌托住其头颈部，拇指和中指分别轻轻反折婴儿的两耳，以防止水进入耳朵。

②右手用小毛巾将婴儿头发浸湿，涂少许洗发露轻轻揉搓。注意动作需轻柔，防止洗发露进入婴儿眼睛。

③用清水冲洗干净并擦干头发。

④用干棉签擦拭外耳及耳孔周围。

3. 洗澡

①洗完头后，将婴儿抱至准备台上，撤去浴巾，脱去纸尿裤放入垃圾桶，检查大小便，如有大小便则用湿纸巾擦拭干净。

②将左手腕关节垫于婴儿后颈部，大拇指和食指握住婴儿肩部，其余三指在婴儿腋下，呈"两上三下"，先将婴儿的双脚或双腿轻轻放入水中，再逐渐让水慢慢浸没婴儿的臀部和腹部，使婴儿呈半坐位，角度为45°。

③打湿全身，先洗婴儿的颈部、腋下、前胸、腹部、腹股沟，再洗四肢、上

肢、手、下肢、脚。

④洗完前身后反转婴儿，使其趴在你的前臂上，由上到下洗后脖颈、后背、后臂、臀部、肛门。

⑤洗完后，双手托住婴儿的头颈部和臀部将婴儿抱出浴盆，把婴儿放在干浴巾上迅速擦干其身上水分。

⑥用消毒棉签蘸取75%酒精，由内往外擦拭需要护理的脐部2~3次，保持脐部干燥清洁。

⑦为婴儿穿好衣服，垫好尿布。

（三）整理

①将浴盆、脸盆中的水倒掉，将沐浴用品清洗干净，将物品摆放整齐。

②将婴儿换下的衣服放入收纳盆，抽时间洗净。

四、注意事项

洗澡及护理过程中，要注意保暖。

为早产儿及皮肤有破损的婴儿洗澡时，只用温度适宜的清水擦洗即可；为足月儿洗澡时，可选用专用的婴儿沐浴露，并注意不要使泡沫流入婴儿眼睛。

每次洗澡时间不宜超过10分钟。洗后用吸水性好的柔软毛巾轻轻擦干婴儿身体，再抹上婴儿专用的润肤油。

婴儿生病和接种疫苗后不要洗澡。吃奶后30分钟以内不要洗澡。

在婴儿的脐带未脱落前，不要让洗澡水浸湿脐部。

项目八　婴儿抚触

一、实训目的

了解婴儿抚触的知识，理解婴儿抚触的注意事项，熟练掌握抚触技能，步骤正确，手法得当。

二、设备及物品

抚触台、包布、润肤油、干净纸尿裤。

三、操作步骤

（一）准备

①关闭门窗，室内温度调至26℃~28℃，播放轻柔的音乐。

②抚触应在婴儿吃奶后30~60分钟或洗澡后进行。

③在床上选择适当位置或选择一个柔软平整的台子，铺上包布。

视频资源

婴儿抚触

④剪短指甲，清洗双手，涂抹润肤油，将双手搓暖。

（二）抚触

1. 面部

眼：双手拇指、食指分别放在婴儿头部两侧，用右手拇指外侧从婴儿左眼角推向右眉头，还原；用左手拇指从婴儿右眼角推向左眉头，还原。双手拇指交替为一次，反复进行四次。

额头：①双手拇指、食指放在婴儿头部两侧，双手拇指尖相对，放在婴儿印堂（两眉头的中间）处，同时向两侧分开到太阳穴。②双手拇指相对，放在印堂与前发际线一半处，同时向两侧分开到大发际线。③双手拇指尖相对，同时放在前发际线中心点，同时向两侧分开到小发际线。上述操作为一次，反复进行四次。

下巴（拉微笑肌）：①双手拇指、食指放在婴儿头部两侧，双手拇指尖相对，同时放在婴儿下颌中心点，双手同时向两侧推到耳根。②双手拇指相对，同时放在承浆穴处（面部颏唇沟正中凹陷处）。两拇指同时向两侧推到耳根。上述操作为一次，反复进行四次。

2. 头部

①左手托住婴儿头部，右手五指相对，成半握拳状，中指为主，四指为辅，放在婴儿前发际线中心点处，然后从前到后经百会穴（头顶正中线与两耳尖连线交叉处）向后到第七颈椎，然后中指从第七颈椎滑向耳后根。

②中指从小发际线滑向后脑门垂直到第七颈椎，再滑向耳后根。

③四指在耳后，拇指在耳前，以中指和拇指为着陆点，分别放在耳尖处，从耳尖捋到耳垂，拇指和中指轻轻揉捏耳垂。上述操作为一次，反复进行四次。做完左侧再做右侧，手法与左侧一样。

3. 胸部

让婴儿仰卧，双手拇指、食指分别放在婴儿身体两侧肋骨下沿处，双手向上提婴儿腹部肌肉，先用右手背从婴儿左肋推向右肩井处，再返回原处；再用左手背从婴儿右肋推向左肩井处，再返回原处。注意操作时要避开乳头，两手交替为一次，反复进行四次。

4. 腹部

双手顺时针在婴儿脐部交替抚触，右手放在婴儿右腹部，在脐上画半圆，左手接右手放在婴儿左腹部，在脐下画"V"字。一圈为一次，反复进行四次。

5. 上肢

臂。①先捋：左手握住婴儿右手腕，右手从婴儿肩部捋到腕部。同手法捋婴儿左臂。②再捏：左手握住婴儿右手腕，右手轻轻捏婴儿的肩关节，从肩关节滑向肘关节，再轻轻捏一下肘关节，从肘关节滑向腕关节，再轻轻捏一下腕关节。同手法捏婴儿左臂。双手交替为一次，反复进行四次。

手。①手心：双手托住婴儿手腕，两拇指放在婴儿掌根处，以麦穗状推到指尖，从掌根到指尖为一次，反复进行四次。②手背：双手托住婴儿腕部，以右手食指和中指为着陆点，从婴儿腕部捋到指尖；再以左手食指和中指为着陆点，从婴儿腕部捋到指尖。两手交替为一次，反复进行四次。③手指：左手托住婴儿手腕，右手拇指和食指先轻轻揉捏一下婴儿的指根关节，从指根关节捋向第一指关节，再轻轻揉捏一下第一指关节，再从第一指关节捋向指尖。要把婴儿每个手指的指关节都揉捏到，从拇指到小指为一次，反复进行四次。同手法做对侧手的动作。

6. 下肢

腿。①先捋：左手握住婴儿右脚踝，右手从婴儿髋关节滑向踝关节，同手法捋婴儿左腿。②再捏：左手握住婴儿右脚踝，右手轻轻捏婴儿髋关节，从髋关节滑向膝关节，再轻轻捏一下膝关节，从膝关节滑向踝关节，再轻轻捏一下踝关节，同手法捏婴儿左腿。双手交替为一次，反复进行四次。

脚。①脚心：双手托住婴儿脚踝，两拇指放在婴儿脚跟处，以麦穗状推到脚尖；从脚跟到脚尖为一次，反复进行四次，同手法做对侧的动作。②脚背：双手托住婴儿脚踝，以右手食指和中指为着陆点，从婴儿脚背底部捋到脚尖；再以左手食指和中指为着陆点，从婴儿脚背底部捋到脚尖；两手交替为一次，反复进行四次；用同手法做对侧的动作。③脚趾：左手托住婴儿脚踝，右手拇指和食指先在婴儿的拇趾跖趾关节处轻轻揉捏一下，然后从跖趾关节捋向趾关节；再轻轻揉捏一下趾关节，拇指和食指再从趾关节捋向指尖，从拇趾到脚趾为一次；要把婴儿每个脚趾的指关节都揉捏到，从拇趾到小脚趾为一次，反复进行四次。

7. 背部（将婴儿由仰卧位变为俯卧位，头转向左侧）

开背：①双手拇指、食指以婴儿颈椎为中心放在颈椎两侧，双手平行分别捋向肩部；②双手拇指、食指以婴儿胸椎为中心，放在胸椎与腰椎两侧，双手平行分别捋向背的边缘；③双手拇指、食指以婴儿腰椎为中心，放在腰椎两侧，双手平行分别捋向腰的边缘。

捋脊柱：以右手中指为着陆点，其余四指作为辅助，从婴儿颈椎捋到腰椎，轻轻按揉一下腰椎及肾俞穴，并对婴儿说"宝宝抬头"，这样能刺激婴儿的中枢神经，使婴儿颈部和背部的肌肉得到锻炼。从颈椎捋到腰椎为一次，反复进行四次。

8．臀部

把双手的大鱼际分别放在婴儿的臀部，轻揉，右手顺时针，左手逆时针，使婴儿臀大肌得到放松，一圈为一次，反复进行四次。将婴儿由俯卧位变成仰卧位，头放正，抚触结束。

（三）整理

为婴儿换好纸尿裤，将婴儿抱回原位。

整理工作台面。

四、注意事项

在吃奶后 30～60 分钟或洗澡后，婴儿情绪稳定，没有哭闹和身体不适的时候实施抚触。抚摸动作不能重复做太多，先从做 5 分钟开始，然后延长到 15 分钟。

调整力度。抚触时，手法的力度要根据婴儿的感受做调整。通常的标准是，做完之后如果婴儿的皮肤微微发红，则表示力度正好。

抚触过程中要与婴儿进行语言和情感交流。

不要将抚触油滴到婴儿眼睛里，脐带还未脱落时一定要避开脐带。

婴儿身体不适或接种疫苗后，不要抚触。

项目九　42 天至 6 月龄婴儿被动操

一、实训目的

能够根据婴儿发展水平，对婴儿进行大动作训练。

二、设备及物品

婴儿模型（关节可活动）、轻音乐、润肤油。

三、操作步骤

（一）准备

视频资源

婴儿被动操

①保持室内空气新鲜、环境安静整洁，保持温度在 25℃左右。可伴有轻音乐，使婴儿在轻松愉快的情绪中完成体操。

②一般在哺乳后 1 小时左右进行。脱去婴儿宽大的外衣，检查婴儿的尿布，如是一次性尿布观察是否需要更换，并放松婴儿的手脚。

③操作人员束起头发，剪短指甲，摘下手表及首饰，用七步洗手法洗净双手，双手掌心涂少量润肤油相互揉搓，温暖双手。

（二）操作

1．准备运动

让婴儿仰卧，操作人员双手握住婴儿双手腕向上轻轻抓握，按摩 4 下，至肩部；由踝关节轻轻按摩 4 下至大腿根部；由胸部自内向外打圈按摩至腹部。每个动作重复 4～6 次，缓解婴儿肌肉紧张、关节僵硬的状态。

2. 婴儿被动操

（1）扩胸运动

预备姿势：让婴儿仰卧，操作人员站在婴儿足后位置，把拇指放在婴儿掌心让婴儿握住，然后轻轻握住婴儿双手（大手握小手）。

将婴儿双臂向体侧外平展，与身体成 90°，使上肢与躯干呈"十"字形（第 1 拍），使掌心向上；将婴儿双臂拉至胸前交叉，慢慢打开，还原到与身体成 90° 大手握小手状态（第 2 拍）；再将婴儿双臂拉至胸前交叉（第 3 拍）；最后将手臂放回身体的两侧（第 4 拍）。重复 4 个 8 拍。

（2）屈肘运动

预备姿势：同扩胸运动。

将婴儿右侧小臂轻轻向上弯曲，使小手尽量接近耳旁（第 1 拍）；将右侧小臂伸直还原（第 2 拍）；将左侧小臂轻轻向上弯曲（第 3 拍）；然后还原（第 4 拍）。左右轮换 4 个 8 拍。

（3）肩关节运动

预备姿势：同扩胸运动。

握住婴儿右手将其胳膊拉直，以婴儿的肩关节为轴心，贴近婴儿身体由内向外环形旋转肩部一周，还原（4 拍）；握住婴儿左手将其胳膊拉直，以婴儿的肩关节为轴心，贴近婴儿身体由内向外环形旋转肩部一周，还原（4 拍）。重复 4 个 8 拍。

（4）上举运动

预备姿势：同扩胸运动。

将婴儿双臂向体侧外平展，与身体成 90°，使上肢与躯干呈"十"字形（第 1 拍）；将婴儿双手向前平伸，使掌心相对（第 2 拍）；以肩关节为轴心，双手上举婴儿双臂过头顶，使其掌心向上（第 3 拍）；还原至身体两侧（第 4 拍）。重复 4 个 8 拍。

（5）抬臀运动

预备姿势：婴儿仰卧，双腿伸直平放。

双手同时握住婴儿膝盖，将婴儿双腿伸直并拢，慢慢上举至 90°（4 拍），慢慢还原（4 拍）。重复 4 个 8 拍。

（6）屈膝运动

预备姿势：婴儿仰卧，双腿伸直平放。

先弯曲婴儿右腿，使婴儿的大腿面尽量贴近腹部；还原，伸直右腿（4拍）。左侧重复（4拍）。重复4个8拍。

（7）踝关节运动

预备姿势：让婴儿仰卧，操作人员的左手托住婴儿右脚踝骨，右手握住婴儿右足前掌。

将婴儿的脚尖向上屈收踝关节，脚尖向下伸展踝关节（8拍）；换婴儿左脚，做同样动作（8拍）。重复4个8拍。

（8）侧身运动

预备姿势：婴儿仰卧并腿，双臂屈曲放在胸腹前。

左手轻轻握住婴儿双手放在婴儿胸前，右手扶在婴儿左肩由仰卧位转为右侧卧位，慢慢还原（8拍）；将婴儿从仰卧位转为左侧卧位，然后还原（8拍）。重复4个8拍。

（三）整理

让婴儿躺好休息。清理所用物品并摆放整齐。

四、注意事项

接受此项操作训练的婴儿，最好经过健康检查，接受保健医生的健康指导。

根据婴儿的体力适当增减节拍，但最多不超过4个8拍。

最好在两餐之间或充分休息后进行训练，避开疲劳、饥、饱状态。

训练时，动作轻缓，有节奏感，慢慢让婴儿适应。

运动中，动作尽量达到一定的幅度，但不宜过于强迫婴儿，应顺势诱导，否则过度拉伸反而会使婴儿的身体受伤。

婴儿情绪反应激烈时，应暂停。

项目十　7～12个月婴儿主被动操

一、实训目的

能够根据婴儿发展水平，对婴儿进行大动作训练。

二、设备及物品

婴儿模型、轻音乐、玩具。

三、操作步骤

（一）准备

①保持室内空气新鲜、环境安静整洁，保持温度

婴儿主被动操

在 25℃左右。选择轻快的音乐，准备婴儿日常玩耍的玩具。

②一般在婴儿吃奶（进餐）后 1 小时左右进行。脱去婴儿宽大的外衣，检查婴儿的尿布，如是一次性尿布观察是否需要更换，并放松婴儿的手脚。

③操作人员束起头发，剪短指甲，衣着要便于与婴儿一起活动，摘去手上、身上不利于活动的饰品。

（二）操作

1. 起坐运动

预备姿势：让婴儿仰卧，操作人员双手握住婴儿双手，或用右手握住婴儿左手，用左手按住其双膝。使婴儿双手距离与其肩同宽。

轻轻拉引婴儿使其背部离开床面，让婴儿自己坐起来（4 拍）；再让婴儿由坐恢复至仰卧（4 拍）。重复 2 个 8 拍。

2. 起立运动

预备姿势：让婴儿俯卧，操作人员双手托住婴儿双臂或手腕。

牵引婴儿俯卧跪直、起立或直接站起（4 拍）；再让婴儿由跪坐恢复至俯卧。重复 2 个 8 拍。

3. 提腿运动

预备姿势：婴儿俯卧，双手放在胸前，两肘支撑身体；操作人员双手握住婴儿两足踝部。

将婴儿两腿向上抬起成推车状；随月龄增大，可让婴儿双手支持起头部（4 拍）；还原至预备姿势（4 拍）。重复 2 个 8 拍。

4. 弯腰运动

预备姿势：婴儿与操作人员同向站立，操作人员左手扶住婴儿两膝，右手扶住婴儿腹部，在婴儿前方放一玩具。

让婴儿弯腰前倾，拣起前方玩具（4 拍）；恢复原样成直立状态（4 拍）。重复 2 个 8 拍。

5. 挺胸运动

预备姿势：婴儿俯卧，两手向前伸出；操作人员双手托住婴儿肩臂。

轻轻使婴儿上体抬起并挺胸，腹部不离开床面（4 拍）；轻轻使婴儿还原成预备姿势（4 拍）。重复 2 个 8 拍。

6. 转体、翻身运动

预备姿势：婴儿仰卧，两臂屈曲放在前胸；操作人员一手扶婴儿胸部，一手垫于婴儿背部。

轻轻地将婴儿从仰卧位转为侧卧位，再从侧卧位转成俯卧位，最后由俯卧位还原为仰卧位（8拍）。第二个8拍动作相同，方向相反。

7. 跳跃运动

预备姿势：操作人员与婴儿面对面，双手扶住其腋下。

扶起婴儿使其足离开床面，同时说："跳！跳！"婴儿做跳跃运动，以足前掌接触床面为宜。重复2个8拍。

8. 扶走运动

预备姿势：让婴儿站立，操作人员站在其背后，扶住婴儿腋下、前臂或手腕。

扶起婴儿使其左右脚轮流跨出，学开步行走。重复2个8拍。

（三）整理

让婴儿躺好休息。清理所用物品并摆放整齐。

四、注意事项

同"42天至6月龄婴儿被动操"。

第五章 婴幼儿常见疾病与意外伤害的预防及护理

导言

　　婴幼儿正处于快速生长发育时期，其自身免疫系统发育还不完善，对外界环境的适应能力和对致病微生物的抵抗能力都较差。疾病和意外伤害不仅会影响婴幼儿的身体健康，还会延缓正常的生长发育。所以，做好疾病预防与护理以及意外伤害的处理，是所有托育机构卫生保健工作的重要内容，是婴幼儿身心发展的重要保证。本章围绕0～3岁婴幼儿常见传染病、常见疾病以及常见意外伤害三方面内容进行重要阐述，为婴幼儿照护者的保教实践夯实基础。

学习目标

1. 熟悉婴幼儿生病的迹象。
2. 具备婴幼儿常见传染病预防与护理的能力。
3. 能辨别婴幼儿常见疾病，实施合理的预防与护理。
4. 掌握婴幼儿常见意外伤害的处理办法。
5. 了解传染病基础知识、出生缺陷及新生儿疾病基础知识。

知识导览

第五章 婴幼儿常见疾病与意外伤害的预防及护理

第一节 婴幼儿疾病的早发现
- 一、生病的迹象
- 二、如何辨别婴幼儿患病时的症状

第二节 婴幼儿常见传染病
- 一、传染病概述
- 二、计划免疫
- 三、婴幼儿常见传染病的预防及护理
- 四、托育机构中传染病的预防

第三节 婴幼儿常见疾病
- 一、营养性疾病
- 二、呼吸系统疾病
- 三、消化系统疾病
- 四、泌尿系统疾病
- 五、皮肤病
- 六、五官疾病
- 七、食物过敏

第五章　婴幼儿常见疾病与意外伤害的预防及护理

第四节　婴幼儿常见意外伤害的处理

- 一、小外伤
- 二、跌落伤
- 三、鼻出血
- 四、眼、耳、鼻异物
- 五、误食
- 六、烫伤
- 七、咬伤、蜇伤
- 八、脱臼
- 九、骨折
- 十、急性中毒
- 十一、触电
- 十二、溺水
- 十三、中暑
- 十四、创伤出血

第五节　出生缺陷及新生儿疾病预防

- 一、预防出生缺陷
- 二、预防新生儿疾病

第一节　婴幼儿疾病的早发现

问题情境

刚下课，妈妈就抱着西西向张老师咨询道："张老师，我们家西西都10个月了，可是晚上睡觉总是睡不踏实，特别容易哭闹。你看她上早教课的时候多乖呀，怎么到了晚上就不乖了呀？会不会是生了什么病？"

西西夜晚的哭闹是生病的迹象吗？我们该如何识别婴幼儿的生病迹象，辨别一些疾病的症状呢？

一、生病的迹象

婴幼儿在生病时会有一些异于平时的表现，如大小便异常、睡眠不安、发热等，这些都是生病的迹象。照护者应细心观察，及时发现并带婴幼儿到医院诊治。

（一）神情

婴幼儿在正常状态下活泼好动，眼神灵活，对周围环境感兴趣。生病时常有烦躁不安、精神萎靡、面色差、易困倦、易哭闹等异常表现。

（二）皮肤

健康的婴幼儿往往面色红润。婴幼儿皮肤红中带微紫往往表示高热；皮肤苍白、发黄，翻开下眼皮可看到明显缺少血色，可能有贫血；皮肤与巩膜同时黄染一般说明有黄疸；颊部、口唇、鼻尖等处发绀，表示可能有先天性心脏病。

用手指将婴幼儿腹部皮肤捻起再任其落下，正常婴幼儿的皮肤随即恢复原状，脱水者则弹力降低。出汗过多常见于结核病与佝偻病患儿。皮下脂肪的厚薄表示婴幼儿的营养状况。

（三）体温

婴幼儿正常状态下的腋下体温为36℃～37.5℃，如果体温高于37.5℃即为发热，体温在39℃以上为高热。发热是疾病最常见的症状，是机体的一种防御性反应。体温升高可促使体内抗体生成，促进吞噬细胞的活动，有利于消灭细菌、病毒。但是，发热会引起婴幼儿身体不适，同时造成婴幼儿体内物质消耗增加、心率加快、消化能力减弱等。婴幼儿神经系统发育不完善，高热会引起婴幼儿惊厥，所以应及时采取合适的降温措施。可致高热的常见疾病见表5-1-1。

表5-1-1　可致高热的常见疾病

与高热相伴随的症状	可能患有的疾病
鼻塞，流涕，咳嗽，咽红	上呼吸道感染
嗓子疼，扁桃体红肿	急性扁桃体炎
高热三四天，热退疹出	幼儿急疹
嗓子疼，呕吐，有猩红色小米粒大小的皮疹，杨梅舌	猩红热
常见于冬春季，头痛，喷射性呕吐，皮肤上有出血点	流行性脑脊髓膜炎（流脑）
常见于夏秋季，头痛，喷射性呕吐，嗜睡，惊厥	流行性乙型脑炎（乙脑）
有不洁食物史，惊厥，有脓血便	中毒性痢疾

还有几点值得注意：

头痛：小儿不会表述，常表现为用手打头或频频摇头。

喷射性呕吐：不同于胃肠疾病引起的呕吐，是由颅内压力增高引起的，没有感到恶心，直接喷吐。而胃肠道疾病等引起的呕吐，一般是先感觉到恶心，后呕吐。

皮肤出血点：不同于一般充血的皮肤。用手压迫不褪色为出血点；用手压迫后褪色为充血皮肤。出血点常见于幼儿急疹、风疹等疾病。

血液系统疾病，猩红热、流脑等传染病，也可见于剧烈哭闹、过度搓洗等情况下。

（四）饮食

如果平时食欲好，突然拒绝喝奶或吸吮无力，或不肯进食或进食减少，则可能存在疾病；如果有腹胀、不断打嗝、放屁、口腔气味酸臭，则提示消化不良；若拒食或食后即哭，同时伴口水增多，则应注意有无口腔疾患。

（五）大小便

1. 大便

大便的次数、性状、气味都会因为饮食不同而有所不同。观察大便时需结合婴幼儿具体的进食情况，如果婴幼儿大便异常，精神状态差，需及时诊治。

（1）次数

排便次数因人而异。婴幼儿可每天排便1～5次或几天排便1次，若排便次数突然改变并伴有其他不适表现可考虑异常。

（2）排便量

排便量与膳食种类、数量、摄入液体量、大便次数及消化器官的功能有关。进食少纤维、高蛋白等精细食物，大便量少而细腻；进食大量蔬菜、水果等，大便量较多。当消化器官功能紊乱时，会出现排便量的改变。

（3）性状

母乳喂养的婴幼儿的大便多为金黄色；人工喂养的婴幼儿的大便多为淡黄色，常含奶瓣。婴儿未添加辅食前，大便未成形，随着辅食的增加，逐渐过渡为成形软便。若发生便秘，大便坚硬呈栗子样；若发生消化不良或急性肠炎，大便为稀水样便。

（4）颜色

①粪便表面有鲜血，血与粪便不混在一起，排便时哭闹，可能是肛门皮肤有裂口。

②大便脓血样且次数多，伴高热，可能是细菌性痢疾。

③红果酱样大便，伴有腹痛、呕吐，可能为肠套叠。

④蛋花汤样大便且便次增加，可能为一般腹泻。

（5）气味

正常大便气味因膳食种类而异，食肉味重，食素味轻。消化不良、乳糖未充分消化或吸收脂肪酸产生气体，粪便呈酸性反应，气味为酸臭。

2. 小便

（1）尿色

正常新鲜尿液呈淡黄色，当尿液浓缩时，可见量少色深。尿液的颜色还受某些食物、药物的影响，如进食大量胡萝卜或服用核黄素（维生素 B_2），尿液的颜色呈深黄色。在病理情况下，尿液的颜色可有以下变化。

①橘黄色尿：尿色加深呈橘黄色或棕绿色，可见于肝、胆疾病。但服用某些药物如维生素 B_2 等，尿液也会呈橘黄色。

②红色尿：尿液呈洗肉水样，同时眼皮浮肿，可见于急性肾小球肾炎。

③乳白色尿：伴有尿频、尿急、尿痛，可见于泌尿系统感染。

冬天，汗液分泌量减少，从尿中排出的代谢废物增多。若饮水量不足，尿液过于浓缩，排出体外冷却后，原来溶化的代谢废物呈结晶析出，就使尿液变浑，似米汤样，或放置一会儿，在尿盆底上有一层乳白色的沉渣，虽然这是正常现象，但还是需要让婴幼儿适量饮水，以利于体内代谢废物的排出。

（2）尿量及排尿次数

婴儿每天的尿量为 400～600 mL，少于 200 mL 为少尿。出生数日每日排尿 4～6 次，一周后每日增至 20～25 次，以后逐渐延长间隔时间。1 岁时每天排尿 15～16 次，3 岁后每天排尿 6～7 次。尿量明显减少，眼皮浮肿，常是肾脏疾病的表现；腹泻伴尿量明显减少，是脱水的表现。排尿次数明显增加，憋不住尿，常是泌尿系统感染的症状。

（六）睡眠

正常婴幼儿入睡较快，睡得安稳。如睡前烦躁不安，睡眠中不安稳，醒后颜面发红、呼吸急促，常是发热的反应；如睡眠中惊醒啼哭，醒后大汗淋漓，平时易被激怒，对环境兴趣减弱，加上囟门闭合延迟，常是佝偻病的表现；如入睡前搔抓肛门，可能是患了蛲虫病；如睡觉前后不断做咀嚼动作或磨牙，则可能是睡前过于兴奋或有蛔虫感染等。

（七）呼吸

婴幼儿呼吸系统处于发育阶段，患病时易引起呼吸异常。若呼吸变粗、频率增加或时快时慢，且面部发红，则可能是发热；张口呼吸或常做深呼吸动作是鼻子不通气的表现；呼吸急促，每分钟超过 50 次，鼻翼扇动，口唇周围青紫，呼吸时肋间肌下陷或胸骨上窝凹陷，很可能是患了肺炎、呼吸窘迫综合征、先天性横膈膜疝气等疾病。

（八）囟门

前囟凹陷：前囟未闭时，可以由脱水导致囟门凹陷。

前囟隆起：前囟紧张、鼓出，主要见于脑膜炎、脑炎等颅内压力增高的疾病。维生素 A 中毒后也可见到这种现象。

二、如何辨别婴幼儿患病时的症状

婴幼儿患病时，会出现诸多症状。我们需要对这些症状进行辨别，有助于判断疾病的轻重缓急。

（一）哭喊

由于婴幼儿缺乏语言表达能力，他们常用哭喊表达自己的要求和不适。婴幼儿哭喊的常见原因如下。

1. 非疾病所致

新生儿时期，哭是一种本能反应，常不表示机体患病；相反，新生儿如果患病，则常有不哭、不吃奶的表现。婴儿哭多因饥饿、口渴、睡眠不足、过热、过冷、衣服过紧、蚊虫叮咬、尿布湿了等。非疾病所致的哭喊均无发热症状，哭声洪亮如常，精神、面色正常。当需要得到满足后，哭喊即刻停止。

2. 疾病所致

任何引起不适感和疼痛的疾病都可引发婴幼儿哭闹不安，以腹痛最为常见。疾病所致的哭喊大致如下。

①由各种肠道急性感染或肠痉挛引发阵发性腹痛。若伴脱水，则哭时少泪；若伴肠套叠，则引起阵发性嚎叫不安，伴以面色苍白、呕吐、红果酱样大便。

②神经系统疾病，以及颅内出血、颅内感染等所致婴幼儿哭闹，还可能伴有喷射性呕吐。新生儿则为音调高、哭声急的尖叫。

③按压外耳啼哭，或哭时摇头，应考虑是否患外耳道疖或中耳炎。

④排大便时哭，可能是肛裂；排小便时哭，可能是泌尿系统感染。

⑤卧位时安静，抱起时或触动肢体时哭，应考虑肢体痛，查看是否骨折、脱臼。

⑥蛲虫病所致哭闹多在夜间发生，伴肛周痒。

⑦喂奶或进食时哭，应考虑鼻塞、咽炎、口腔炎等。

⑧夜间哭闹、多汗，考虑是否患佝偻病。

⑨湿疹、荨麻疹、痱子等瘙痒难忍均可致婴幼儿烦躁哭闹。

（二）流涎

流涎常见于婴儿时期，有生理和病理等因素。

1. 生理性流涎

新生儿唾液腺发育不完善，分泌唾液量极少，口腔比较干燥。3～4月龄时唾液分泌开始增多，6～7月龄时显著增加。乳牙萌出对口腔内神经的刺激也使唾液分泌旺盛。但是婴儿口腔浅，且婴儿不会及时吞咽过多的唾液，故常发生流涎，称为生理性流涎。此时应注意颏部、下颌、颈部皮肤的保护，经常用温水清洗，涂以油脂，擦口水的纸或毛巾要柔软。

2. 疾病所致

婴幼儿患口腔炎可使唾液增多；患脑炎等神经系统疾病时，也会因吞咽障碍而引起流涎；某些智力低下的患儿，由于口腔不能充分闭合，常流涎于口外，称为假性流涎。

（三）呕吐

1. 吐奶

婴儿常因吃奶时吸入空气或吃奶过急而发生吐奶。通过调整奶瓶的角度、喂奶的速度、竖抱拍嗝可有效减少吐奶的发生。

2. 病理性所致呕吐

胃肠道疾病最易引起呕吐；消化道畸形所致呕吐会日益严重；脑部损伤可致喷射性呕吐；肥厚性幽门狭窄或幽门痉挛可致严重呕吐；各种感染，如呼吸道感染，均可引起呕吐的症状；中枢神经系统疾病、肠蛔虫病所致的并发症，也可引发呕吐。

（四）腹痛

发生腹痛时，较大幼儿可自诉，但诉说的部位和性质可能不准确。若婴幼儿出现烦躁不安、剧烈或阵发性哭闹、双下肢蜷曲、面色苍白、出冷汗等症状时，应考虑腹痛。任何原因引起的腹痛，都应及时到医院诊治，遵医嘱用药，避免自行用药而影响诊断，延误治疗时机。

1. 疼痛部位

疼痛出现在上腹部正中，一般是急性胃炎、急性胰腺炎等；出现在右上腹部，一般是胆道蛔虫病及肝、胆疾病等；出现在左上腹部，一般是脾脏创伤等；出现在脐周围，一般是肠蛔虫病、急性肠炎等；出现在右下腹部，一般是急性阑尾炎等；出现在左下腹部，一般是痢疾、粪块堵塞等；出现在腰部，一般是肾盂肾炎等。

2. 腹痛性质

突发的上腹阵发性剧痛以胆蛔虫病多见；腹痛放射到右肩，可能是胆道疾病所致；剧烈疼痛后完好如初，可能是肠道痉挛。

（五）便秘

便秘表现为大便干硬、量少，排便困难。由于婴幼儿个体体质与习惯不同，排便次数差异较大。有的婴幼儿2～3天排便一次，但大便不坚硬，排便无困难，则不属于便秘。婴幼儿便秘的常见原因如下：

1. 饮食不当

婴幼儿饮食中蛋白质含量过高，没有摄入适量的水分，大便呈碱性且干燥，易引起便秘；饮食中含钙过多也会引起便秘，如牛奶含钙较母乳多，故人工喂养的婴幼儿更易发生便秘。

2. 习惯性便秘

如果便意经常受到大脑皮层的抑制（幼儿常贪玩），使直肠对粪便的压力刺激失去正常的敏感性，导致粪便在直肠中停留时间过长，水分被吸收，变得干硬，会引起便秘。

3. 疾病所致便秘

患有肠道畸形疾病，如先天性巨结肠，易引起便秘；患有肛周炎症、肛裂等排便疼痛性疾病可致便秘。

（六）咳嗽

咳嗽是一种防御性反射。婴幼儿呼吸道血管丰富，气管、支气管黏膜娇嫩，易发生炎症，故咳嗽为婴幼儿常见症状。

1. 引起咳嗽的常见原因

呼吸道内的原因：急、慢性呼吸道感染，包括伴有呼吸道炎症的急性传染病，如麻疹、风疹、百日咳等；变态反应，如支气管哮喘；异物及其他刺激，如异物落入气管、支气管，牛奶、鱼肝油等吸入肺内，以及寒冷、干燥空气的刺激。

呼吸道外的原因：胸腔内炎症、邻近器官的压迫等。

2. 根据咳嗽的性质，可分辨一些疾病

①痉挛性阵咳，可考虑百日咳。

②在进食或口中含有小物件时发生呛咳，可考虑异物进入呼吸道。

③犬吠样咳嗽，伴有呼吸困难，可考虑急性喉炎。

④咳嗽伴有哮喘，可考虑支气管哮喘。

（七）多汗

1. 生理性多汗

生理性多汗见于天气炎热、穿盖过多、剧烈运动等。出汗为机体调节体温的机制。由于代谢旺盛，在夜间睡眠中，小儿也可见汗珠沁出。

2. 疾病所致的多汗

①佝偻病：患儿多汗，且与室温、季节无关。白天活动后、哺乳后、晚上入睡后均可因多汗而浸湿衣被，深睡后汗渐消。

②活动性结核病：患儿盗汗严重。

③低血糖：头晕、出汗、脉快等。

④使用解热药物后，可见全身出汗。

⑤汞中毒、铅中毒、有机磷中毒等，可致全身多汗。

第二节　婴幼儿常见传染病

问题情境

某早教中心某日发现了一名疑似水痘患儿，立即采取了以下措施：让患儿居家隔离，隔离时间为2周；对有密切接触史的幼儿进行医学观察；对疑似患儿使用过的玩具、餐具进行消毒。

请分析：该早教中心采取的措施是否恰当？还需采取哪些措施呢？

我们需要了解传染病的相关知识，才能对婴幼儿常见传染病采取科学的护理措施和预防措施，促进婴幼儿身体健康发展。

一、传染病概述

传染病是由各种病原体引起的，能在人与人、动物与动物或人与动物之间相互传播的一类疾病。婴幼儿对疾病的抵抗力较差，并且在集体生活中，婴幼儿互相密切接触，易发生传染病且易造成传染病流行。

（一）传染病的基本特征

1. 有病原体

传染病都是由特异性病原体引起的，如水痘的病原体是水痘病毒，麻疹的病原体是麻疹病毒（表5-2-1）。临床上检出病原体对明确诊断传染病有重要意义。

表5-2-1　常见传染病的病原体

传染病	病原体	传染病	病原体
水痘	水痘病毒	结核病	结核杆菌
麻疹	麻疹病毒	白喉	白喉杆菌
病毒性肝炎	肝炎病毒	百日咳	百日咳杆菌
风疹	风疹病毒	流行性脑脊髓膜炎	脑膜炎球菌
流行性感冒	流感病毒	细菌性痢疾	痢疾杆菌
流行性腮腺炎	腮腺炎病毒	伤寒	伤寒杆菌
脊髓灰质炎	脊髓灰质炎病毒	蛔虫病	似蚓蛔线虫
流行性乙型脑炎	乙脑病毒	蛲虫病	蠕形住肠线虫

传染病	病原体	传染病	病原体
狂犬病	狂犬病毒	钩虫病	钩虫
儿童艾滋病	人类免疫缺陷病毒	血吸虫病	血吸虫
先天性梅毒	梅毒螺旋体		

2. 有传染性

病原体由宿主体内排出，经一定途径传染给另一个宿主，这种特性称为传染性。具有传染性是传染病与其他感染性疾病的主要区别。传染病都具有一定传染性，但不同传染病的传染性强弱不等。即使同一种传染病，处于不同病期，其传染性也各不相同。传染病病人具有传染性的时期称为传染期，是决定病人隔离期的重要依据。

3. 有流行病学特征

传染病的流行过程在自然因素和社会因素的影响下，表现出各种特征。

流行性：在一定条件下，传染病能在人群中广泛传播蔓延的特性称为流行性，按其强度可分为散发、流行、大流行、暴发。

季节性：某些传染病的发生和流行受季节的影响，在每年一定季节出现发病率升高的现象称为季节性。

地方性：由于受地理气候等自然因素或人们生活习惯等社会因素的影响，某些传染病仅局限在一定地区内发生，这种传染病称地方性传染病，如血吸虫病多发生在长江以南有钉螺存在的地区。

4. 感染后免疫

人体感染病原体后，无论显性或隐性感染，均能产生针对该病原体及其产物（如毒素）的特异性抗体。感染后或注射疫苗后产生的免疫属于主动免疫，通过直接输注抗体获得的免疫属于被动免疫。

（二）传染病的临床分期

病程发展的阶段性：传染病从发生、发展至恢复多呈阶段性，以急性传染病最明显。一般分为四期。

潜伏期：从病原体侵入人体到出现临床症状为止的一段时间。了解潜伏期有助于传染病的诊断、确定检疫期限（表5-2-2）和协助流行病学调查。

表5-2-2   常见急性传染病的潜伏期、隔离期和检疫期限

病名	潜伏期			隔离期	接触者检疫期
	常见	最短	最长		
水痘	13～17天	11天	24天	隔离至脱痂为止，但不得少于发病后2周	医学观察21天
麻疹	10～14天	6天	21天	隔离至出疹后5天，并发肺炎者延长隔离至出疹后10天	易感者医学观察21天，接受过被动免疫者应检疫28天
流行性感冒	1～2天	数小时	4天	隔离至热退后2天或症状消失为止	大流行期间，集体机构人员应检疫3天，出现症状者，早期隔离
流脑	2～3天	1天	10天	隔离至症状消失后3天，但不少于病后7天	医学观察7天
猩红热	2～5天	1天	12天	症状消失后，咽拭子培养连续3次阴性后解除隔离，但自治疗起不少于7天	医学观察7～12天
百日咳	7～14天	2天	21天	隔离至发病后40天或痉咳后30天	医学观察21天
痢疾	1～2天	数小时	7天	隔离至病程结束停药5天，或2次粪便培养阴性	医学观察7天
甲型传染性肝炎	3～4周	2周	8周	隔离至发病后40天	密切接触者检疫45天，接触后1周内注射丙球蛋白有效
乙型脑炎	7～14天	4天	21天	隔离至体温正常为止	不检疫
流行性腮腺炎	16～18天	4天	21天	隔离至腮腺肿胀完全消失为止，至少发病后10天	集体机构儿童应检疫3周
伤寒、副伤寒	10～14天	3天	30天	隔离至体温正常后2周	医学观察25天

前驱期：从起病到该病出现明显症状为止的一段时间。起病急骤者可无此期表现。多数传染病在本期已有较强传染性。

症状明显期：在经过前驱期后，病情逐渐加重而达到顶峰，出现某种传染病所特有的症状、体征，如典型的热型、皮疹、肝脾大和脑膜刺激征等。本期传染性较强且易产生并发症。

恢复期：人体免疫力增加到一定程度，体内病理生理过程基本终止，病人的症状、体征逐渐消失，食欲和体力逐渐恢复，血清中抗体效价也逐渐上升到最高水平，称为恢复期。此期病人体内的病原体还未完全清除，病人的传染性还可持续一段时间。

复发与再燃：某些传染病病人进入恢复期后，已稳定退热一段时间，由于潜伏于体内的病原体再度繁殖至一定程度，使初发病的症状再度出现，称为复发。当病情进入恢复期时，体温尚未稳定恢复至正常，又再发热，称为再燃。

（三）传染病的流行过程

传染病的流行过程指传染病在人群中发生、发展和转归的过程。构成传染病流行的 3 个基本条件是传染源、传播途径和易感人群，这 3 个条件相互联系、同时存在，使传染病不断传播蔓延。

1. 传染源

传染源是指被病原体感染的人或动物，可分为以下三种。

传染病患者，指感染了病原体，并表现出一定的症状和体征的人。就大多数传染病来说，传染病患者是最主要的传染源。

病原携带者，指无症状而能排出病原体的人（或动物），可分为恢复期病原携带者、潜伏期病原携带者和健康病原携带者。

受病原体感染的动物。由受感染的动物所传播的疾病为人畜共患病，如乙脑。

2. 传播途径

传播途径指病原体离开传染源后，到达另一个易感染者所经过的途径。传播途径由外界环境中的各种因素所组成。

空气、飞沫、尘埃：主要见于以呼吸道为进入门户的传染病，如流脑、麻疹等。病人讲话、咳嗽、打喷嚏时，可从鼻咽部排出含有病原体的飞沫到周围空气中飘浮。坠落到地上的飞沫和痰液，外层干燥后形成蛋白膜而随尘埃飞扬于空气中，使易感者通过呼吸而感染。

水、食物：主要见于以消化道为进入门户的传染病。易感者因进食被病原体污染的水源、食物，或进食患病动物的肉、乳、蛋类等而感染。另外，某些传染病还可通过与疫水接触，使病原体经皮肤或黏膜侵入人体导致感染。

日常生活接触：传染源的分泌物或排泄物通过污染日常生活用具（如餐具、洗漱用具、玩具）等传播疾病。

媒介昆虫：媒介昆虫分为生物性传播和机械性传播。前者通过吸血节肢动物（如蚊子、跳蚤、白蛉、恙虫等）在患病动物与人之间叮咬、吸吮血液传播疾病，如有的蚊虫叮咬可传播乙脑；后者通过机械携带病原体，污染食物、水源使易感者感染，如苍蝇、蟑螂传播伤寒、痢疾等。

血液、血制品、体液：见于乙型、丙型病毒性肝炎和艾滋病等。

土壤：当病原体的芽胞（如破伤风、炭疽）或幼虫（如钩虫）、虫卵（如蛔虫）污染土壤时，土壤会成为这些传染病的传播途径。

医源性传播：医源性传播是指医务人员在检查、治疗和预防疾病时或在实验操作过程中，通过血液、注射器造成的疾病传播，如输入了带有乙型肝炎病毒的血液，与某种病原体携带者共用注射器等。

母婴传播：胎盘传播、分娩损伤传播、哺乳传播和产后接触传播。

3. 人群易感性

易感者在某一特定人群中的比例决定该人群的易感性。人群对某种传染病易感性的高低明显影响该传染病的发生与传播。易感人群越多，人群易感性越高，传染病越容易发生流行。婴幼儿因免疫水平低下，易受传染病的感染。普遍推行人工自动免疫，可把人群易感性降到最低，使流行不再发生。

（四）传染病的预防

1. 管理传染源

对病人的管理：对病人应尽量做到五早，即早发现、早诊断、早报告、早隔离、早治疗。一旦发现传染病病人或疑似病人，应立即隔离治疗。隔离期限由传染病的传染期或化验结果而定，应在临床症状消失后做2~3次病原学检查（每次间隔2~3天），结果均为阴性时方可解除隔离。

对接触者的管理：接触者是指曾经和传染源发生过接触的人，可能受到感染而处于疾病的潜伏期，有可能是传染源。对接触者及其携带物品实施医学观察、留验、隔离、卫生检查和必要的卫生处理的措施称为检疫。检疫期限由最后接触之日算起，至该病最长潜伏期。医学观察指对接触者的日常活动不加限制，但每天进行必要的诊查，以了解有无早期发病的征象，主要用于乙类传染病。留验又称隔离观察，是对接触者的日常活动加以限制，并在指定场所进行医学观察，确诊后立即隔离治疗，主要用于甲类传染病。对集体单位的留验又称集体检疫。

对病原携带者的管理：病原携带者是指无症状而能排出病原体的人。对病原携带者应做到早发现，做好登记，加强管理，指导并督促其养成良好的卫生和生活习惯，并随访观察。必要时，应调整其工作岗位或隔离治疗。

对动物传染源的管理：应根据动物的病种和经济价值，予以隔离、治疗或杀灭。

2. 切断传播途径

根据不同传染病的传播途径采取措施。对于消化道传染病，应着重加强饮食卫生、个人卫生及粪便管理，保护水源，消灭苍蝇、蟑螂、老鼠等。对于呼吸道传染病，应着重进行空气消毒，提倡外出时戴口罩，流行期间少到公共场所。不随地吐痰，咳嗽和打喷嚏时要用手帕捂住口鼻。对于虫媒传染病，应大力开展爱国卫生运动，采用药物等措施进行防虫、驱虫、杀虫。加强血源和血制品的管理、防止医源性传播是预防血源性传染病的有效手段。

3. 保护易感人群

增强非特异性免疫力：主要措施包括加强体育锻炼、调节饮食、养成良好的生活习惯、改善居住条件、协调人际关系、保持心情愉快等。

增强特异性免疫力：人体可通过隐性感染、显性感染或预防接种获得对该种传染病的特异性免疫力，其中预防接种起关键作用。

药物预防：对某些尚无特异性免疫方法或免疫效果不理想的传染病，在流行期间可给易感者口服预防药物，此对降低发病率和控制流行有一定作用。

二、计划免疫

计划免疫是根据免疫学原理、儿童免疫特点和传染病发生情况而制定的免疫程序，通过有计划地使用生物制品进行预防接种，使儿童获得可靠的免疫力，达到控制和消灭传染病的目的。

（一）免疫程序

2008 年，我国卫生部颁布了扩大免疫规划，要求 0～6 岁儿童必须完成乙肝疫苗、卡介苗、脊灰疫苗、百白破疫苗、麻风疫苗、麻腮风疫苗、甲肝减毒活疫苗、A 群流脑疫苗、A+C 群流脑疫苗的接种（表 5-2-3）。根据流行地区和季节，或根据家长的意愿，还可进行水痘疫苗、流感疫苗、肺炎疫苗和轮状病毒等有价疫苗的接种。

表 5-2-3　国家免疫计划疫苗免疫程序时间表

疫苗名称	年（月）龄													
	0月龄	1月龄	2月龄	3月龄	4月龄	5月龄	6月龄	8月龄	18月龄	18~24月龄	2周岁	3周岁	4周岁	6周岁
乙肝疫苗	√	√					√							
卡介苗	√													
脊灰疫苗			√	√	√								√	
百白破疫苗				√	√	√				√				
麻风疫苗								√						
麻腮风疫苗										√				
A 群流脑疫苗							√（间隔 > 3 月）√							
A+C 群流脑疫苗												√		√
乙脑减毒活疫苗								√			√			
甲肝减毒活疫苗									√					
白破疫苗														√

说明："√"代表 1 剂次。

家长应按照国家计划免疫的要求和程序为婴幼儿进行预防接种，并妥善保管预防接种证，防止漏种、重种、误种。

（二）预防接种的反应与处理

预防接种后家长应陪同儿童留观 30 分钟，并认真学习注意事项及处理措施。

1. 一般反应

局部反应：部分儿童接种后数小时至 24 小时左右局部出现红、肿、热、痛，有时伴有淋巴结肿大。反应程度因个体不同而有所差异，局部反应持续 2～3 天。局部反应轻者不必处理，重者可作局部热敷。

全身反应：主要表现为发热，一般于接种后 5～6 小时体温升高，持续 1～2 天，多为低中度发热，可伴有头痛、恶心、呕吐、腹痛、腹泻、全身不适等。全身反应轻者可适当休息，多饮水。重者可对症处理并密切观察病情，必要时送医院观察治疗。

2. 异常反应

预防接种异常反应，是指合格的疫苗在实施规范接种过程中或者实施规范接种后造成受种者机体组织器官、功能损害，相关各方均无过错的药品不良反应。常见以下几种：

过敏性休克：多发生于注射后数分钟或 0.5～2 小时，表现为烦躁不安、面色苍白、口周青紫、四肢湿冷、呼吸困难、脉搏细速、恶心呕吐、惊厥、大小便失禁甚至昏迷，严重者可危及生命。此时应使患儿平卧，头稍低，注意保暖，给予氧气吸入，并立即给予肾上腺素治疗。

晕针：儿童常由于空腹、疲劳、室内闷热、紧张等原因，在接种时或几分钟内突然出现头晕、心慌、面色苍白、出冷汗、手足发麻等症状。此时，应立即使患儿平卧，头稍低，保持安静，饮少量热开水或糖水，必要时可刺人中穴，短时间内可恢复正常。数分钟不恢复者，应给予肾上腺素治疗。

过敏性皮疹：荨麻疹最为常见，一般于接种后几小时至几天内出现。

全身感染：有严重原发性免疫缺陷病或继发性免疫功能遭受破坏者，接种活菌（疫）苗后，可扩散为全身感染，如接种卡介苗后引起全身播散性结核。

三、婴幼儿常见传染病的预防及护理

虽然计划免疫已经大大地降低了部分传染病的发病率，但婴幼儿的免疫能力尚低，部分传染病的发病率依然不容小觑（表 5-2-4）。我们需掌握婴幼儿常见传染病的相关知识并能采取合理的防护措施。

表 5-2-4　我国某市 2008—2012 年 1～3 岁幼儿传染病发病情况[①]

单位：例

年龄	手足口病	其他感染性腹泻	水痘	流行性腮腺炎	细菌性痢疾	甲型H1N1流感	麻疹	猩红热	急性出血性结膜炎	风疹	流行性感冒	伤寒	肝炎	胎传梅毒	副伤寒	艾滋病	其他疾病	总计
1 岁	1300	490	18	11	25	4	6	0	0	2	2	2	1	0	0	0	23	1884
2 岁	1113	99	18	17	17	7	6	0	3	3	3	0	0	0	1	1	7	1295
3 岁	1102	48	29	36	8	14	1	10	4	0	0	3	0	1	0	0	13	1269
总计	3515	637	65	64	50	25	13	10	7	5	5	5	1	1	1	1	43	4448

① 蔡一飙、吴一峰、赵凤敏：《宁波市江北区 2008—2012 年婴幼儿报告传染病疾病谱分析》，载《现代实用医学》，2014，26（11）。

（一）手足口病

1. 概述

手足口病是由多种肠道病毒引起的传染病，以 3 岁以下年龄组发病率最高。主要临床表现为手、足、口腔等部位出斑丘疹、疱疹，通过消化道、呼吸道、分泌物和密切接触等途径传播。四季均可发病，以夏秋季多见。流行期间，托育机构易发生集体感染。

2. 临床表现

多以发热起病，起病急。随后，口腔黏膜出现分散状疱疹，米粒大小，疼痛明显；手掌或脚掌部出现米粒大小疱疹，疱疹周围有炎性红晕。

轻症患者早期有咳嗽、流涕和流口水等类似上呼吸道感染的症状，也可有恶心、呕吐等反应。发热 1～2 天后开始出现皮疹，通常在手、足、臀部出现，或出现口腔黏膜疱疹。个别患儿不发热，只表现为手、足、臀部皮疹，病情较轻。以口腔黏膜疹为主要表现时称为疱疹性咽峡炎，常伴高热。大多数患儿在一周以内体温下降，皮疹消退，病情恢复。

重症患者病情进展迅速，在发病 1～5 天出现脑膜炎、脑炎、脑脊髓炎、肺水肿、循环障碍等并发症。

3. 护理措施

轻症不需要住院治疗，注意隔离，避免交叉感染。患儿的餐具、便具等应专用，用后消毒。注意观察病情，如症状加重应及时就医。

生活护理：有发热症状时，需卧床休息到退热、症状减轻，中、低度发热时不必用药物降温，如有高热可用药物降温。保持室内空气新鲜，温湿度适宜，衣被清洁、不宜过厚，汗湿的衣被及时更换，以免增加患儿不适感。多饮水，给予营养丰富、易消化、流质或半流质食物，注意保持口腔清洁。

皮肤护理：勤换内衣，保持皮肤清洁、干燥。手足口病皮疹不痛不痒，不引起不适，不需要特殊处理。

4. 预防措施

做好晨间检查，发现疑似患儿，及时消毒隔离。流行期间，少去人多的公共场所。

（二）水痘

1. 概述

水痘是由水痘-带状疱疹病毒引起的一种传染性极强的出疹性疾病。临床特征是皮肤黏膜相继出现和同时存在斑疹、丘疹、疱疹和结痂等各类皮疹，全身症状轻微。从出疹前1～2天至疱疹结痂为止，均有很强的传染性，主要通过空气、飞沫经呼吸道传播，也可通过直接接触患者疱疹浆液面感染。学龄前及学龄儿童最为易感，多发生于冬春季节。

2. 临床表现

发病1～2天有低热，随后出现皮疹。皮疹先见于头面部，逐渐扩散到躯干、四肢等部位。皮疹躯干多、四肢少，呈向心性分布。最初的皮疹为红色斑疹或丘疹，迅速发展为清亮、椭圆形的水疱，周围伴有红晕。疱液先透明而后浑浊，且出现脐凹现象。水疱易破溃，2～3天迅速结痂。皮疹陆续分批出现，伴明显痒感。在疾病高峰期可见斑疹、丘疹、疱疹和结痂同时存在，这是水痘皮疹的重要特征。黏膜皮疹还可出现在口腔、睑结膜、生殖器等处。

水痘有轻型水痘、重型水痘和先天性水痘三种临床类型。轻型水痘多为自限性疾病，10天左右痊愈，全身症状和皮疹较轻。皮疹结痂后一般不留瘢痕。

3. 护理措施

生活护理及皮肤护理参考手足口病的相关护理措施。

4. 预防措施

做好消毒隔离，隔离患儿至皮疹全部结痂为止。易感儿接触患儿后应隔离观察3周。水痘疫苗能有效预防易感儿感染水痘，其保护率高，并可持续10年以上。

（三）麻疹

1. 概述

麻疹是由麻疹病毒引起的急性出疹性呼吸道传染病，临床上以发热、结膜炎、上呼吸道炎、麻疹黏膜斑（又称柯氏斑）、全身斑丘疹及疹退后遗留皮肤色素沉着伴糠麸样脱屑为主要表现。出疹前后的5天均有传染性，有并发症的患者传染性可延长至出诊后10天。主要通过呼吸道传播，密切接触也可。好发于冬春季节，6个月至5岁为发病高峰。

2. 临床表现

前驱期可有低热、全身不适。出疹前期出现呼吸道卡他症状：咳嗽、打喷嚏、咽部充血等。结膜充血、眼睑水肿、畏光、流泪等症状是本病的特点。麻疹早期体征是麻疹黏膜斑。出疹时开始为淡红色的斑丘疹，压之褪色，散在分布。以后融合成一片，颜色呈暗红色，皮疹痒，疹间皮肤正常。出疹顺序：始于耳后、颈部，沿着发际线渐波及前额、面、颈、躯干、四肢，最后达手心、足底。

皮疹按出疹顺序消退，在无并发症发生的情况下，食欲、精神等其他症状也随之好转。疹退后，皮肤留有糠麸状脱屑及棕色色素沉着，7～10天痊愈。

3. 护理措施

生活护理及皮肤护理参考手足口病的相关护理措施。

五官护理：常用生理盐水或清水洗漱口腔；眼部因炎性分泌物多而形成眼痂，应避免强光刺激，并用生理盐水或清水洗净，再滴入抗生素眼药水或眼膏，一日数次。防止眼泪及呕吐物流入耳道而引起中耳炎。鼻腔分泌物多时易形成鼻痂，可用生理盐水或清水将棉签湿润后，轻轻拭除以保持鼻腔通畅。

4. 预防措施

做好消毒隔离，一般隔离至出疹后5天，有并发症者延长至出疹后10天。接触易感者隔离检疫3周。8个月以上未患过麻疹者均应接种麻疹疫苗，7岁时复种。体弱易感儿接触麻疹患者后，应及早注射免疫血清球蛋白，以预防发病或减轻症状。

（四）细菌性痢疾

1. 概述

细菌性痢疾简称菌痢，是由痢疾杆菌引起的肠道传染病。有全身中毒症状、腹痛、腹泻、里急后重、排脓血便等临床表现。由传染源排出的粪便污染手、食物、水源、玩具等或经苍蝇污染食品，经口感染患病。

2. 临床表现

普遍型（典型）：起病急，高热。大便每天10次以上，以黏液、脓血为主，便后有里急后重感，伴全身乏力、食欲减退、恶心、呕吐、阵发性腹痛。

轻型（非典型）：不发热或低热。大便每天3～4次，便内脓血量不多或仅为黏液，无明显全身症状。2～3天内病情好转。

重型：每天大便数十次，内有脓血，有里急后重感，全腹剧痛，伴呕吐、脱水、酸中毒，全身症状不重。

中毒型：多见于2～7岁儿童。发病急骤，高热、惊厥、昏迷、休克、呼吸衰竭等全身中毒症状明显，肠道症状常于24～36小时才出现。此型病情较重。

慢性痢疾：病程超过2个月，常见于营养不良、佝偻病、贫血的婴幼儿，或急性痢疾不典型未经正规治疗、久而不愈所致，体温正常或低热，大便性质不定，有黏液或黏液、脓血交替出现。

3. 护理措施

忌食多渣、油腻或有刺激性的食物，每次排便后用温水洗净臀部。为防止臀红，肛门及臀部皮肤可涂护臀膏。不能让患儿久坐便盆，以防止脱肛。（其他生活护理可参考手足口病的相关护理措施。）

4. 预防措施

及时发现患者和带菌者，并进行有效隔离和彻底治疗。加强环境、饮食卫生。管理好粪便、水源。对患者排泄物以及所使用的物品进行消毒，如指导家长对患儿餐具煮沸消毒 15 分钟。粪便要用 1% 含氯石灰澄清液浸泡消毒后才能倾入下水道或粪池。患儿尿布和衬裤要煮过或用沸水浸泡后再洗。

（五）流行性腮腺炎

1. 概述

流行性腮腺炎是由流行性腮腺炎病毒引起的急性自限性呼吸道传染病，临床上主要以腮腺肿胀及疼痛为特征。腮腺炎患者和健康带病毒者（隐性感染者）均为传染源。传播期是从腮腺肿大前 1～7 天到消肿后 3 天，主要以飞沫形式经呼吸道传播，或通过直接接触经唾液污染的餐具和玩具传播。

2. 临床表现

潜伏期一般为 14～25 天，平均 18 天。起病急，大多无前驱症状。有发热、畏寒、头痛、肌痛、食欲减退等症状。发病 1～2 天后腮腺肿大，常先见一侧，2～3 天波及对侧。肿大的腮腺以耳垂为中心，向前、后、下发展，边缘不清，表面发热但多不红，触之有弹性并有轻微触痛，开口咀嚼时胀痛加剧，常波及邻近的下颌下腺和舌下腺，可有并发症发生。腮腺肿大可持续 5 天左右，以后逐渐消退。

3. 护理措施

忌酸、硬、辣等刺激性食物，进食后需漱口。腮腺肿胀处可局部冷敷，也可用中药湿敷。（其他生活护理可参考手足口病的相关护理措施。）

4. 预防措施

做好消毒隔离，隔离至腮腺肿大消退后 3 天，易感儿接触患儿后应隔离观察 3 周。对患儿口、鼻分泌物及污染物应进行消毒，尤其是对餐具、玩具等物品进行消毒。可接种腮腺炎减毒活疫苗。

（六）流行性感冒

1. 概述

流行性感冒简称流感，是流感病毒引起的急性呼吸道感染，主要通过飞沫传播，也可经飞沫污染手、用具、玩具等传播。

2. 临床表现

突然起病，有畏寒、高热、头痛、全身肌肉酸痛、乏力等全身中毒症状，并伴有轻度鼻塞、流涕、打喷嚏、咳嗽、咽痛等上呼吸道感染症状。流行性感冒与普通感冒的比较见表5-2-5。

表5-2-5　流行性感冒与普通感冒的比较

区别	流行性感冒	普通感冒
致病源	流感病毒	病毒为主（鼻病毒、冠状病毒等），少数由细菌或支原体引起
发病季节	北方：11月至次年3月；南方：夏季和冬季	季节性不明显
发热持续时间	3~5天	1~2天
临床表现	全身症状：头痛、全身肌肉酸痛、乏力、咳嗽	局部症状：打喷嚏、鼻塞、咽痛
传染性	强，易引发大流行	弱，多为散发
并发症	肺炎、心肌炎、中耳炎、脑膜炎等	少见
病程	1~2周	5~7天

3. 护理措施

轻型流感、无并发症的患儿的生活护理参考手足口病的相关护理措施。如高热不退、呼吸困难、严重呕吐等应及时送医院就诊。

4. 预防措施

做好消毒隔离，隔离至治疗1周或热退后2天。加强观察与患儿密切接触者。流行期间避免去人多的公共场所。接种疫苗是预防的基本措施，应在秋季进行。

（七）急性出血性结膜炎

1. 概述

急性出血性结膜炎是肠道病毒70型引起的一种急性结膜炎，发病急，传染性强，刺激症状重，结膜高度充血、水肿，合并结膜下出血、角膜损害及耳前淋巴结肿大。主要通过水或直接接触传播，多发生于夏秋季节，人群普遍易感。

2. 临床表现

有剧烈的疼痛、畏光、流泪等重度刺激症状和水样分泌物。眼睑红肿，结膜高度充血、水肿，球结膜下点、片状或广泛出血。角膜弥漫点状上皮脱落，荧光素着色。耳前或颌下淋巴结肿大。

本病为自限性，大多无全身症状，少数有发热、咽痛等上感症状，一般无后遗症。

3. 护理措施

注意眼部卫生。生活护理参考手足口病的相关护理措施。

4. 预防措施

至少隔离 7~10 天。严格消毒，宣传爱眼卫生，养成勤洗手、不揉眼、分巾、分盆的卫生习惯。

（八）病毒性肝炎

1. 概述

病毒性肝炎是由多种肝炎病毒引起的以肝脏病变为主的一组传染性疾病。肝炎病毒分为甲型、乙型、丙型等诸多类型。甲型肝炎病毒存在于病人的粪便中，粪便污染了食物、水，经口造成传染。乙型肝炎病毒存在于病人的血液中，唾液、乳汁等体液也带有病毒。乙肝主要通过母婴、血液及体液三种方式传播。

2. 临床表现

感染了甲型肝炎病毒后，约经过 1 个月的潜伏期发病，有黄疸型肝炎和无黄疸型肝炎两种类型。感染了乙型肝炎病毒，经过 2~6 个月的潜伏期发病，多为无黄疸型肝炎，黄疸型较少。

黄疸型肝炎：发病初期与感冒类似，相继出现食欲减退、恶心、呕吐、腹泻等症状，尤其不喜欢吃油腻的食物。同时，精神差、乏力、烦躁。发病一周左右，巩膜、皮肤出现黄疸，尿色加深，肝功能异常。出现黄疸后 2~6 周，黄疸消退，食欲、精神好转，肝功能逐渐恢复正常。

无黄疸型肝炎：比黄疸型肝炎病情轻微，一般可有发热、乏力、呕吐、头晕等症状。整个病程中不出现黄疸。

3. 护理措施

患儿应到传染病医院进行治疗，病情好转后可适量活动，但以不感觉疲劳为宜。饮食中要减少脂肪摄入，适当增加蛋白质和糖的量。患儿的餐具、水杯、牙刷等要专用，并每日消毒。

4. 预防措施

托育机构工作人员及婴幼儿应定期体检，早发现、早隔离。甲、戊型肝炎重点防止粪口传播。乙、丙、丁型肝炎重点在于防止通过血液、体液传播。接种甲肝疫苗、乙肝疫苗。

（九）风疹

1. 概述

风疹是由风疹病毒引起的急性出疹性传染病，多见于5月龄至5岁的婴幼儿。病原体由口、鼻及眼部的分泌物直接传给他人，或通过飞沫传播。

2. 临床表现

患儿病初有低热、咳嗽、打喷嚏、流涕等症状，同时表现为厌食、倦怠或出现结膜炎症状。但是，这些症状大多不明显，易被忽略。发热当日或次日开始出疹，疹子为玫瑰红色或出血性红点，先见于面部，然后迅速遍及颈部、躯干和四肢，极少融合成片。部分患儿可不出现皮疹，还有部分患儿表现为耳后、枕部和两侧颈部淋巴结肿大。皮疹一般2～3天消退，4～5天消失，且不留痕迹。

3. 护理措施

生活护理及皮肤护理参考手足口病的相关护理措施。

4. 预防措施

做好消毒隔离，隔离至出疹后5天。按时接种风疹疫苗。

（十）幼儿急疹

1. 概述

幼儿急疹又称婴儿玫瑰疹，是婴幼儿中常见的一种急性出疹性疾病，常由感染人疱疹病毒6型引起，7型也是常见的病原体之一。

2. 临床表现

起病急，体温突然升高，一般为39℃～41℃，高热初期可伴有惊厥。高热持续3～5天后骤然下降，出现玫瑰红色斑疹或斑丘疹，多呈分散性，最初见于颈部及躯干，很快波及全身，以腰部、臀部较多。1～3天后全部消失，不留色斑，也无脱屑。

3. 护理措施

生活护理及皮肤护理参考手足口病的相关护理措施。

4. 预防措施

患儿应居家隔离，避免与其他幼儿接触。目前没有预防幼儿急疹的疫苗。做好日常的卫生防护，对于疾病的预防具有一定意义。

（十一）猩红热

1. 概述

猩红热是一种由乙型溶血性链球菌所致的急性呼吸道传染病，其临床以发热、咽峡炎、全身弥漫性红色皮疹及疹退后皮肤脱屑为特征。通过飞沫传播，多见于3～7岁儿童，冬春季为发病高峰。

2. 临床表现

起病急骤，以畏寒、高热伴头痛、恶心、呕吐、咽痛为主，起病时烦躁或惊厥。发病1～2天后出现皮疹，皮疹从耳后、颈及上胸部，迅速波及躯干及上肢，最后到下肢。皮疹特点为全身皮肤弥漫性发红，其上有点状红色皮疹，高出皮面，扪之粗糙，压之褪色，有痒感，疹间无正常皮肤可见。出疹期形成杨梅样舌。皮疹于3～5天后颜色转暗，逐渐隐退，并按出疹先后顺序脱皮。皮疹越多，脱屑越明显。

3. 护理措施

生活护理可参考手足口病的相关护理措施。

减轻疼痛：保持口腔清洁，鼓励患儿多饮水或用温盐水漱口；咽部疼痛明显时，忌酸、辣、干、硬食物。可指导患儿通过分散注意力的方式缓解疼痛，如听音乐等。

皮肤护理：保持皮肤清洁，勤换衣服。勤剪指甲，避免患儿抓伤皮肤引起继发感染。沐浴时避免水温过高，避免使用刺激性强的肥皂或沐浴液。在恢复期脱皮时，应待皮屑自然脱落，不宜人为剥离，以免损伤皮肤。

4. 预防措施

明确诊断后及时消毒隔离，隔离期限至少为1周。咽拭子培养三次阴性后解除隔离。对密切接触者应严密观察，检疫7～12天，有条件可做咽拭子培养。患儿需持医院开具的痊愈证明方可返园。儿童常见发热出疹性疾病的鉴别要点见表5-2-6。

表5-2-6　儿童常见发热出疹性疾病的鉴别要点

病名	病原体	全身症状及其他特征	皮疹特点	发热与皮疹关系
麻疹	麻疹病毒	呼吸道卡他性炎症，结膜炎，发热第2～3天可见口腔麻疹黏膜斑	红色斑丘疹，自头面部—颈部—躯干—四肢，退疹后有色素沉着及细小脱屑	发热3～4天，出疹期热更高，热退疹渐退
风疹	风疹病毒	全身症状轻，耳后、枕部淋巴结肿大并触痛	斑丘疹，自面部—躯干—四肢，退疹后无色素沉着及脱屑	发热半天至1天后出疹

病名	病原体	全身症状及其他特征	皮疹特点	发热与皮疹关系
幼儿急疹	人疱疹病毒6型	一般情况好，高热时可有惊厥，耳后、枕部淋巴结也可肿大	红色细小密集斑丘疹，颈部及躯干多见，一天出齐，次日开始清退	高热3～5天，热退疹出
猩红热	乙型溶血性链球菌	高热，中毒症状重，咽峡炎，杨梅舌，扁桃体炎，环口苍白圈	皮肤弥漫性充血，上有密集针尖大小丘疹，持续2～3天退疹，退疹后全身大片脱屑	发热1～2天出疹，出疹时高热

（十二）流行性乙型脑炎

1. 概述

流行性乙型脑炎简称乙脑，是由乙型脑炎病毒引起的一种急性传染病，病情重而且预后较差。临床特征为高热、惊厥、意识障碍、呼吸衰竭。猪是乙脑主要传染源及中间宿主，蚊虫是乙脑主要传播媒介。本病好发年龄为2～6岁，主要在夏秋季流行。

2. 临床表现

潜伏期为4～21天，前驱期起病急，体温急剧上升至39℃～40℃，伴头痛、恶心和呕吐，部分患者有嗜睡或精神倦怠并有颈项轻度强直，病程1～3天。极期主要表现为脑实质受损症状，高热、意识障碍、惊厥、呼吸衰竭、颅内高压症及其他神经系统表现。一般于2周左右完全恢复。部分可有后遗症。

3. 护理措施

生活护理可参考手足口病的相关护理措施。

及时发现惊厥先兆表现，如烦躁不安、口角或指（趾）抽动、两眼凝视、肌张力增高等，并立即进行处理：取仰卧位，将头偏向一侧，松开衣领，清除口鼻分泌物；用牙垫或开口器置于患儿上下白齿之间，防止咬伤舌头，或拉出舌头，以防止舌后坠阻塞呼吸道。注意牙关紧闭时，不可强行撬开，以免造成其他损伤。

4. 预防措施

应按时接种相应疫苗。

（十三）流行性脑脊髓膜炎

1. 概述

流行性脑脊髓膜炎简称流脑，是由脑膜炎双球菌引起的化脓性脑膜炎，为呼吸道传染病。6月龄至2岁发病率最高。

2. 临床表现

前驱期表现为发热、咳嗽、流涕等感冒症状。菌血症期表现为高热、恶心、呕吐，皮肤出现瘀点、瘀斑，主要分布于肩、肘、臀等易于受压的部位。重症患儿会出现剧烈头痛、频繁喷射状呕吐、颈项强直、嗜睡或者烦躁、惊厥等神经系统症状。

3. 护理措施

如出现头部剧烈疼痛、喷射状呕吐或精神异常，请尽快就医。生活护理可参考手足口病的相关护理措施。

4. 预防措施

隔离至症状消失后 3 天，但不能少于病后 7 天。与患儿接触者应进行检疫。应按时接种流脑疫苗。

（十四）蛔虫病

1. 概述

蛔虫是人体内最常见的寄生虫之一。生吃未洗净且附有感染性虫卵的食物或用感染的手取食是感染的主要途径。虫卵也可随飞扬的尘土被吸入咽下。农村感染率高于城市。

2. 临床表现

蛔虫卵移行至肺，可出现干咳、胸闷、血丝痰或哮喘样症状。严重感染时，幼虫可侵入脑、肝、脾、肾、甲状腺和眼，引起相应表现。

成虫引起的症状：轻者无任何症状。大量蛔虫感染可引起食欲缺乏或多食易饥、异食癖等。常有腹痛，位于脐周，不剧烈，喜按揉。部分患儿烦躁、易惊或萎靡、磨牙等。严重者可造成营养不良，影响生长发育。可引起其他严重并发症。

3. 护理措施

减轻疼痛：没有急腹症表现时，根据患儿需要，可通过局部按揉或俯卧位用软枕垫压腹部以缓解疼痛。

改善营养状况：给予营养丰富且易消化的食物，根据患儿喜好制作食物，经常变换食物种类，以增进食欲。

遵医嘱使用驱虫药，观察大便有无虫体排出。定期随访。

4. 预防措施

对蛔虫病的防治，应采取综合性措施，包括：查治患者和带虫者、处理粪便、管好水源和预防感染几个方面。注意饮食卫生及环境卫生，培养婴幼儿良好的个人卫生习惯，如不随地大小便，饭前便后洗手，不吸吮手指，不生食未洗净的瓜果、蔬菜，不饮生水等。

（十五）蛲虫病

1. 概述

蛲虫病表现为肛门周围、会阴部皮肤瘙痒及睡眠不安。传播途径：当肛门周围发痒，患儿用手挠痒时，感染期虫卵污染手指，再经口食入而使自身感染。虫卵在室内一般可存活3周，也可散落在衣裤、被褥、玩具、食物上，经口或经空气吸入等方式使其他人感染。

2. 临床表现

约1/3的患者无明显症状，部分患者有局部和全身症状，最常见的症状是肛周、会阴部皮肤剧烈瘙痒，以夜间为甚，伴睡眠不安，局部皮肤可发生皮炎和继发感染。蛲虫钻入肠黏膜，可引起食欲减退、恶心、呕吐、腹痛、腹泻等症状，还可导致婴幼儿精神兴奋、失眠不安、夜惊咬指、异食癖等。

3. 护理措施

减轻或消除肛周及会阴部皮肤瘙痒：每次排便后及每晚睡前，均用温水清洁肛周及会阴部。遵医嘱涂抹蛲虫软膏或用栓塞塞肛。

患儿须穿闭裆裤，防止手指接触肛门。每天早晨用肥皂、温水清洗肛门周围皮肤；换下的内衣裤应予蒸煮或用开水浸泡后再经日晒杀虫，连续10天。蛲虫寿命较短，如能防止重复感染，则有自愈可能。

4. 预防措施

预防的原则是治疗与预防同时进行，个人防治与集体防治同时进行。教育婴幼儿养成良好的卫生习惯，饭前洗手，勤剪指甲，不吸吮手指等，提倡婴幼儿穿闭裆裤，勤换内裤、被褥。托育机构要严格分铺，使床位间保持一定的距离。

四、托育机构中传染病的预防

（一）及时发现和管理传染源

托育机构要大力宣传预防传染病的知识，建立健全各项健康检查制度，及早发现传染病患者或病原体携带者。托育机构的工作人员应每年进行1次以上的健康检查，未通过健康检查的工作人员不得参加工作。婴幼儿在入托、入园前，也应做全面的体格检查，入园后也要定期体检。健全晨检制度，可以通过以下方法检查：一摸（摸前额，粗知体温）；二问（询问婴幼儿在园外的生活情况）；三看（看皮肤、五官和精神状况是否异常）。如果发现婴幼儿有异常或可疑情况，必须进一步观察，并及时诊断。

做好全日健康观察。注意观察婴幼儿的食欲、大小便、体温、睡眠状态和精神状态，随时注意婴幼儿有无异常情况出现。托育机构应设立隔离室，尽早隔离患儿，并及时送医院诊治。对曾接触传染病患儿的婴幼儿，实行检疫，进行观察。在检疫期间，受检疫婴幼儿应与健康婴幼儿隔离，但每日活动照常进行。根据受检疫传染病的种类和特征，密切观察婴幼儿有无异常情况出现。

（二）做好卫生管理

托育机构应加强卫生知识宣传。消灭蚊子、苍蝇、蟑螂、老鼠。室内经常打扫，减少尘埃，使病原体失去适宜的生存繁殖环境。工作人员应严格执行卫生制度，养成良好的个人卫生习惯。注意培养婴幼儿良好的个人卫生习惯，防止病从口入。做好经常性的消毒工作，消除或杀灭外界环境中的病原体。传染病发生后，对患儿所在的环境及用物应彻底消毒。

第三节　婴幼儿常见疾病

问题情境

丫丫是个聪明、漂亮、乖巧的小女孩，深受父母和小朋友的喜爱。美中不足的是，丫丫是个严重的弱视患者。为了解决丫丫的弱视问题，妈妈可没少操心受累。这两天丫丫的眼睛有了一点好转，丫丫妈妈真是乐开了花！

你在生活中有没有遇到过弱视的孩子？这些孩子该如何被早期发现、早期治疗呢？

一、营养性疾病

（一）营养性缺铁性贫血

营养性缺铁性贫血是由于体内铁缺乏导致血红蛋白合成减少而引起的贫血，是儿童贫血最常见的类型，婴幼儿发病率最高，以6月龄至2岁最多见，是我国重点防治的儿童疾病之一。

1. 病因

本病的根本原因是体内铁缺乏，包括先天储铁不足、铁摄入量不足、生长发育因素、铁吸收障碍、铁丢失过多等。

2. 临床表现

皮肤、黏膜、甲床等部位苍白。呼吸、脉搏加快，活动后较为明显。食欲不振，恶心，腹胀等，少数严重贫血者可有异食癖。精神不振，注意力不集中，对周围环境不感兴趣，理解能力差，反应慢。

3. 预防措施

①注意营养，孕妇在妊娠后期，应多食含铁丰富的食物。

②提倡母乳喂养，因母乳中铁的吸收利用率较高。

③做好喂养指导，无论是母乳喂养还是人工喂养，均应及时添加含铁丰富且铁吸收率高的辅食，如瘦肉、肝脏等；还可添加铁强化食品，如高铁米糊。若以鲜牛乳喂养，必须加热处理以减少牛奶过敏所致肠道失血。

④对早产儿、多胎儿，尤其是低体重的早产儿宜及早遵医嘱给予铁剂。

⑤及时治疗肠道疾病。

（二）维生素 D 缺乏性佝偻病

维生素 D 缺乏性佝偻病是由于婴幼儿体内维生素 D 不足使钙、磷代谢失常，产生的一种以骨骼病变为特征的全身慢性营养性疾病，是我国重点防治的儿童疾病之一。多见于 2 岁以下的婴幼儿。

1. 病因

围生期维生素 D 不足。

日照不足为主要病因。

维生素 D 需求量增加。

食物中补充维生素 D 不足。

疾病及药物影响。

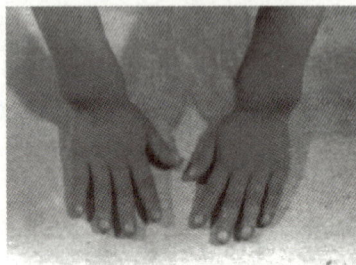

图 5-3-1 "手镯"

2. 临床表现

早期主要表现为易激怒、烦躁、多汗、睡眠不安、夜间啼哭，常伴有枕秃。若未经适当治疗，可出现特征性骨骼改变：6 个月以内的婴儿可见颅骨软化，7~8 个月患儿可有方颅、出牙延迟。1 岁左右的婴幼儿可出现佝偻病串珠、肋膈沟或郝氏沟、鸡胸、漏斗胸。四肢骨骼改变，可出现"手镯"（图 5-3-1）、"足镯"、膝内翻（O 型腿，图 5-3-2）或膝外翻（X 型腿）。长久坐者有脊柱后

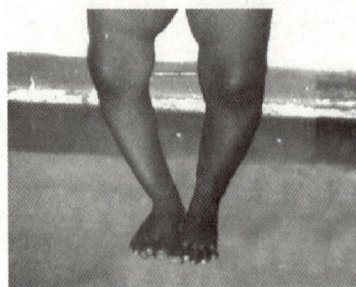

图 5-3-2 O 型腿

凸或侧弯畸形。还可出现运动功能发育迟缓，神经、精神发育迟缓及其他表现。

3. 预防措施

围生期：妊娠后期适量补充维生素 D（800 U/d），利于胎儿维生素 D 的贮存。鼓励孕妇到户外活动，食用富含钙、磷、维生素 D 和蛋白质的食物。

婴幼儿期：预防的关键在于日光浴与适量的维生素 D 的补充。坚持户外活动，冬季日照时间短，也要注意保证每日 1～2 小时的户外活动时间。6 个月以内的婴儿应选择有树荫、凉棚等遮阳条件的环境进行户外运动，避免日光直射晒伤皮肤。新生儿出生后第 2 周开始补充维生素 D（400～800 U/d）；早产儿、低出生体重儿、双胎儿生后即应补充维生素 D（800～1000 U/d），3 个月后改为 400～800 U/d。均补充至 2 岁。不同地区、不同季节可适当调整剂量。同时提倡母乳喂养，母乳中钙、磷比例适宜，是较为理想的钙的来源。

（三）单纯性肥胖

肥胖包括单纯性肥胖和继发性肥胖。95%～97% 的肥胖患儿为单纯性肥胖。肥胖不仅影响儿童的健康，且与成年期代谢综合征的发生密切相关。超重和肥胖发病率持续上升，对本病的预防应引起家庭和社会的重视。

1. 病因

能量摄入过多是肥胖的主要原因。

活动过少和缺乏适当体育锻炼是肥胖的重要原因。

遗传因素。

其他：进食过快、精神创伤（如父母离异或亲属病故等）以及心理异常等因素也可致儿童过量饮食。

2. 临床表现

肥胖分度：体重超过同性别、同身高儿童正常标准的 10%～19% 者为超重，超过 20% 者即可诊断为肥胖症；超过 20%～29% 者为轻度肥胖；超过 30%～49% 者为中度肥胖；超过 50% 者为重度肥胖。体重指数是评价肥胖的另一种指标，体重指数大于同年龄、同性别儿童的第 95 百分位数可诊断为肥胖；大于第 85～95 百分位数为超重，并具有肥胖风险。

症状：患儿食欲旺盛且喜食甜食和高脂肪食物。皮下脂肪丰满，分布均匀，腹部膨隆下垂。严重肥胖者可因皮下脂肪过多，使胸腹、臀部及大腿皮肤出现皮纹，因走路时双下肢负荷过度而出现扁平足以及膝外翻。明显肥胖的患儿常有疲劳感，用力时出现气短或腿痛。严重肥胖者可因脂肪过度堆积而限制胸廓和膈肌运动，使肺通气不足。

3. 预防措施

单纯性肥胖的预防措施主要是调整饮食和进行适当的运动。调整饮食的原则是既要防止热量过高又要做到营养均衡，特别要避免婴幼儿过多进食碳水化合物，尤其是糖果、饼干、甜饮料、油炸食品等。

对有肥胖倾向的婴幼儿，要控制食量，多食蔬菜、水果，鼓励婴幼儿经常参加体力活动，进行体格锻炼。

对减少脂肪有益的活动如散步、跑步、跳舞、滑冰、游泳、球类运动等，要求婴幼儿长期坚持及家长积极配合。同时还要避免婴幼儿因运动量过大造成食欲大增。

二、呼吸系统疾病

（一）急性上呼吸道感染

急性上呼吸道感染简称上感，俗称感冒，是各种病原体引起的鼻、鼻咽和咽部的急性感染，是儿童最常见的疾病。根据主要感染部位的不同，可诊断为急性鼻咽炎、急性咽炎、急性扁桃体炎等。以冬春季节及天气骤变时多见。

1. 病因

引起急性上呼吸道感染的病原体包括病毒、细菌、支原体、衣原体等。其中病毒引起占90%以上。

2. 临床表现

临床症状轻重不一，与年龄、病原体及机体抵抗力不同有关。

（1）一般类型的急性上呼吸道感染

病程一般为3~5天。年长儿以局部症状为主，无全身症状或全身症状较轻；婴儿病情大多较重，常有明显的全身症状。

①局部症状：流涕、鼻塞、打喷嚏、咽部不适、咽痛等。

②全身症状：发热、畏寒、头痛、烦躁不安、拒乳、乏力等，可伴呕吐、腹泻、腹痛甚至热性惊厥。部分患儿可出现脐周阵发性腹痛，无压痛，可能与发热所致肠痉挛或肠系膜淋巴结炎有关。可见咽部充血，扁桃体肿大，颌下淋巴结肿大、触痛。肺部听诊呼吸音多正常。部分感染肠道病毒的患儿可出现不同形态的皮疹。

（2）并发症

上呼吸道感染可并发中耳炎、鼻窦炎、咽后壁脓肿、颈淋巴结炎、喉炎、支气管炎、肺炎等；年长儿溶血性链球菌感染可并发急性肾小球肾炎、风湿热。

3. 护理措施

若病情加重，应及时就诊。生活护理可参考手足口病的相关护理措施。

4. 预防措施

穿衣要适当，以逐渐适应气温的变化，避免过热或过冷。

增强营养，提倡母乳喂养。

按时预防接种。积极防治佝偻病、营养不良及贫血等各种慢性疾病。

加强体育锻炼，多进行户外活动，应避免到人群拥挤的公共场所。

（二）急性支气管炎

急性支气管炎是指由各种致病源引起的支气管黏膜的急性炎症，气管常同时受累，多见于婴幼儿，常继发于上呼吸道感染之后。

1. 病因

凡能引起上呼吸道感染的病原体均可引起支气管炎。

2. 临床表现

大多先有上呼吸道感染的症状，主要症状为发热和咳嗽。咳嗽为刺激性干咳，咳后有痰。一般无全身症状。婴幼儿症状较重，常有发热、呕吐及腹泻等。婴幼儿有痰常不易咳出。

3. 护理措施

生活护理可参考手足口病的相关护理措施。

避免剧烈活动及游戏，注意让患儿休息。

保证充足的水分及营养，鼓励患儿多饮水。

鼓励患儿有效咳嗽、对于咳嗽无力及卧床患儿，宜经常为其更换体位、拍背，促使呼吸道分泌物排出，促进炎症消散。

4. 预防措施

发生急性上呼吸道感染时，注意观察病情，及时诊治，避免发展成急性支气管炎。合理饮食，加强体育锻炼，以增强机体抗病能力，尽量少去人群拥挤的公共场所。

（三）肺炎

肺炎是指由各种不同的病原体及其他因素所引起的肺部炎症。肺炎是婴幼儿时期的常见病，一年四季均可发生，以冬春季节多见，是我国重点防治的儿童疾病之一。

1. 病因

最常见的为病毒感染或细菌感染，或病毒与细菌混合感染。

2. 临床表现

轻症肺炎：仅表现为呼吸系统的症状和相应的肺部体征。主要表现为发热、咳嗽、气促。咳嗽较频，初期为刺激性干咳，极期咳嗽略减轻，恢复期咳嗽有痰，新生儿、早产儿仅表现为口吐白沫。除上述症状外，患儿常有精神不振、食欲减退、烦躁不安、轻度腹泻或呕吐等全身症状。

重症肺炎：除全身中毒症状及呼吸系统的症状加重外，尚出现循环系统、神经系统、消化系统的功能障碍。

3. 护理措施

定时打开门窗通风换气（应避免空气对流），保持室内空气新鲜。定期对空气进行消毒，防止病原体播散，以防交叉感染。

保证患儿休息，避免哭闹，尽量使患儿保持安静，以减少氧耗。

其他生活护理可参考手足口病的相关护理措施。

4. 预防措施

居室每日定时开窗通风换气。加强锻炼，多做户外运动，注意饮食营养，增强抗病防病能力。注意保暖，避免受凉。养成良好的卫生习惯，减少呼吸道感染。流行季节少串门，少去人群拥挤的公共场所。做好计划免疫，预防容易引起肺炎的疾病，如百日咳、流感、麻疹等。成人感冒时应尽量减少与婴幼儿接触，或接触时戴口罩。

拓 展 学 习

热性惊厥

热性惊厥，也称高热惊厥，与遗传因素有关，见于 6 岁以下儿童，以 6 个月至 3 岁最多。发热的原因以上呼吸道感染最常见。惊厥多出现在开始发热的 24 小时以内，发作时体温多在 38.5℃以上，多为全身发作，表现为双眼球凝视、斜视或上翻，全身阵挛性抽搐，伴意识丧失。一般一次发热病程中只有一次发作，持续几秒到几分钟，发作之后可短暂入睡，随后神志清醒，精神如常。查体神经系统无异常体征。

惊厥发作时，应迅速将患儿平卧或侧卧，头偏向一侧，以免误吸；切勿强行控制其身体抽动，同时确保环境安全，预防跌落伤害和皮肤摩擦伤害，严禁喂食任何食物、水或药物，以免发生窒息，并立即就近诊治。

拓展学习

　　热性惊厥的预防主要是增强体质，减少发热性疾病的发生。解热镇痛药不能预防热性惊厥发作。对于有热性惊厥史的发热患儿，应按照用药原则使用解热镇痛药，不应为了退热而过度用药，以避免不合理用药带来的伤害。

三、消化系统疾病

（一）腹泻

腹泻是由多病原、多因素引起的以大便性状改变和大便次数增多为特点的消化道综合征。严重者可引起水、电解质及酸碱平衡紊乱。6个月至2岁婴幼儿多见。

1. 病因

（1）易感因素

消化系统发育不成熟，生长发育快，机体防御功能差，肠道菌群失调，人工喂养。

（2）感染因素

①肠道内感染：可由病毒、细菌、真菌、寄生虫等引起。

②肠道外感染：上呼吸道感染、肺炎、泌尿系统感染、皮肤感染或急性传染病等有时也可带来腹泻症状。

（3）非感染因素

①饮食因素：喂养不当，多为人工喂养，包括喂养不定时、饮食量不当、过早喂给大量淀粉或脂肪类食物、突然改变食物品种或骤然断乳等。过敏因素，如对牛奶或大豆（豆浆）过敏。原发性或继发性双糖酶（主要为乳糖酶）缺乏，肠道对糖的消化吸收不良。

②气候因素：腹部受凉使肠蠕动加快；天气过热使消化液分泌减少，但婴幼儿由于口渴吃奶过多，增加了消化系统的负担。

2. 临床表现

轻型腹泻：多由肠道外感染引起。起病可急可缓，以胃肠道症状为主，主要表现为食欲缺乏，偶有呕吐或溢乳，大便次数增多，但每次大便量不多，为稀糊状或水样，呈黄色或黄绿色，有酸味，常见白色奶瓣和泡沫。多在数日内痊愈。

重型腹泻：多由肠道内感染所致，也可由轻型腹泻发展而来。起病常比较急，表现为食欲低下，常伴呕吐，严重者可吐咖啡色液体。腹泻次频量多，每日大便10次以上，多者可达数十次，多为黄色水样或蛋花汤样，可有少量黏液。可有发热、烦躁不安或精神萎靡、嗜睡，甚至昏迷、休克等症状。

3. 护理措施

调整饮食，维持营养供给：母乳喂养者继续哺乳，减少哺乳次数，缩短每次的哺乳时间，暂停在转换期添加辅食。人工喂养者可喂米汤、脱脂奶等，待腹泻次数减少后给予流质或半流质饮食，如粥、面条等，少量多餐，随着病情稳定或好转，逐步过渡到正常饮食。病毒性肠炎可暂停乳类喂养，改为酸奶、豆类代乳品或去乳糖配方奶粉喂养。

对以水样便为主且量多次频的婴幼儿，可采用口服补液盐的方式，防止出现脱水症状。在使用口服补液盐前，照护者首先需仔细阅读使用说明书，了解其使用规格、使用方法及使用禁忌等，并严格按要求使用。为保证补液盐的渗透压及浓度等，需一次性调兑好，防止后期再加水。即使后期补液盐温度变凉，也仅可通过隔杯加热的方式进行加热。口服补液盐需采取少量多次的方式，具体使用频率、使用剂量可咨询医生。

保护臀部皮肤：应为婴幼儿选用吸水性强的柔软布类或纸质尿布，避免使用不透气塑料布或橡皮布，且尿布要勤更换；每次便后用温水给婴幼儿清洗臀部并拭干，局部皮肤发红处涂抹油类或药膏。

因女婴尿道口接近肛门，应注意会阴部的清洁，预防上行性泌尿系统感染。

4. 预防措施

合理喂养婴幼儿，提倡母乳喂养；合理添加辅食，合理断奶。细心照顾婴幼儿，避免腹部着凉。做好日常饮食的卫生工作，生吃的瓜果、蔬菜一定要保证清洁卫生，奶瓶和餐具每次用后要洗净、煮沸或高温消毒，教育婴幼儿饭前便后要洗手。当发现感染性腹泻患儿时，应及时进行隔离治疗并做好消毒工作。

（二）鹅口疮

鹅口疮又名雪口病，为白念珠菌感染所致，多见于新生儿和营养不良、腹泻、长期应用广谱抗生素或糖皮质激素的患儿。

1. 病因

鹅口疮是由白色念珠菌感染引起的，白色念珠菌

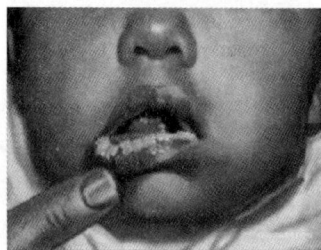
图 5-3-3 鹅口疮

在健康儿童的口腔里也经常可以发现，但并不致病，在一定情况下可引起感染。

2. 临床表现

口腔黏膜表面出现白色或灰白色乳凝块样小点或小片状物，初起时呈点状和小片状，可逐渐融合成片，不易拭去，强行擦拭剥离后，局部黏膜潮红、粗糙，可伴有溢血（图5-3-3）。患处不痛，不流涎，一般不影响吃奶，无全身症状。最常见于颊黏膜，其次是舌、牙龈、上颚。重症可累及咽、喉、食管、气管、肺等，出现低热、拒食、呕吐、吞咽困难、声音嘶哑或呼吸困难等。

3. 护理措施

鼓励多饮水，以温凉流质或半流质清淡饮食为宜。进食后漱口，保持口腔黏膜湿润和清洁，宜用2%碳酸氢钠溶液清洗口腔。发热时，合理降温。

4. 预防措施

做好清洁消毒工作，鹅口疮患儿的餐具、用具应专人专用，以防交叉感染。餐具可用5%碳酸氢钠溶液浸泡半小时后再煮沸消毒。

纠正吮指、不刷牙等不良习惯，培养进食后漱口的卫生习惯。

注意均衡营养，避免偏食、挑食，培养良好的饮食习惯，以提高机体的抵抗力。

四、泌尿系统疾病

泌尿系统感染是儿童泌尿系统常见疾病之一，是由病原体直接侵入尿路，在尿液中生长繁殖，并侵犯尿道黏膜或组织而引起的损伤。女孩发病率高于男孩，新生儿、婴幼儿泌尿系统感染时往往全身症状较重，局部症状不明显。

1. 病因

任何致病菌都可以引起泌尿系统感染，其中大肠埃希菌是最常见的致病菌。

2. 临床表现

急性泌尿系统感染：因年龄组不同，症状有较大差异。

①新生儿：症状极不典型，多以全身症状为主，可有发热或体温不升、皮肤苍白、拒乳、呕吐、腹泻，常有黄疸、体重不增等。新生儿常伴有败血症。

②婴幼儿：症状也不典型，以发热最为突出，拒食、呕吐、腹泻等全身症状也较明显。细心观察可发现，部分患儿排尿时哭闹，尿有臭味，有顽固的尿布疹。

③年长儿：以发热、寒战、腹痛等全身表现为突出症状，常伴有腰痛，同时可出现尿频、尿急、尿痛、尿液混浊，肉眼偶见血尿。

慢性泌尿系统感染病程迁延或反复发作，伴有贫血、消瘦、高血压和肾功能不全。

3. 护理措施

急性期需让患儿卧床休息，给予流质或半流质饮食。食物应易于消化，含足够热量、丰富蛋白质和维生素，以增强机体抵抗力。

注意体温变化，高热时给予患儿物理降温或药物降温。

鼓励患儿大量饮水，增加尿量，降低肾髓质及肾乳头部组织的渗透压，减少细菌在尿道的停留和繁殖，减轻炎症反应。

保持会阴部清洁，便后冲洗会阴。勤换尿布，尿布用开水烫洗或煮沸消毒。

4. 预防措施

应为婴儿勤换尿布，幼儿不穿开裆裤。

便后及时清洁臀部，女孩臀部清洗和擦拭时均由前向后，单独使用洁具。

让婴幼儿适量饮水，勤排尿，不憋尿。

急性感染儿应定期复查，以免复发和（或）转为慢性泌尿系统感染。

五、皮肤病

（一）湿疹

湿疹是一种常见的过敏性皮肤病。皮损具有多形性、对称性、瘙痒和易反复发作等特点。

1. 病因

引起过敏的原因很多，可由食物引起，如牛奶、鱼、虾、蛋等，也可由灰尘、羊毛、化纤等物质引起，但往往很难找出准确的原因。

2. 临床表现

湿疹多发生在2～3个月的婴儿身上。湿疹的部位多在面部，最初为细小的疹子，以后有液体渗出，干燥后形成黄色痂皮。因皮肤瘙痒，婴儿常睡眠不安、烦躁哭闹。随着年龄的增长、免疫力的增强而逐渐好转，多数在2岁左右可自愈。

3. 预防与护理措施

乳母尽量少吃刺激性食物，多吃维生素丰富的食物。怀疑婴儿对牛奶过敏时，应及时带婴儿去看医生，必要时遵医嘱调整喂养方式，切忌盲目把湿疹和牛奶蛋白过敏画等号。

不要用碱性肥皂给婴儿洗脸。肥皂或洗衣粉洗过的衣服、尿布，要用清水漂洗干净，以免刺激皮肤。

婴儿的衣服宜为纯棉制品，宽松、透气，保持皮肤的干燥，避免粗糙的衣服边角造成机械性摩擦，不用化纤、羊毛织品给婴儿做贴身的衣服、帽子等。

打扫房间要先洒水，避免尘土飞扬。

勤给婴儿剪指甲，以免抓伤皮肤引起感染。

婴儿湿疹比较严重时，不宜进行预防接种。

（二）痱子

痱子是夏季或湿热环境中常见的一种表浅性、炎症性皮肤病，主要表现为皮肤上出现小水疱、丘疹、丘疱疹或脓疱，可有瘙痒、疼痛或灼痛。环境通风降温后，痱子一般会自然消退。

1. 病因

痱子主要是由汗管阻塞引起的。新生儿汗管发育不全、环境温度过高、长期卧床等是引起痱子的因素。

2. 临床表现

白痱：多发生在躯干和皮肤皱褶处，表现为表浅、针头大小的水疱，呈透明状，似水滴，常成批出现。水疱之间可相互融合。皮损处一般没有发痒、疼痛等自觉症状。

红痱：多发生在腋窝、肘窝、额头、颈部、躯干等部位，表现为 2～4 mm 大小密集分布的丘疹、丘疱疹，常分批出现，底部有红斑。皮损消退后有轻度的脱皮。受累的皮肤处通常有灼热和瘙痒感，随着出汗而加重。

脓痱：多发生在皮肤皱褶处、头部和颈部，表现为密密麻麻分布的丘疹，其顶端有针头大小表浅的脓疱。皮损处可有灼热和瘙痒及痛感，随着出汗而加重。

深痱：多发生在颈部、躯干及四肢等部位。皮损处为密集的、与汗孔一致的非炎性坚硬丘疹，呈红色或正常皮肤的颜色。出汗时皮损增大，不出汗时皮损则不明显。

3. 预防与护理措施

夏季注意室内通风、降温，以减少出汗和利于汗液蒸发。

婴儿的衣服要宽大、柔软、吸水性强，便于汗液蒸发。应及时为婴儿更换汗湿的衣服。

保持婴幼儿皮肤清洁干爽，常用干毛巾为其擦汗，勤用温水给其洗澡。清洁皮肤后适量使用爽身粉或爽身露。

痱子出现后，避免搔抓，防止继发感染。

若反复出现且皮损严重，可遵医嘱用药。

（三）尿布疹

尿布疹即尿布皮炎，是指尿布区皮肤所发生的局限性皮炎。多见于刚出生至1岁的婴儿。

1. 病因

皮肤表面及粪便中的细菌分解尿液中的尿素而产生的大量氨，改变了皮肤的弱酸环境，再加上皮肤长时间受到潮湿浸渍和反复摩擦，引起了尿布疹。

2. 临床表现

主要表现为尿布接触区皮肤出现红斑、丘疹、水疱性皮损，甚至糜烂、脓包及溃疡等。症状轻时仅有分散的红斑状丘疹或轻度红斑；症状重时可为广泛的皮肤红斑、丘疹、水疱或结节，甚至可伴有皮肤糜烂、液体渗出等。

3. 护理措施

当尿布疹发生时，需增加更换尿布的频率，可每隔2～3小时检查一次尿布，如果有尿液、粪便，就立即更换尿布。

每次排便后用温水清洗臀部，可适当涂抹护臀膏。

在尿布疹发生期间，如果发生腹泻，会加重皮炎症状。因此，需要注意婴幼儿的饮食卫生，引入新辅食时要格外注意观察。如果发生腹泻，应先暂停引入新辅食。

4. 预防措施

保持婴幼儿外阴部皮肤干燥是最好的预防方法。勤换尿布，选用清洁柔软、吸水性强的尿布，能有效保持会阴部皮肤干燥。每次排便后用温水清洗臀部，适当涂抹护臀膏。避免过分清洁、水温过热，通常情况下用温水清洗即可。

六、五官疾病

（一）龋病

龋病俗称蛀牙，是一种在细菌感染等多因素作用下导致的牙体硬组织进行性破坏的疾病。可见于乳牙萌出后任何年龄段的人群。

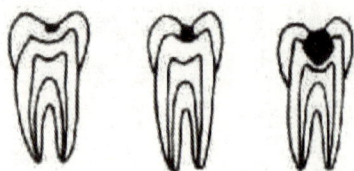

1. 病因

目前公认的龋病病因学说是四联因素学说，主要包括细菌、口腔环境、宿主和时间。

2. 临床表现（图5-3-4）

浅龋仅累及釉质层，一般无明显龋洞，可无自觉症状。中龋累及牙本质浅层，形成龋洞，对

图5-3-4　浅龋、中龋、深龋

外界刺激（如冷、热、甜、酸等）敏感。深龋累及牙本质深层，有较深龋洞，对外界刺激反应较中龋为重，无自发性痛。

3. 预防与护理措施

注意口腔卫生。从小培养早晚刷牙和饭后漱口的习惯，及时清除口腔内的食物残渣和细菌。摄取足够营养和钙质。多晒太阳和进行户外运动，有利于体内维生素 D 的合成，促进钙的吸收和牙齿的正常钙化。定期进行口腔检查，发现龋病尽早治疗。

（二）错颌畸形

错颌畸形是指在乳牙期及恒牙萌出过程中出现的牙齿排列不齐、上下牙弓咬合关系异常，或由牙齿、颌骨与颜面关系不协调而引起的颜面部畸形。

1. 病因

病因可分为先天性因素和后天性因素两大类。

先天因素：①双亲的错颌畸形可遗传给子女。②在胎儿时期，母亲营养不良、患病、内分泌紊乱等可导致一些先天性的牙、颌、面畸形。

后天因素：慢性疾病；不良的营养与饮食习惯；有关口腔的不良习惯约占病因的 1/4，如吐舌、咬下唇、吸吮手指、偏侧咀嚼等。

2. 临床表现

错颌畸形的表现多种多样，有简单的也有复杂的。

个别牙齿的错位：牙的唇向错位、颊向错位、舌向错位、腭向错位、近中错位、远中错位、高位、低位、转位、易位、斜轴等。

牙弓形成和牙排列异常：牙弓狭窄、腭盖高拱；牙列拥挤；牙列稀疏。

牙弓、颌骨、颅面关系的异常：前牙反合；前牙反合，近中错合，下颌前突；前牙深覆盖，远中错合，上颌前突；上下牙弓前突，双颌前突；一侧反合，颜面不对称；前牙深覆盖，面下 1/3 高度不足；前牙开合，面下 1/3 高度增加。

3. 预防与护理措施

孕妇注意营养和保健，确保胎儿的正常发育。

提倡母乳喂养。若采用人工喂养，需注意喂养方法，如避免奶瓶经常上翘或经常向下压。

婴幼儿的食物要有足够的蛋白质、维生素等各种营养成分，不要过于细软。正常咀嚼可促进婴幼儿颌、面部的正常发育，减少错颌的发生。

定期进行口腔检查，以便发现问题，及早矫治。乳牙患龋病，应及早补牙，以免发展成重龋而拔牙，从而防止乳牙早失致恒牙的错位萌出，还可防止因一侧牙痛而偏侧咀嚼。

积极防治疾病，如佝偻病、鼻咽部的慢性炎症等。

纠正婴幼儿口腔的不良习惯，如咬下唇、吸吮手指。

（三）中耳炎

中耳炎是累及中耳全部或部分结构的炎性病变，好发于儿童。可分为非化脓性及化脓性两大类，两者又有急、慢性之分。

1. 病因

急性化脓性中耳炎：急性上呼吸道感染易诱发本病。常见的致病菌主要有肺炎球菌、流感嗜血杆菌等。

急性非化脓性中耳炎：鼻、鼻咽部炎症，腺样体肥大等，可导致咽鼓管梗阻，中耳腔内的气体被吸收，形成负压，造成中耳积液。

2. 临床表现

急性化脓性中耳炎：起病急，伴发烧等全身症状。早期有耳堵塞感，继之出现剧烈搏动性耳痛。婴幼儿不会诉说耳痛，常表现为惊哭、烦躁、摇头、拒绝吃奶等。鼓膜穿孔，脓液流出，耳痛骤减，痊愈后鼓膜小的穿孔可愈合，听力不受影响。

急性非化脓性中耳炎：多有感冒史。耳内有异物堵闷感，听力减退，耳鸣，耳痛，眩晕。中耳腔积液：可见鼓膜色淡黄，有液平面或水泡，随头位而变动。

3. 预防与护理措施

尽早治疗上呼吸道感染。

积极治疗急性中耳炎，以免转为慢性中耳炎。

游泳时应避免将水咽入口中，以免水通过鼻咽部而进入中耳引发中耳炎。

婴幼儿吃奶、喝水时，应避免仰卧位，以免奶汁等液体经咽鼓管呛入中耳引发中耳炎。

避免婴幼儿吸二手烟，因为吸烟也会引起中耳炎。

避免用耳机听大分贝的音乐，如果时间较长的话，易引起慢性中耳炎。

（四）弱视

弱视是指眼球无近视、远视、散光等器质性病变，但其矫正视力仍不能达到正常状态的一种眼部疾病。

1. 病因

斜视；屈光不正或屈光参差；失用性弱视；先天性弱视。

2. 临床表现

视力减退。缺乏良好的双眼平视功能，没有完善的立体视觉，故不能很好地分辨物体的距离远近、颜色深浅等，难以完成许多精细工作。多有屈光不正，常伴有斜视及异常固视。可有眼球震颤现象发生，有视力模糊、视物头痛、眯眼、歪头侧视等表现。但也有相当多的患儿症状不明显，尤其是单眼视力佳的弱视，可不表现出任何症状，这是特别容易漏诊的一类弱视。

3. 预防及矫治

一旦确诊弱视，应立即治疗。若超过视觉发育的敏感期，弱视治疗将变得非常困难。婴幼儿应定期检查视力，以及时发现弱视，采取治疗措施。4 岁以下弱视儿童若及时得到治疗，大多能取得良好的效果。

（五）斜视

两眼不能同时注视同一目标的现象称为斜视。出生数周的婴儿可能有生理性斜视。5～6 月龄时，双眼注视机能应发育完全。因此，斜视是指婴儿 6～7 月龄以后双眼视轴的明显偏斜。

1. 病因

婴幼儿斜视常见于：先天性神经肌肉发育不良；染色体变异、基因疾病；生产过程异常；具有明显的屈光异常；其他后天疾病，如麻疹病毒感染累及眼肌。

2. 临床表现

斜视患儿因为眼位不正，注意一个物体时，此物体影像于正常眼落在视网膜中心凹上，于斜视眼则落在中心凹以外的位置，如此视物就会出现复视情形；一眼影像受到抑制，丧失两眼的单一视功能与立体感，有的还会导致视力发育不良而造成弱视。大部分斜视患儿同时患有弱视。可分为内斜视、外斜视以及上斜、下斜视（图 5-3-5）。

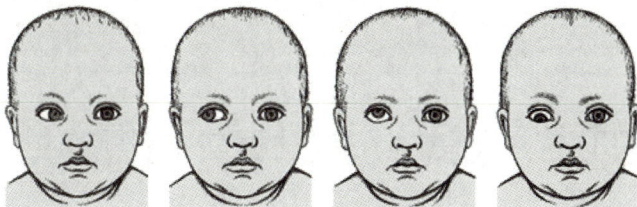

图 5-3-5　从左至右依次为内斜视、外斜视、上斜视、下斜视

3. 预防及矫治

预防需从婴幼儿时期抓起，仔细观察儿童的眼睛发育和变化，经常注意儿童双眼的协调功能，观察眼位有无异常情况。不能让儿童每次都坐在同一位置观看

电视节目，应时常变换位置，尤其不要坐在斜对电视机的位置，否则时间久了易形成斜视。灯光照明要适宜，印刷图片字迹要清晰，儿童不要躺着看书，不可长时间看电子屏幕等。有斜视家族史的儿童，尽管外观上没有斜视，也应在2岁时到眼科进行检查。尽早发现弱视、屈光不正等问题，并积极进行治疗和矫正，也是斜视的重要预防措施。早期治疗一般可使两眼视功能恢复，获得正常眼位。通常，治疗越早，效果越好。

七、食物过敏

食物过敏可分为一过性、持续性、花粉食物过敏综合征三类。一过性，即随着年龄的增长，对某些过敏食物形成自然耐受，如牛奶、大豆等。持续性，是指对该食物的过敏会持续终生，如花生、虾、蟹等。花粉食物过敏综合征，是指花粉或其他吸入致敏原与食物蛋白之间存在免疫交叉，使得个体被前者致敏后，出现对某种食物的过敏反应，如桦树花粉致敏的患者后来对苹果过敏等。

1. 临床表现

食物过敏可累及多个系统，临床症状各异。皮肤症状可表现为湿疹、荨麻疹、血管性水肿等；眼部症状，可表现为瘙痒、结膜充血、流泪、眶周水肿等；消化系统症状可表现为呕血、腹痛、腹泻、胃食管反流等；部分患者还可表现出呼吸系统症状，如胸闷、咳嗽、喘息、呼吸困难等，甚至引起急性喉梗阻、过敏性休克等而危及生命。

2. 预防与护理措施

入园、入托前，应记录详尽的过敏史。饮食回避是所有类型食物过敏疾病的首选方法，也是较安全的治疗方法，但不主张回避同类食物。注意辨认食品标签成分，警惕意外摄入。

早期识别过敏症状，对紧急情况立即进行处理。拨打急救电话，通知家长及园所的保健医生。

第四节　婴幼儿常见意外伤害的处理

问题情境

亲子游戏课堂上，明明突然大哭起来。明明妈妈吓坏了，赶紧用手抠明明的鼻子。妈妈说不知道什么时候，明明手上抓了几颗黄豆，刚才不小心塞进鼻孔里了。王老师赶紧取来镊子，帮着妈妈一起取黄豆。

如果你是王老师，你会怎么做？

意外伤害是威胁婴幼儿生命安全的重要因素，针对不同的意外伤害应采取正确、合理的措施，尽可能地将伤害降到最低。

一、小外伤

（一）擦伤

擦伤是在摔倒或者发生碰撞后皮肤轻微破裂出血的情况。擦伤一般损伤的是表皮至真皮浅层，出血不会很多。轻微表皮擦伤，可擦碘附保护局部不被感染，等伤口干燥即可。不建议贴创可贴，因为有的创可贴透气性差，反而影响愈合速度。

如果擦伤的面积比较大，或伤口上还粘有尘土或者其他脏的东西，应先消毒再涂上碘附。如果需要，再使用医用纱布包扎好。必要时及时就医。

（二）割伤

割伤多见于手部，可以通过局部压迫止血，再进行消毒包扎。如果伤口流血不止，且流血较多，应立即去医院就诊，就诊途中可以先使用止血带止血。

（三）扭伤

扭伤多发生在四肢的关节部位，肌肉、韧带等软组织因过度牵拉而受到损伤。损伤部位充血、肿胀和疼痛，活动受到限制。初期应停止活动以减少出血，采用冷敷的方法，以达到止血、消肿、止痛的目的。24～48小时后，可热敷促进消肿和血液的吸收。必要时及时就医。

（四）挤压伤

婴幼儿在活动时，被门、抽屉或其他重物挤压时，如果被轻微挤压可直接冷敷。但如果皮肤内部有大片紫红色淤青，疼痛也没有缓解，应及时到医院诊治。

二、跌落伤

婴幼儿跌落伤多为从床上跌落、从椅子上翻倒跌落、从楼梯上跌落等所致的损伤，轻重程度差异很大。发生跌落以后要观察婴幼儿神志是否清醒，尽可能了解跌落时身体着地部位，灵活、快速地进行处理，处理方法如下。

如果头部先着地，同时伴有呕吐、昏迷等症状，应立即送医院抢救。

如果发现耳、鼻有血液流出，可能有严重的颅底骨折，应立即送医。千万不可用手帕、棉花或纱布等去堵塞耳、鼻，因为血液流经耳、鼻已被污染，再返回颅内可致颅内感染，加重病情。

如果腰背部先着地，有可能造成脊柱骨折。因此，不要随意翻动腰背部受伤的患儿，在送医途中，也要保持平稳，减少"二次伤害"。

如果婴幼儿活动自如、精神正常、进餐正常，或只是轻度擦伤、挫伤，在家进行简单的伤口处理即可。

婴幼儿跌落时会受到惊吓，要给予情绪安慰，使其情绪稳定下来。

三、鼻出血

婴幼儿发生鼻出血的原因以外伤居多，比如，打闹、摔倒等会引起鼻子碰伤出血。另外，天气干燥、感冒发烧等都可引起婴幼儿鼻出血。处理方法为：

捏住鼻翼：可取坐位，保持婴幼儿头略低、用口呼吸，操作人员用拇指和食指捏住婴幼儿鼻翼两侧止血。（图5-4-1）千万不要

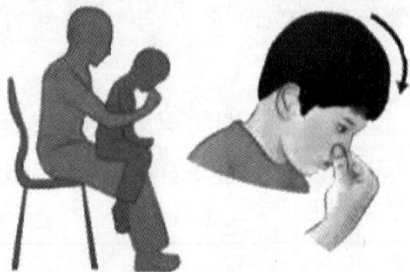

图5-4-1　捏住鼻翼止血

让婴幼儿仰卧或抬头止血，仰卧或抬头后流血看似减少，但并非真正止血，而是血液反向流入了消化道和（或）呼吸道，若不慎进入呼吸道，还可能引起窒息。

冷敷：把毛巾浸湿冷水后拧至不滴水，放于鼻根部或后颈部，使血管遇冷收缩，帮助止血。

填充棉球：出血较多时，可用棉球填塞压迫止血。

减少活动：止血后，2~3小时内不要做剧烈运动。

如果出血很多，经过上述处理，仍不能止血，要立即送医院处理。

如果婴幼儿常常莫名其妙出现鼻出血，应去医院检查。

四、眼、耳、鼻异物

（一）眼睛异物

眼内异物多由灰、沙落入眼中所致。婴幼儿会因异物刺激感到疼痛、睁不开眼。处理眼内异物，不能用手或手帕揉擦，可利用泪水将异物带出，也可用水冲洗眼睛，还可翻开上、下眼睑，找到异物后用干净的棉签、纱布擦去。如果眼球被刺伤、划伤，要用无菌纱布或干净的毛巾敷盖眼睛，避免感染，并尽快送至医院诊治。

（二）耳朵异物

异物较小时，可以让幼儿头偏向异物侧单脚跳，有可能将异物排出。如果是昆虫爬入了外耳道，可让婴幼儿到暗室，然后用手电筒照射婴幼儿的耳孔，引诱昆虫爬出，还可滴入3～5滴植物油，待其溺毙以后让耳道口朝下使之排出。若无效，应立即去五官科诊治。对于其他不易排出的异物，切忌用手指、棉签等硬掏，这样反而会把异物越塞越深，造成取物困难，应该立即去五官科取出异物。

（三）鼻腔异物

鼻腔异物大多由婴幼儿自己放入，常见的有花生米、豆类、小物件等。鼻腔异物可引起鼻塞、流涕、打喷嚏等症状。发现婴幼儿将异物塞入一侧鼻孔，可用手压住另一侧鼻孔，让婴幼儿用力向外呼气，使异物随气流排出。也可用棉花捻、纸捻刺激鼻黏膜，使婴幼儿产生喷嚏反射将异物排出。当这些措施无效时，应立即送医，请医生及时取出异物。切不可用镊子夹取纸片、棉花以外的异物，尤其是圆形异物，稍有不慎就会将异物捅向深处而进入气道，危及生命。

五、误食

从出生到18个月，婴幼儿处于口唇期，有频繁地口唇吮吸、咀嚼和吞咽等活动。因此，婴幼儿喜欢把手及用手抓到的东西往嘴里放，容易引起误食。根据物品的毒性、大小等因素，可采用不同的紧急措施。

若误食了玻璃珠、硬币等无法消化的小物品，1～2天会随大便一起排出，注意观察大便，如果没有排出异物，应该到医院检查。

若误食了肥皂、蜡笔、化妆品等东西，可用手指将残留在口腔中的部分抠出来，再刺激婴幼儿舌根部，通过催吐排出误食物品。

若误食了有毒的东西，或农药等，除了催吐，还应立即到医院进行进一步治疗。

若误食了尖硬的物品或电池，不能进行催吐，否则会损伤婴幼儿的食道和胃。误食了挥发性物质，如洁厕灵、消毒剂等，也不能催吐，避免呕吐物呛入气管引起严重吸入性肺炎。应第一时间送往医院治疗。

六、烫伤

发生烫伤时，应迅速褪去被热液浸透的衣物。若衣物粘在伤口上，不能强行撕扯，可立刻用冷水（不能低于8℃，以免发生冻伤）冲洗伤处直到痛感变小，再将衣物慢慢脱掉或剪掉。用冷水冲洗后，可涂一些防治感染、促进创面愈合的药物。若出现水泡，冲洗后应用医用纱布覆盖包扎。如果水泡较小，几天后会自行吸收。如果水泡较大，切不可自行将水泡戳破，这样会增加感染概率，而应及时去医院处理。若烫伤面积较大，程度也较深，将烫伤部位的衣物剪开后，注意通过覆盖保护伤处，防止弄破和挤压水泡，并立即送医处理。

特别需要注意：烧烫伤后，千万不要揉搓、按摩、挤压烫伤的皮肤，也不要急着用毛巾拭擦，以免表皮剥脱；不要涂抹酱油、醋、碱、牙膏等。

七、咬伤、蜇伤

（一）蚊子叮咬

如果被蚊子叮咬，可在患处涂上紫草油、紫草膏等，以减轻痒感，切不可让婴幼儿搔抓患处，以免抓破皮肤造成感染。

（二）猫、狗咬伤

如果被猫、狗咬伤的部位皮肤已破，应立即用流动的自来水持续冲洗伤口至少15分钟，随后立即送往医院注射破伤风抗毒素和狂犬病疫苗（被咬伤后24小时内注射）。现场没有水源时，可用矿泉水冲洗伤口，这样可使病毒摄取降到最低限度。

（三）蛇咬伤

被蛇咬伤后，尽量记住蛇的基本特征，远离蛇出现的地方，但不能乱跑，以防蛇毒扩散。去除受伤部位的各种限制物品，如手链、鞋子等，以免肿胀无法去除。即刻用止血带缚于伤口近心端上5~10 cm处，如无止血带可用毛巾、手帕或撕下的布条代替，扎缚时不可太紧，应可经过一指，每15~30分钟要放松一次。

扎缚后用生理盐水或清水冲洗伤口，将伤口上残留的毒液冲走，并挤出毒液或用有效负压器（如吸奶器）吸出毒液。受伤肢体，可用夹板固定以保持制动，伤口相对低位，保持在心脏水平以下，并及时入院诊治。必要时给予心肺复苏。

（四）黄蜂蜇伤

黄蜂又称马蜂。人被黄蜂蜇伤后，伤处会红肿、疼痛。若被蜂群蜇伤，则会发热、头晕、恶心，甚至伴有昏厥、呼吸困难等症状。在被黄蜂蜇伤后，毒刺有时会残留在皮肤内，可用消毒针将刺挑出。黄蜂毒液呈碱性，可在伤口处涂弱酸性液体，如食醋。若出现气喘等过敏性症状，建议立即送医院治疗。

（五）蜜蜂蜇伤

蜜蜂的毒液呈酸性，可在伤口处涂弱碱性的液体，如淡碱水、肥皂水等。必要时及时就医。

八、脱臼

婴幼儿脱臼多见于肩关节、肘关节、腕关节。主要表现为关节变形突出、功能丧失，关节疼痛、肿胀。固定脱臼部位是减轻疼痛、紧急处理的最佳办法，可用木板、硬纸板等将脱臼关节固定，限制其活动，并尽快送到医院进行复位治疗。

九、骨折

骨折的急救原则是"固定"，即限制伤肢再活动，避免断骨刺伤周围组织，以减轻疼痛。在处理骨折之前，要观察伤者的全身情况，若有大出血，先止血，并及时就医。

（一）肢体骨折

使用薄木板（其他硬物也可）将伤肢固定，木板的长度必须超过伤处的上、下两个关节。在伤肢上垫一层棉花或布类，用三角巾或绷带把木板固定在伤肢上，将伤肢的上、下两个关节都固定住（图5-4-2），露出伤肢末端，如手指或脚趾，以便观察肢体的血液循环。如手指或脚趾苍白、发亮，表示绷带太紧，应放松绷带，重新固定。

a 前臂骨折的固定　　　　b 肱骨骨折的固定

图5-4-2 骨折的固定

婴幼儿肢体受伤后应警惕青枝骨折，此类骨折骨头断裂不明显，伤肢还可以做一些动作，因此易被忽视。随着受伤时间的延长，患儿的疼痛感会加剧。所以婴儿肢体受伤后，即使婴儿疼痛哭喊得不是十分厉害，也需进一步检查，看是否是青枝骨折。

（二）肋骨骨折

仅肋骨骨折，未伤及肺，伤者不觉呼吸困难，可用宽布带将断骨固定。让伤者深呼气，用宽布带缠绕断骨处的胸部，以减小呼吸运动的幅度。若伤者感到呼吸困难，表示已伤及肺部，伤势可能比较严重，不宜再做固定，应立即送往医院。

（三）颈椎骨折

先在颈下垫一个小软枕（可用衣物扎成枕形），保持颈椎的生理屈曲度，再在头的两侧各垫一个小软枕，然后固定其头部在担架上，送医治疗。

（四）腰椎骨折

若伤及腰部，应严禁婴幼儿弯腰、走动，也不得搀扶或抱扶，以免腰部弯曲时断骨刺伤脊髓、神经及周围组织，造成"二次伤害"。搬运时应用滚动法或平托法，由两名救护者动作一致地托住伤者的肩胛、腰部、臀部及下肢，将伤者搬运到木板上，并用宽布带将其身体固定在木板上。在送医过程中，要尽量平稳。

十、急性中毒

婴幼儿急性中毒的种类主要有吸入性中毒、消化道中毒、皮肤接触中毒等。对于急性中毒者，要特别注意其神志、呼吸系统和循环系统的状态，以判断中毒的轻重。对重症者要边检查边抢救；对轻症者要随时注意其病情的变化。

（一）吸入性中毒

吸入性中毒主要指煤气中毒及其他有毒气体中毒，如煤油或汽油蒸汽中毒。在急救时，要将婴幼儿移至空气畅通场所，或将婴幼儿移至远离有毒气体的场所，使其呼吸新鲜空气。同时，清除呼吸道分泌物，解开衣领，使其头偏向一侧，以防止因舌根后坠和喉部水肿引起窒息。如果婴幼儿呼吸、心跳停止，则要进行人工呼吸和胸外心脏按压。另外，要注意婴幼儿的保暖，以促进其血液循环。

（二）消化道中毒

如果发现婴幼儿误服了有毒的东西，或乱吃了药物等，应即刻送医院就诊。注意收集婴幼儿吃剩的东西及呕吐物，以供医生检查毒物的性质，为进一步的解毒、治疗提供依据。

（三）皮肤接触中毒

如果婴幼儿皮肤接触中毒，应立即脱去其受污染的衣物，用清水冲洗被污染的皮肤，并特别注意婴幼儿的毛发和指甲部位。对于强酸、强碱等腐蚀性毒物切忌用中和剂，以免因化学反应加重对皮肤的损伤；对于不溶于水的毒物则可用适当的溶剂清洗。如果毒物溅入眼内，应立即用生理盐水冲洗5分钟以上，同时送医院做进一步处理。

十一、触电

一旦触电，尽快选择一个安全的办法使婴幼儿脱离电源，切勿在电源未切断之前直接用手去推或拉患儿，也不能用潮湿的物品去分离电源，应用绝缘工具，如木棍、竹竿、塑料或橡胶制品，使婴幼儿与电线、电器分离。

脱离电源后，应检查婴幼儿的神志、呼吸、心跳和瞳孔。对呼吸、心跳停止的婴幼儿，应立即进行人工呼吸和胸外心脏按压，直至呼吸、心跳恢复或送达医院。若有创面，要用干净纱布或被单等进行覆盖保护。

十二、溺水

应以最快的速度将婴幼儿从水中救出。救出水面以后，迅速清除其口鼻内的杂草、泥沙等异物，松解内衣、裤带。检查呼吸、心跳情况，有心跳无呼吸者，可做口对口（鼻）人工呼吸；如果心跳、呼吸都停止了，应就地进行心肺复苏（参考实践体验项目六）。与此同时，立即拨打 120 或送至医院。

十三、中暑

体温过高是中暑的主要特征之一，应立即采取降温措施。

首先，立即使婴幼儿脱离高温环境，将其转移到阴凉通风处，如走廊、树荫下，或有空调的房间内。然后，让婴幼儿仰卧，维持呼吸道通畅，解开衣扣，脱去或松开衣服，用温凉的湿毛巾擦拭全身降温。

为减少中暑并发症的发生，迅速补液十分重要。对中暑较轻、神志清醒的婴幼儿，可立即使其饮用含盐的冷开水，每次饮水量以不超过 300mL 为宜。中暑严重者则应立即送医。

十四、创伤出血

凡有外出血的创伤均需止血，常用止血方法主要有指压止血法、加压包扎止血法、止血带止血法。

（一）指压止血法

用手指、手掌或拳头压迫伤口近心端动脉经过骨骼表面的部位，阻断血液流通，达到临时止血的目的。适用于中等或较大动脉的出血，以及较大范围的静脉和毛细血管出血。指压法止血属于应急止血措施，效果有限，应及时根据现场情况改用其他止血方法。使用指压法止血时，需掌握正确的按压部位，即指压点。常用指压点及按压方法如下（图 5-4-3）。

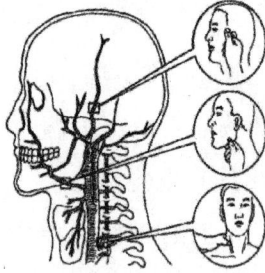

从上至下依次为压迫颞浅
动脉、面动脉、颈总动脉

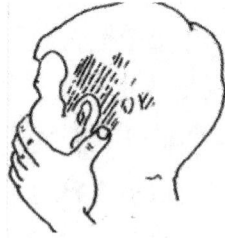

压迫枕动脉

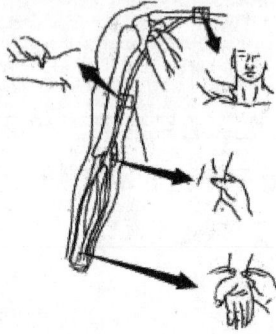

从上至下依次为压迫锁骨下动脉、
腋动脉、肱动脉、尺动脉、桡动脉

压迫胫前动脉、胫后动脉

图5-4-3   指压止血法（部分）

头顶部出血：压迫同侧耳屏前方颧弓根部的搏动点（颞浅动脉），将动脉压向颧骨。

颜面部出血：压迫同侧下颌骨下缘、咬肌前缘的搏动点（面动脉），将动脉压向下颌骨。

头颈部出血：用拇指或其他四指压迫同侧气管外侧与胸锁乳突肌前缘中点之间的强搏动点，用力压向第五颈椎横突处。压迫颈总动脉止血应慎重，绝对禁止同时压迫双侧颈总动脉，以免引起脑缺氧。

头后部出血：压迫同侧耳后乳突下稍后方的搏动点（枕动脉），将动脉压向乳突。

肩部、腋部出血：压迫同侧锁骨上窝中部的搏动点（锁骨下动脉），将动脉压向第一肋骨。

上臂出血：外展上肢90°，在腋窝中点用拇指将腋动脉压向肱骨头。

前臂出血：压迫肱二头肌内侧沟中部的搏动点（肱动脉），将动脉压向肱骨干。

手部出血：压迫手掌腕横纹稍上方的内、外侧搏动点（尺动脉、桡动脉），将动脉分别压向尺骨和桡骨。

大腿出血：压迫腹股沟中点稍下部的强搏动点（股动脉），可用拳头或双手拇指交叠用力将动脉压向耻骨上支。

小腿出血：在腘窝中部压迫腘动脉。

足部出血：压迫足背中部近脚腕处的搏动点（胫前动脉）和足跟内侧与内踝之间的搏动点（胫后动脉）。

（二）加压包扎止血法

体表及四肢伤出血，大多数可用加压包扎和抬高肢体的方法达到暂时止血的目的。将无菌敷料或衬垫覆盖在伤口上，用手或其他物体在包扎伤口的敷料上施以压力，一般需要持续 5～15 分钟才可奏效。同时将受伤部位抬高也有利于止血。此法适用于小动脉，中、小静脉或毛细血管出血。

（三）止血带止血法

适用于四肢较大动脉的出血，用加压包扎或其他方法不能有效止血而伤者有生命危险时，可采用此方法。特制式止血带有橡皮止血带、卡式止血带、充气止血带等，以充气止血带效果较好。在紧急情况下，也可用绷带、三角巾、布条等代替止血带。使用止血带前，应先在止血带下放好衬垫物。

第五节　出生缺陷及新生儿疾病预防

问题情境

某天上午，一位妈妈带着 2 岁的乐乐来到早教中心，向张老师咨询道："老师，您好，我想带着乐乐来你们这儿上早教课，今天特地过来了解情况。我们家乐乐是有轻度听力障碍的，出生就这样了，不过他戴着助听器，听力还可以。不知道乐乐能不能来你们这儿上课呀？"

遗传性耳聋是一种常见的出生缺陷，我国每 1000 个新生儿中就有 1～3 个先天性耳聋患儿，其中 60% 是遗传引起的。关于出生缺陷，你知道多少呢？如何预防新生儿出生缺陷呢？

一、预防出生缺陷

（一）概述

1. 什么是出生缺陷

出生缺陷不是单一的疾病，而是指婴儿出生前发生的身体结构、功能或代谢异常，包括身体结构畸形、功能障碍和先天性遗传代谢性疾病等，是流产、死胎、婴儿死亡和残疾的重要因素，严重影响着婴儿的生存和生活质量，也给家庭和社会带来了沉重的负担。造成出生缺陷的因素是多方面的，有先天的也有后天的，关键是做好预防，早发现、早诊断。

2. 出生缺陷的病因

出生缺陷的病因繁多复杂，一是遗传因素，包括基因突变或染色体畸变导致的出生缺陷，如脊髓性肌萎缩症、唐氏综合征、遗传性耳聋、重型地中海贫血、苯丙酮尿症、大部分先天性心脏病、阿佩尔综合征等。二是其他因素，包括：怀孕期间服用某些药物；生活环境污染影响到生殖细胞的结构；长期接触放射性或某些化学物质；孕期受到严重感染；孕前生活习惯不好，抽烟喝酒；孕期精神受刺激导致内分泌紊乱等。据统计，单纯由遗传因素造成的出生缺陷占10%~25%，其他出生缺陷的发生是由环境因素或由遗传因素和环境因素共同作用的结果。

（二）预防

目前，我国通过开展出生缺陷三级预防体系建设，从孕前预防、孕期干预到出生后及早诊断和干预，多维度预防出生缺陷的发生，成效显著。

1. 一级预防

一级预防主要是孕前预防，目的是防止出生缺陷的发生。通过健康教育、选择最佳生育年龄、遗传咨询、孕前保健、合理营养、避免接触放射性和有毒有害物质、预防感染、谨慎用药、戒烟戒酒戒毒等减少出生缺陷的发生。通常建议夫妻双方备孕前进行优生五项检查，包括对单纯疱疹一型病毒、单纯疱疹二型病毒、风疹病毒、弓形虫病毒和巨细胞病毒的近期及远期感染的检查。如有感染，需要咨询产科医生后才能备孕。此外，孕前3~6个月建议夫妻双方做血常规、尿常规、肝功能、胸透、生殖器官和彩超、心电图等检查；其中女性超声检查尤为重要，是筛查女性生殖器官畸形及盆腔异常的首选方法。

优生措施应从婚前开始执行，具体措施如下。

（1）遗传健康，从择偶开始

《中华人民共和国民法典》规定直系血亲或者三代以内的旁系血亲禁止结婚。

血亲也就是血缘关系。直系血亲指的是父母与子女、祖父母与孙子女、外祖父母与外孙子女等；旁系血亲则诸如堂兄弟姐妹、表兄弟姐妹等，凡三代以内有共同祖先，即为"三代以内的旁系血亲"。

近亲婚配，由于夫妇有共同的祖先，很可能继承相同的致病基因，使后代患隐性遗传病的风险大大增加。非近亲婚配，因夫妇双方没有血缘关系，双方都带有相同致病基因的可能性很小，其子女患隐性遗传病的风险也就小得多。例如，关于苯丙酮尿症这种隐性遗传病，近亲婚配所生子女患该病的风险是非近亲婚配所生子女的 300 倍。

（2）婚前体检是优生的重要保证

男女双方都应该主动去做婚前体检，不应隐瞒病史和家族史，并听从医生的指导，这有利于婚配双方和下一代的健康。婚前体检包括婚前咨询和婚前体检两方面内容。

①婚前咨询：询问以往健康情况，曾患疾病及治疗情况（尤其注意重要器官，如心脏、肝、肺、肾等的疾病）；有无遗传疾病、精神病、传染病等；目前健康情况；女子月经史；是否再婚，以往的婚育历史。三代以内直系、旁系血亲的健康情况，重点是遗传病和先天性畸形；询问配偶间有无近亲血缘关系。

②婚前体检：全身检查包括身高、体重、营养、智力、精神状态、血压，以及五官、心脏、肺、肝、脾等的检查。生殖器官检查包括第二性征、外阴发育检查，查看有无畸形、疾病。实验室检查包括血、尿常规检查，胸透检查。根据身体检查情况，做有关的其他检查。

（3）适龄结婚，计划受孕

无特殊原因，女性的生育年龄不宜超过 30 岁，更不宜推至 35 岁以后。最佳生育期内，在夫妇双方均健康的前提下再计划受孕，才有利于优生。服避孕药者应停药半年后再怀孕。人工流产或自然流产后，至少间隔半年再怀孕。夫妇任何一方有病时不宜怀孕，应积极治疗。烟酒均可损害生殖细胞，夫妇任何一方为烟酒嗜好者，应在计划受孕前至少 3 个月戒烟戒酒。身心极度疲劳的情况下不宜受孕。

2. 二级预防

二级预防主要是孕期干预，即在孕期对可能发生的出生缺陷进行产前筛查及产前诊断，目的是避免严重缺陷儿出生。出生缺陷包括形态学上的缺陷和功能学缺陷。前者包括缺手、缺脚、无脑、脊柱裂、先心病等，后者包括基因、染色体等导致的疾病，如耳聋、失明、唐氏综合征、大脑功能发育不良等。孕妇应遵照医嘱定期产检，以保证健康胎儿出生。

（1）影像学方法

超声产前检查是二级预防中最重要的手段，也是怀孕前后最常用、最简便、最重要的检查。整个孕期至少要做五次超声检查。在早孕期（11~13^{+6}周）进行的胎儿颈后透明层检测（NT）是宝宝的第一次畸形筛查，主要是筛出智力低下的"先天愚型儿"。孕20周左右、不超过24周，是"大排畸"筛查的最佳时机。此次超生检查即胎儿系统筛查，能够了解胎儿是否存在结构缺陷。在孕28~34周进行的超声检查，可以检查出胎儿系统筛查时没有被发现的晚期畸形，如肢体短缩、脑积水、肾积水、胃肠道闭锁等。在对胎儿中枢神经系统进行筛查方面，胎儿核磁共振（MRI）具有强大的优势，对中枢神经系统结构畸形的检出率为95%~97%。产前超声筛查联合胎儿核磁共振，已成为对胎儿畸形进行产前筛查和诊断的重要影像学方式，是预防出生缺陷的主要手段之一。

（2）血清学筛查

血清学筛查主要包括唐氏综合征产前筛查、基于高通量测序的无创DNA产前筛查技术（NIPT）等。唐氏筛查通过化验孕妇的血液来判断胎儿患21-三体综合征、18-三体综合征、神经管缺陷的危险系数，准确率仅为70%~80%。NIPT通过孕妇的血液筛查胎儿常见染色体非整倍体，主要筛查21-三体综合征、18-三体综合征及13-三体综合征，其准确性、敏感性及特异性均可为98%~99%。相比于唐氏筛查，NIPT实现了"高精度、高敏感性、高特异性"，避免了不必要的有创穿刺检查，大大提高了胎儿染色体非整倍体的检出率。

（3）介入性产前诊断及分子遗传学检测

介入性产前诊断主要是通过有创的穿刺技术获取胎儿成分（如羊水、脐带血、胎盘绒毛组织），对胎儿来源的细胞进一步进行染色体核型及各种分子遗传学检测，进而排除胎儿是否患有染色体疾病或其他遗传性疾病，主要包括羊膜腔穿刺术、脐静脉穿刺术、绒毛取材术。除了常规的染色体核型分析，近几年来飞速发展起来的分子遗传学检测手段也是筛查和诊断胎儿染色体疾病及遗传疾病的重要进步。

（4）孕期自我监测

妊娠期间，胎儿可能受母体内外环境的影响，或生长发育迟缓，或突然出现缺氧窒息而面临危险。因此，除了定期进行产前检查之外，孕妇还需学会自我监测，常用的方法包括监测体重和监测胎动。自妊娠第4个月开始，孕妇应每周测量一次体重，并做好记录。正常情况下孕妇体重在整个妊娠期增加11.5~16 kg。

孕前身体质量指数不同，孕期增重范围会有所差别。监测胎动是自我监测的一种简便、可靠的方法。一般在妊娠 18～20 周，胎动开始被母亲感知。如果氧供应不足，胎动次数则会减少。严重缺氧时，胎儿会停止活动，表明生命垂危。因此，胎动是一种信号，监测胎动，可知胎儿安危。

3. 三级预防

三级预防主要是产后干预，即在新生儿出生后尽早进行疾病筛查和干预，目的是减少残疾和死亡的发生率，包括新生儿筛查、结构畸形患儿的及时矫正等措施。

（1）新生儿筛查

新生儿遗传代谢性疾病筛查在全国已经普及开展，取新生儿足跟血，检测苯丙酮尿症、先天性甲状腺功能减低症、葡萄糖 -6- 磷酸脱氢酶缺乏症等数项遗传代谢性疾病。此类患儿在尽早诊断后，可通过合理饮食指导或药物治疗，避免出现严重的智力障碍和器官损伤。听力筛查有助于尽早发现新生儿听力异常，对于可能存在耳聋风险的儿童，给予及早干预，减少聋哑发生。

（2）结构畸形患儿的及时矫正

在产前发现胎儿结构畸形时，在孕妇及家属完全知情并要求继续妊娠的前提下，即可安排多学科会诊，为出生后的及时矫正与后续治疗提供平台。很多结构畸形都可能得到很好的矫正，如唇裂、马蹄内翻足、尿道下裂等，通过手术预后良好，大大改善了出生缺陷患儿的生活质量。

二、预防新生儿疾病

（一）新生儿硬肿症

病因：新生儿硬肿症多发生在冬季，早产儿发病率较高。

临床表现：体温不升（低于 36℃），吃奶困难，哭声微弱，皮肤发凉。皮肤变硬，按照小腿、大腿外侧、整个下肢、臀部、面颊、上肢、全身的顺序发生。严重时可发生呼吸困难。

预防：预防重于治疗，应做好孕期保健，加强产前检查，预防早产。寒冷季节出生的新生儿，要特别注意保暖。尽早开奶，按需哺乳，保证足够的热量。发现新生儿体温低、皮肤发硬等异常情况，尽量就近就医，途中注意保暖。

（二）新生儿脱水热

病因：新生儿脱水热多发生在夏季或保暖过度的情况下。新生儿出生后头几天，摄入的乳量少，但是因呼吸、皮肤蒸发、排出大小便，体内丢失的水分多。

加上环境温度高，新生儿就可能发生脱水热。

临床表现：出生后2～4天，低热或高热。尿量减少，皮肤干燥，皮肤弹性差，囟门凹陷。

预防措施：夏季注意防暑降温，使室温保持在22℃～28℃。不要给新生儿穿得太多、太厚，注意散热。按需哺乳，注意观察尿量变化，及时补充水分。

（三）新生儿脐炎

病因：断脐时或断脐后，消毒处理不严、护理不当就很容易造成细菌污染，引起脐部发炎。常见的病原菌有金黄色葡萄球菌、大肠杆菌，其次为溶血性链球菌，或发生混合细菌感染等。

临床表现：脐部红肿，有脓性分泌物，且分泌物有臭味。可有发热、不吃奶等全身症状。因脐带与腹腔相通，发生脐炎如未及时治疗，炎症可扩散，导致腹膜炎或败血症。患儿精神极差，发热或体温不升（体温低于36℃），有明显黄疸。

预防：保持脐部干燥，勤换尿布，防止尿液污染。做好脐部护理，每日清洁、消毒。如脐部潮湿、渗液或脐带脱落后伤口延迟不愈，则应做脐局部消炎处理。

（四）新生儿肺炎

病因：胎儿吸入羊水、胎粪等，或由产前及产时感染所致。

临床表现：新生儿肺炎缺乏"咳、喘"等典型的肺炎症状，主要表现为呼吸浅快，阵阵憋气，口吐白色泡沫，面色苍白或发绀，常出现呛奶，可发热，也可体温不升。

预防：新生儿居室应保持空气新鲜，温、湿度适宜。家人呼吸道感染时，要与新生儿隔离。发现新生儿有阵阵憋气等异常，要及时就诊。

（五）新生儿破伤风

病因：新生儿破伤风是由破伤风杆菌自脐部侵入新生儿体内所致的严重疾病。破伤风杆菌存在于土壤等外环境中。给新生儿接生时，断脐的用具（如剪刀、线）未经严格消毒，或用未消毒的布、棉花包裹断脐，都可能使脐部受到破伤风杆菌的污染。

临床表现：经4～14天的潜伏期（以4～7天最多），开始出现症状。哭声低微，不吃奶。因面部肌肉抽搐，呈现苦笑面容。肢体阵阵抽搐，呈"角弓反张"。喉肌、呼吸肌痉挛，可致窒息。病死率极高。

预防：新生儿破伤风是可以预防的疾病，只要在接生时严格执行消毒操作就可杜绝该病的发生。若因急产等，断脐时未按严格的消毒程序操作，应争取在24

小时内到医院重新处理新生儿脐部，同时肌注破伤风抗毒素或人免疫球蛋白。

本章小结

　　本章结合婴幼儿照护者的岗位需求，介绍了婴幼儿常见疾病的预防与护理措施、常见意外伤害的处理等，对于促进婴幼儿的健康成长具有十分重要的意义。

阅读导航

　　[1]颜爱华，罗群. 0～3岁婴儿护理与急救[M]. 北京：科学出版社，2015.

　　0～3岁是婴幼儿体格发育和神经系统发育最迅速的时期。随着身体各器官的不断生长发育，婴幼儿几乎每月甚至每天都在发生变化，而这一时期也是许多疾病、意外容易发生的时期。针对0～3岁婴幼儿特殊时期生理发展的特点，照护者必然需要掌握各年龄段婴幼儿的生活护理技巧、疾病预防方法、急症和意外伤害的急救手段等。本书以0～3岁婴幼儿常见疾病的预防与护理以及意外伤害的处理为重点，深入浅出，具有较好的理论性和较强的操作性。

　　[2]孟亭含. 婴幼儿卫生与保健[M]. 上海：同济大学出版社，2018.

　　婴幼儿卫生与保健的任务是研究婴幼儿的生理特点、生长发育规律及心理发展特点，探讨婴幼儿健康与营养及生活、教育环境之间的关系，提出相应的卫生要求和保健措施，创造和利用各种有利因素，控制和消除各种不利因素，创设良好的生活环境和教育环境，科学地组织婴幼儿教育，以增进婴幼儿健康和促进其正常的生长发育。本书将婴幼儿教育学和保健学的一些最新理念和成果纳入婴幼儿卫生与保健的知识体系，立足科学性和先进性，系统阐述了0～3岁婴幼儿卫生与保健的基本知识与技能，注重保教结合、保教并重。

学习检测

一、问答题

1. 缺铁性贫血的发病原因和临床表现是什么？如何早期预防？

2. 托育园如何发现传染病？说出具体的做法。

3. 在新生儿出生时要做好哪些预防感染的工作？

二、案例分析

案例 1：某婴儿，3 个月大，按计划免疫程序接种百白破三联疫苗后，当天下午体温升到了 38.5℃，并伴有烦躁、哭闹等表现。

问题：该如何处理？

案例 2：某早教中心发现了一名甲型肝炎患儿，立即采取了以下措施：让患儿居家隔离，时间为 30 天；与患儿密切接触的儿童进行医学观察；对患儿使用过的玩具、餐具进行消毒。

问题：该早教中心采取的措施是否恰当？还需采取哪些措施呢？

案例 3：小张夫妇的孩子 1 岁了。李老师发现该孩子胸骨和邻近的软骨向前突起，形成"鸡胸样"。与小张夫妇沟通后得知，除了将孩子送来早教中心上课，他们平时很少带孩子出门玩耍。

问题：这个孩子可能患了什么疾病？孩子患病的主要原因是什么？如何预防？

案例 4：亮亮近来夜里常常惊起，虽已经进入冬天，但睡觉时还老是不停地出汗，头枕部的毛发也变得越来越稀疏。妈妈听朋友说，这是由亮亮缺钙造成的。于是，妈妈买来了钙片，还给亮亮订了牛奶，想给他好好补补钙。可是半个月过去了，亮亮的症状丝毫没有减轻。

问题：请帮亮亮的妈妈分析造成这种现象的原因，并给予她科学的指导。

案例 5：花花正在和小朋友玩耍，突然磊磊指着花花的鼻子大叫："出血了！出血了！花花的鼻子出血了！"玲玲老师急忙赶了过来，她让花花先仰头，再用手捏住花花的鼻子，结果鼻血还是不停地流出来。

问题：玲玲老师的处理对吗？应该怎样处理呢？

实践体验

项目一

在你所在地或见实习的托育园做一次婴幼儿肥胖症调查，并写出调查报告。报告中需说明当地婴幼儿肥胖症发生的主要原因、各种原因所占比例、肥胖症对婴幼儿的危害，并指出合理的预防措施。

项目二　婴幼儿常用护理技术

一、实训目的

掌握婴幼儿常用护理技术的方法和动作要领，能正确进行操作，护理方法得当，并理解各项操作的注意事项。

二、设备及物品

婴儿模型、水银体温计或电子体温计、计时器、浴巾、小毛巾、半盆温水、热水袋、模拟药物及相关器具。

三、操作步骤

（一）准备

关闭门窗，保持室内环境安静。

剪短指甲，清洗双手。

（二）测体温

1. 测量前

先看体温计的水银线是否在35℃以下。如果超过了35℃，可用一只手捏住没有水银球的那一头，向下向外轻轻甩几下，使水银线降到"35"刻度以下。

2. 测量时

先擦去腋窝下的汗，然后把体温计的水银端放在婴儿腋窝中间，水银端不能伸出腋窝外，让婴儿曲臂夹紧，测5分钟取出。

3. 测量后

读数：一手拿体温计的上端，使体温计与眼平行，轻轻来回转动体温计，即可清晰地读出水银柱的度数。

电子体温计的操作流程与上述流程大体一致，但具体需根据电子体温计的操作说明执行。

（三）测脉搏

1. 确认安静状态

脉搏易受体力活动及情绪变化的影响，为减少误差，需在婴幼儿安静、合作时进行测量。连测三个10秒钟的脉搏数，其中两次相同并与另一次相差不超过一次脉搏跳动时，可认为婴幼儿已处于安静状态。

2. 测量

婴幼儿取卧位或坐位，将其手腕伸展，手臂放在舒适位置。操作人员以食指、中指、无名指的指端按压在手腕的桡动脉上（常选用较表浅的动脉，手腕部靠拇指侧的桡动脉是最常采用的部位）。婴儿也可测肱动脉，压力大小以摸到脉搏跳动为准。计算一分钟的脉搏数即可。

（四）观察呼吸

1. 呼吸正常

观察腹部起伏的次数，一起一伏计算为一次呼吸，测一分钟即可。

2. 呼吸微弱

若由于种种因素，婴幼儿呼吸微弱，可把棉线放在鼻孔处观察棉线被吹动的次数。

（五）物理降温

婴幼儿物理降温常用头部冷敷和温水擦浴。

1. 头部冷敷

让患儿躺卧，操作人员将小毛巾折叠数层，放在冷水中浸湿，拧成半干以不滴水为宜，敷在其前额，每5~10分钟换一次。一般冷敷时间为15~20分钟。也可用医用退热贴贴于前额。

2. 温水擦浴

准备：32℃~34℃温水。

擦浴顺序：

先擦拭双上肢：侧颈、肩、上臂外侧、前臂外侧、手背、侧胸、腋窝、上臂内侧、肘窝、前臂内侧、手心。再擦拭背部：颈下肩部、背部、臀部。最后擦拭双下肢：髋部、下肢外侧、足背、腹股沟、下肢内侧、内踝、臀下沟、下肢后侧、腘窝、足跟。

也可采用温水浴进行降温。

（六）喂药

1. 小婴儿

将药片研成细小粉末溶在白开水中喂服，或用奶瓶喂服，也可用滴管或婴儿给药器喂药。

2. 1岁左右的患儿

将患儿抱在怀里，使其呈半仰卧位，适当固定其手脚。

喂药时固定头部，使头歪向一侧，勺尖紧贴婴儿的嘴角将药喂入，等患儿将药咽下去以后，放开下巴，再喂几口白开水。

对于年龄再大一些的幼儿，如2岁以上，可鼓励其自己吃药。

（七）滴眼药水

核对并检查药液。

患儿取仰卧位或坐位，头稍向后仰，眼睛向上看。操作人员用一只手的拇指、食指轻轻撑开患儿上下眼皮，另一只手持滴管在距眼睛1~2 cm处将1~2滴药滴在患儿下眼皮内。

滴药后用拇指、食指轻提患儿上眼皮后轻压鼻根，让患儿闭眼休息2~3分钟。

（八）滴鼻药水

核对并检查药液。

患儿取仰卧位或坐位，头向后仰使鼻孔朝上。操作人员一手轻轻固定其头部，另一只手持滴管在距鼻孔2~3 cm处将2~3滴药液滴入鼻孔，轻轻按压鼻翼两侧，使药液均匀接触鼻腔黏膜。

滴药后让患儿保持原姿势3~5分钟，以免药物进入口腔。

（九）滴耳药水

核对并检查药液。

患儿取侧卧位或坐位，使患耳朝上。擦净外耳道脓液，操作人员左手牵拉患耳耳郭，使耳道变直，右手持药液从外耳道后壁滴入2~4滴，轻轻压揉耳屏。

让患儿保持原姿势5~10分钟，使药水进入耳道深处。

四、注意事项

（一）测体温

①婴幼儿哭闹时，不要勉强测体温，待其安静下来再测。

②为减少误差，刚吃奶、吃饭、洗澡后，不宜马上测体温，应在饭后、沐浴后30分钟再测。

（二）测脉搏

①因拇指小动脉的搏动易与被测人的脉搏混淆，一般不用拇指进行诊脉。

②按压力度应适中，太大会影响脉搏搏动，太小又会感觉不到脉搏搏动。

（三）观察呼吸

检查呼吸次数，最好在安静或睡眠时进行。因运动和情绪激动可使呼吸暂时加快，而睡眠或休息时，婴幼儿精神放松，呈现自然的呼吸状态。

（四）物理降温

①若冷敷时婴幼儿发生寒战、面色发灰，应停止冷敷。

②患儿身上的衣服不能太多、太厚，不能包裹太紧，应尽量让患儿躺卧床上，不要将患儿抱在怀里，以免影响体温的散发。

③物理降温法与药物降温法同时使用时，由于药物降温会使患儿大量出汗，故应及时擦干患儿汗液，保持皮肤干爽，以防受凉。

④应用物理降温法30分钟后复测体温。

（五）喂药

①喂粉剂药或研碎的药片时，务必在服用前将其溶于水，不要直接将粉末涂在患儿舌头表面上，这会加剧患儿对药物的敏感从而导致患儿更加不愿配合。

②喝药水或糖浆时，不要拿瓶子直接喂患儿，这样不但容易搞错用量，还会使瓶内药物受到污染。

③不要随意将药混在牛奶或果汁等饮品中喂患儿，避免药物与这些饮品发生化学反应，影响或降低药效。应咨询医生药物的配伍禁忌后，再选择性地将药混入饮品中。

④不要捏着患儿的鼻子或趁其熟睡时喂药，否则药液很容易呛入气管或支气管，轻则引起咳嗽，重则会导致吸入性肺炎甚至引起窒息。

项目三　婴幼儿常用急救技术

一、实训目的

掌握婴幼儿常用急救技术，能使心跳、呼吸骤停者在最短的时间内建立有效呼吸，恢复全身血液的供应；能快速排出气道异物，帮助患儿恢复正常通气。

二、设备及物品

心肺复苏教具、婴儿模型。

三、操作步骤

（一）心肺复苏术

1. 迅速评估和启动急救医疗服务系统

快速评估环境对抢救者和患儿的安全性；评估患儿的反应、呼吸，检查大血管搏动（触摸颈动脉，婴儿应触摸肱动脉），10秒内做出判断；拨打120。

2. 胸外按压

（1）将患儿仰卧于硬板上进行按压

按压深度至少为胸部前后径的1/3（婴儿约4 cm，儿童约5 cm），按压频率为100~120次/分，每次按压后让胸廓完全回弹，以保障心脏血流的充盈。

（2）按压手法

双手环抱拇指按压法：急救者双手环抱患儿胸廓，两拇指重叠或并列放置于胸骨下1/3处，其余手指托住患儿背部起支撑作用，垂直按压胸骨。

双指按压法：急救者将一手食指和中指置于患儿两乳头连线中点下方按压胸骨。

单手按压法：适用于1~8岁儿童。急救者一手固定患儿头部，以利通气，另一手掌根部按压患儿胸骨平乳头水平处。

3. 开放气道

①清除口、咽、鼻的分泌物、异物或呕吐物。

②开放气道。常用仰头提颏法：急救者一手掌小鱼际部位置于患儿前额，另一手食指和中指将下颌骨上提，下颌角和耳垂连线与地面呈30°角（婴儿）或60°角（儿童）。

4. 建立呼吸

（1）口对口人工呼吸

此法适用于现场急救。急救者口对口封住，拇指和食指捏紧患儿鼻孔，掌根部保持患儿头后仰，将气吹入，此时患儿胸廓抬起，然后放开鼻孔，使肺内气体自然排出，避免过度通气。如患儿为不足1岁的婴儿，采用口对口鼻吹气。每次人工呼吸3~5秒钟，吹气与排气的时间之比为1∶2。

（2）复苏气囊面罩通气

条件允许时可采用辅助呼吸的方法，选择合适的复苏气囊面罩。急救者采用CE手法固定面罩，使其罩住患儿口鼻形成密闭的空间，并保证气道通畅，一手有节律地挤压、放松气囊。此法只用于短时间内的辅助通气。

（3）胸外按压与人工呼吸比例

单人为婴儿和儿童做心肺复苏时，胸外按压与人工呼吸比为30∶2，即在胸外按压30次和开放气道后，立即给予2次有效的人工呼吸；若双人复苏则为15∶2。

5. 复苏有效的标志

扪及大动脉搏动。出现自主呼吸。扩大的瞳孔缩小，对光反射恢复。口唇、甲床等处颜色转红。肌张力增强。

（二）气道异物清除术

1. 气道异物梗阻的判断

婴幼儿进食或玩耍时，突然强力咳嗽，呼吸困难，或无法说话和咳嗽，出现痛苦表情和（或）用手掐住自己的颈部，以示痛苦和求救。或成人亲眼看见婴幼儿吸入异物。如无以上表现，但观察到不能说话或呼吸，面色、口唇青紫，失去知觉等征象，也可判断为气道异物梗阻。

2. 急救措施

婴儿：采用背部叩击法和胸部冲击法。

背部叩击法：固定婴儿双侧下颌及头颈部，将婴儿俯卧并骑跨于施救者的前臂上，头低于躯干。另一手掌根向内向上叩击婴儿两肩胛间4~6次。如异物仍未

视频资源

婴儿常用急救技术

视频资源

幼儿常用急救技术

冲出，立即施行胸部冲击法：将婴儿翻转于前臂上，成仰卧位。在两乳头连线中点下方，快速冲击4～6次。如异物排出，迅速用手指从一侧口角伸入，抠出异物。如异物仍未排出，重复交替进行背部叩击法和胸部冲击法，直至异物排除。

较大幼儿：采用腹部手拳冲击法。

腹部手拳冲击法：适用于较大儿童，神志清醒时。患儿取立位，施救者位于患儿身后，双臂环抱其腰部。手握拳以拇指侧对腹部，放于剑突下和脐上的腹部。另一只手紧握该拳，快速向内、向上冲压腹部4～6次，以此促进异物排出。注意施力方向，不要挤压胸廓，防止胸部和腹内脏器损伤。重复冲压，直至异物排出。

四、注意事项

（一）心肺复苏术

①呼吸、心搏骤停一经确定，应分秒必争积极抢救。

②胸外心脏按压时部位要准确，用力要适宜，以防发生骨折或心肺损伤；按压放松时用力的手指抬起，但不离开胸壁皮肤，避免反复定位而延误抢救时间。按压须保持连续性。

③做人工呼吸时，吹气应均匀，不可用力过猛，以免肺泡破裂；注意观察患儿的胸廓起伏情况，以了解通气效果，如胸廓无抬起或抬起不明显，应考虑气道不通畅。

（二）气道异物清除术

①气道异物阻塞发病突然，病情危重，现场往往缺乏必要的抢救器械，徒手抢救法是现场抢救的主要措施。现场抢救的时间、方法及程序正确与否，是挽救患者生命的关键。

②鉴于气道异物阻塞发生突然，病情复杂，在特殊情况下，可灵活运用各种方法和程序。

项目四　新生儿脐部护理

一、实训目的

熟练掌握新生儿脐部护理，操作规范，护理得当。

二、设备及物品

3% 过氧化氢或碘附、消毒棉签、操作台、婴儿模型。

三、操作步骤

（一）准备

关闭门窗，清洁操作台面。

剪短指甲，清洗双手。

（二）操作

1. 新生儿沐浴后，将其肚脐中央及周围的水擦干

2. 消毒

脐带未脱落时：左手提起绑脐带的细绳或脐带夹，右手用消毒棉签蘸消毒液，由内到外消毒脐带根部，再由下至上对脐带残端进行消毒。

脐带已脱落时：先用拇指、食指分开肚脐周围皮肤，使脐窝充分暴露，再用消毒棉签蘸消毒液，由内到外给脐窝消毒，并查看棉签有无血丝或黄色分泌物。如有，用同样方法对其进行多次消毒，稍等片刻，让脐部自然干燥。

3. 穿尿不湿

消毒完毕，需为新生儿穿好尿布，但不能让尿布盖过脐部，否则脐部容易被粪便或尿液污染。

四、注意事项

新生儿沐浴后，避免洗澡水积在脐窝底部，且务必消毒到脐窝深处。

脐带未脱落前每天消毒 2~3 次，脱落后继续消毒至无分泌物为止，如分泌物较多，可酌情增加消毒次数直至脐部干净。

脐带脱落时间一般为出生后 1~2 周，但有差异，如果 2 周后脐带仍未脱落，应仔细检查脐带有无化脓、红肿现象，是否有大量液体渗出。如果没有上述症状，不用就医诊治，每天按时对脐部进行消毒，加快脐带脱落。

新生儿脐带脱落过程中会出现轻微发红、黏稠液体渗出等正常现象。黏稠液体较清亮，呈淡黄色，是脐带在愈合过程中渗出的液体。如果新生儿脐部周围皮肤发红发热，渗出液体呈脓性或有恶臭味，应及时就医。

第六章 托育机构的环境卫生

导言

托育机构的环境、园舍和设备卫生是婴幼儿生活和学习的必要条件，托育机构要使婴幼儿在安静、清洁、卫生，对身体无害的环境中学习和生活，保障婴幼儿的生命安全，在让婴幼儿建立心理安全感的基础上，充分尊重婴幼儿的身心发展规律，提供专业环境促进婴幼儿健康发展。

学习目标

1. 理解托育机构环境建设的意义与原则。
2. 了解托育机构园舍的选址与卫生要求。
3. 了解托育机构设备的卫生要求。

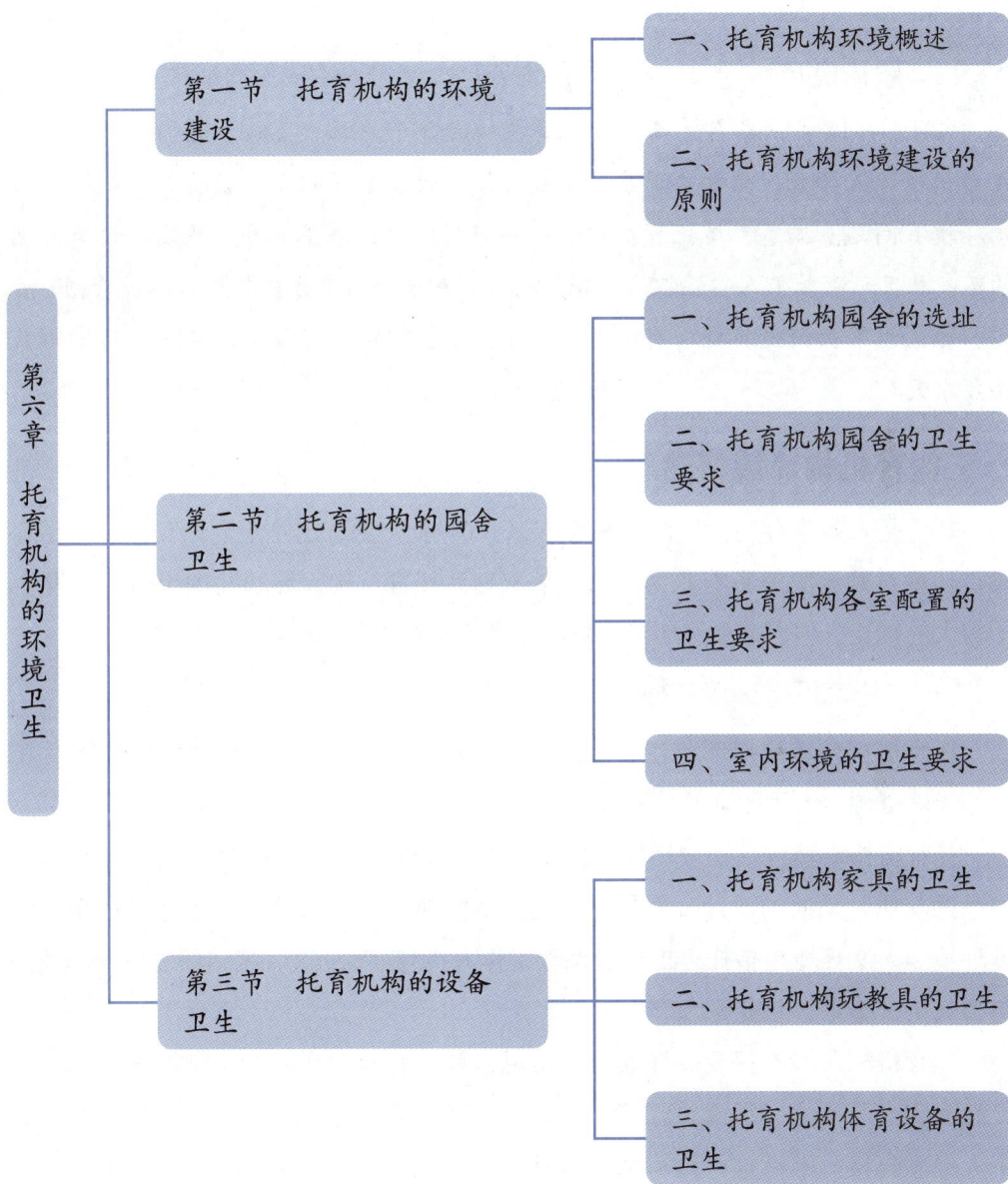

知识导览

第六章 托育机构的环境卫生

第一节 托育机构的环境建设
- 一、托育机构环境概述
- 二、托育机构环境建设的原则

第二节 托育机构的园舍卫生
- 一、托育机构园舍的选址
- 二、托育机构园舍的卫生要求
- 三、托育机构各室配置的卫生要求
- 四、室内环境的卫生要求

第三节 托育机构的设备卫生
- 一、托育机构家具的卫生
- 二、托育机构玩教具的卫生
- 三、托育机构体育设备的卫生

第一节　托育机构的环境建设

问题情境

　　2019年12月，多名就读于某托育机构的孩子的家长反映，他们的孩子在入托后出现了流鼻血、咳嗽的现象，而且持续了较长一段时间。家长们质疑托育机构环境有问题。据悉，该托育机构于一年前装修完，今年9月刚开园。频繁出现的不良状况让家长们人心惶惶，希望该托育机构配合第三方机构进行环境检测。

　　你认为家长们提的要求有道理吗？在托育机构环境建设中，有哪些具体的卫生要求呢？

一、托育机构环境概述

　　环境是人类生存与发展的条件和根基，0～3岁婴幼儿处于生长发育的重要阶段，环境对其健康的影响尤为重要。从家庭到托育机构，婴幼儿的生活环境发生了较大的转变，他们需要经历从家庭环境到托育机构环境的适应过程。

（一）托育机构环境的概念

　　托育机构环境是指环绕在婴幼儿四周，婴幼儿所接触的赖以生活的空间及其一切天然资源、人为因素的总和。

　　托育机构环境包括物理环境和人文环境两大类。在托育机构中，空间的安排、物品的材质、动线的设计、教具的种类、情境规划、游乐设施的布置等均称为物理环境。人文环境是指托育机构里保教工作人员与婴幼儿所共创出来的机构文化，包括气氛、感觉、态度等。

　　托育机构环境不仅要关注安全、美观、舒适的物理环境，还应重视能让婴幼儿感到安全与安心、形成较好依附关系的人文环境，在环境中让婴幼儿有机会与个人经验连接。唯有这些环境都能得到妥当规划，我们所照顾的婴幼儿才会在情绪、认知以及身体上有所发展。

（二）托育机构环境建设的重要性

1. 良好的托育机构环境可以保障婴幼儿的身体健康和生命安全

　　符合卫生要求的托育机构环境是婴幼儿健康成长的前提和基础。国家卫生健康委2019年印发了《托育机构设置标准（试行）》和《托育机构管理规范（试行）》，2020年印发了《托育机构婴幼儿伤害预防指南（试行）》，旨在加强托育机构管理，建立专业化、规范化的托育机构，其中《托育机构设置标准（试行）》对托育机构的设置要求、场地设施都有具体的要求，以保障婴幼儿安全和健康发展。

2. 良好的托育机构环境能促进婴幼儿的发展

婴幼儿的发展需要一个舒适、健康、多样与能活动的空间环境。托育机构需要像家一样温暖、舒适，要有符合婴幼儿特点的设备，让婴幼儿有被尊重的感觉，以产生对环境的信任感；允许婴幼儿在地板上自由游戏，并提供丰富、安全的玩具、音乐、室外景观、图书等，通过与环境和照护者的互动支持婴幼儿各种能力的发展。

二、托育机构环境建设的原则

（一）物理环境建设的原则

1. 安全性

安全是婴幼儿成长过程中最大的需求之一，因此，在规划环境时应从婴幼儿的角度来检视一切设备的安全性。例如，光线充足，空气流通，能提供充足日照；应有足够的室内外活动空间，让婴幼儿探索，满足婴幼儿的需求；生活用品和运动设备卫生、安全；餐具应选易清洗的材质，可高温杀菌，避免疾病传染等。

2. 教育性

室内、室外的设计均需加入学习的内涵，让婴幼儿有机会进行功能性游戏、合作性游戏。功能性游戏有户外的攀爬、荡秋千、玩脚踏车等；合作性游戏如老鹰抓小鸡等游戏。托育机构的空间设计可参照认知学习理论，在活动室模拟布置不同的"社会环境生态区域"，让婴幼儿从物理环境中学习如何与外部生活接轨。

3. 创意性

当教具与玩具大都呈现单一功能时，婴幼儿可借以想象的空间就变少了，所以配置低结构的材料（如水、沙、泥土等）更能引发婴幼儿的想象行为。

4. 变通性与弹性

婴幼儿的发展是阶段性的，导致其兴趣爱好具有变更性，课程的设计也会对空间大小有不同的要求。为了顺应婴幼儿的发展、满足课程的需要，在空间设计上应保持变通性和弹性，以便能因地制宜做出调整，让空间在使用上更加灵活。

（二）人文环境建设的原则

1. 为婴幼儿配备相对固定的照护者

婴幼儿有与照护者建立依恋关系的需求。照护者是婴幼儿在新环境中依附的港湾，是他们和托育机构之间的桥梁。与照护者建立稳固的依恋关系，是确保婴幼儿能够在托育机构生活、成长的基础。此外，固定的照护者可以长期持续地观察婴幼儿，了解婴幼儿的生活习惯和性格特点，为婴幼儿提供他们所需要的、恰当的支持。

2. 营造充满爱和鼓励的气氛

照护者要以温柔的声音、充满笑意的面庞与婴幼儿互动，抱起、放下、更换尿布、辅助穿脱衣物时动作应轻柔，尽量减少婴幼儿对环境的紧张感和恐惧感，让婴幼儿感受到照护者对自己的尊重和爱护，这有利于照护者获得婴幼儿的信任。足够的情感滋养能促使婴幼儿人格健全发展，并能充分培养婴幼儿的自信心。环境中的温馨气氛还可以让婴幼儿产生安全感和幸福感。

3. 营造以儿童发展为中心的学习环境

在托育机构中，婴幼儿能够看到、听到、用身体感受到的事物，构成了他们的学习环境。他们以自己的身体为工具来探索身边的人和事物，从而获得并积累经验。学习环境的设计须符合婴幼儿发展需求，通过环境引发婴幼儿探索与研究的动机。环境规划的重点在于方法与态度的启发。一个富有启发性的环境，利于婴幼儿学会思考、懂得运用方法。

4. 营造有正确行为准则的环境

正如大自然有其运行的规律，作为生命体，婴幼儿的身体也在不断找寻自己的运行节奏。在一种相对稳定、有规律的生活中，婴幼儿能对即将发生的事情有足够的预估和掌控力，能帮助其消除身体和心理上的不安。研究证明，儿童若能在各种定义清楚的活动环境中，以他们自己的步调生活和学习，那么儿童会在活动中展现高度的社会互动并更专注于活动。

第二节　托育机构的园舍卫生

问题情境

选择一个优质的托育机构，是每个妈妈的期望。刚满 1 岁的小红的妈妈就碰到了这个难题。有人说选择托育机构要严把安全关、卫生关、质量关，需要考虑的硬性指标包括空间设置、物品摆放是否安全，哺乳区、游戏区是否卫生。除了这些显性的因素之外，你认为还需要关注什么呢？

托育机构的园舍、桌椅、教具、采光、照明、卫生设施、娱乐器具及运动器械等这些直接与 0～3 岁婴幼儿相接触的环境，不仅要符合国家规定的卫生标准和安全标准要求，还应适合婴幼儿健康成长、发展的需要，要根据他们身心发展的特点进行设计和配置，消除易于引发意外事故的隐患。

一、托育机构园舍的选址

托育机构是婴幼儿学习和活动的重要场所，也是为家长提供保教服务的公共机构，因此，它既要保证周边和机构环境有利于婴幼儿的身心成长，也要满足家长的一定需求。托育机构的设置应当根据城乡发展规划，结合人口、交通、环境等因素，科学规划，合理布局。新建居住区应当规划建设与常住人口规模相适应的托育机构。老城区和已建成居住区，应当采取多种方式建设、完善托育机构服务设施，满足居民需求。托育机构属于 5 分钟生活圈居住区配套设施，根据实际情况按需配建，服务半径不宜大于 300 m，一般来说不超过 2 km。托育机构的规模分为大、中、小三种基本类型，1～3 个班为小型，4～7 个班为中型，8～10 个班为大型。乳儿班（6～12 月龄）要求每班 10 人以下，托小班（12～24 月龄）要求每班 15 人以下，托大班（24～36 月龄）要求每班 20 人以下。18 个月以上的幼儿可混合编班，但每个班不超过 18 人。4 个班及以上的托育机构建筑应独立设置，1～3 个班及以下时，可与居住、养老、教育、办公建筑合建。

（一）远离污染，环境安静

托育机构应避开污水、废气、烟尘、垃圾等各种污染源，远离喧闹的大型公共娱乐场所、商场、车站、码头、机场、批发市场等人流密集的场所，满足抗震、防火、疏散等要求。

（二）就近选址，方便接送

托育机构的园址应选在离居民区适中的地方，方便婴幼儿入园。大门不要直接面向主要的交通要道，门前应留有一定的缓冲地带。

（三）地势平坦，卫生安全

托育机构不应置于易发生自然地质灾害的地段，场地应平坦、干燥，保证婴幼儿活动时的安全。土质以沙砾土为宜，容易渗水，吸热性强，易于绿化，排水通畅。园内无高压输电线、燃气管道主干道、输油管道主干道等穿过；也不可与高压输电线、变电站等易于给婴幼儿带来危险的设施相伴为邻；与易发生危险的建筑物、仓库、可燃物品和材料堆场等之间的距离应符合国家现行有关标准的规定。

（四）日光充足，景色优美

托育机构主体建筑物应有较好的日照和朝向，并与附近的建筑物保持一定的距离。一般来说，良好的朝向基本是南向。在西、北方向，与邻近建筑物的距离不得小于最高建筑物的 1.5 倍，在东、南两个方向，间距则不应小于最高建筑物的 1 倍。托育机构应接近城镇、小区、工矿居住区绿化地段，即能有优美的景观、空间环境，也可以借助这些条件开展室外活动，使婴幼儿在身心舒畅的氛围里学习和玩耍。

二、托育机构园舍的卫生要求

（一）建筑物

托育机构建筑应由生活用房、服务管理用房和供应用房等组成。我国《托儿所、幼儿园建筑设计规范》（2019 年版）规定了托育机构的建筑设计要求，要求建筑用房应符合有关工程建设的国家标准、行业标准的规定，满足抗震、防火、疏散等要求。

生活用房是托育机构建筑的主要部分，是婴幼儿一日活动的主要场所，应布置在首层。当将生活用房布置在首层确有困难时，可将托大班布置在二层，其人数不应超过 60 人，并应符合有关防火安全疏散的规定。生活用房按照生活单元的组合方法进行设计，为每班独立使用的生活单元。乳儿班和托小班临近生活空间需设置喂奶室，使用面积不宜小于 10 m²，内设尿布台、洗手池，宜设成人厕所，并设置开向疏散走道的门。

服务管理用房是托育机构对外联络、对内开展婴幼儿保健和教育服务的房间，应包括晨检室（厅）、保健观察室、机构负责人办公室、教师办公室、储藏室、会议室、教具制作室等房间。托育机构建筑应设门厅，门厅内应设置晨检室和收发室，宜设置展示区、婴幼儿和成年人使用的洗手池、婴幼儿车存储空间等，宜设卫生间。教职工的卫生间、淋浴室应单独设置，不应与幼儿合用。

供应用房是保障托育机构人员饮食、饮水、清洁、后期服务等的房间，宜包括厨房、消毒室、洗衣间、开水间、车库等房间。厨房应自成一区，并与婴幼儿活动用房有一定的距离。

（二）室外活动场地

托育机构应设独立的室外活动场地，场地内应有防止物体坠落的措施，场地周围应采取隔离措施。室外活动场地人均面积不应小于 3 m²；城市人口密集地区改、扩建的托育机构，设置室外活动场地确有困难时，室外活动场地人均面积不应小于 2 m²。室外活动场地地面应平整、防滑、无障碍物、无尖锐突出物，并宜采用软质地坪；场地中应设置游戏器具、沙坑、30 m 跑道等，宜设戏水池，但储水深度不应超过 0.3 m。游戏器具下的地面及周围应设软质铺装。室外活动场地宜设洗手池、洗脚池。

（三）绿化用地

托育机构宜设置集中绿化用地，绿化率不应小于 30%。绿化地带可改变局部小气候，对净化空气、调节温度、增加湿度、减小噪声、美化环境都十分有利。绿化地带同时可作为教学素材，形成天然的自然科学教学园地。园内的绿化应以花草为主，以乔灌木为辅，还可以结合教学内容种植一些常见的植物。不宜种植有毒、带刺、有飞絮、病虫害多、有刺激性的植物，以免对婴幼儿造成伤害。

三、托育机构各室配置的卫生要求

（一）生活用房

托育机构生活用房由乳儿班、托小班、托大班组成，为各班使用的生活单元。各班应保持房间使用的相对独立性。婴幼儿活动用房因婴幼儿的年龄不同而要求不同。乳儿班活动用房包括睡眠区、活动区、配餐区、清洁区、储藏区等；托小班和托大班的活动用房包括睡眠区、活动区、配餐区、清洁区、卫生间、储藏区等。各区最小使用面积应符合表 6-2-1 的要求。

表 6-2-1　托育机构各班各区最小使用面积

各区名称	最小使用面积（m²）		
	乳儿班	托小班	托大班
睡眠区	30	35	40
活动区	15	35	46
配餐区	6	6	8
清洁区	6	6	8
卫生间		8	12
储藏区	4	4	9

注：

1. 托小班睡眠区与活动区合用时，其使用面积不宜小于 50 m²。

2. 托大班睡眠区与活动区合用时，其使用面积不宜小于 70 m²。

3. 混合编班的班级活动单元各区最小使用面积可参考托大班相应区域对应人数比例的面积指标。

　　乳儿班和托小班生活单元的各功能分区应符合下列规定：睡眠区应布置供每个婴幼儿使用的床位，不应布置双层床。床位四周不宜贴靠外墙；配餐区应临近对外出入口，并设有调理台、洗涤池、洗手池、储藏柜等，应设加热设施，宜设通风或排烟设施；清洁区应设淋浴、尿布台、洗涤池、洗手池、污水池、成人厕位等设施，且成人厕位应与幼儿卫生间隔离开。

　　活动室要求房屋净高不低于 2.8 m，单侧采光的活动室进深不宜大于 6.6 m。每间活动室要有两个出口，设双扇平开门，其宽度不应小于 1.2 m，门扇要向外开，不设门槛，材料宜采用较为坚固的木制门，双面平滑、无棱角，门上应装有安全玻璃观察窗。门距离地面 0.6 m 处加设儿童专用拉手，距离地面 1.2 m 以下部分应设防止夹手设施。活动室的窗户应宽敞明亮，窗台距地面的高度应低于 0.6 m，最好采用推拉式窗扇，方便开启、安全可靠。当窗台距离地面高于 0.9 m 时，应采取防护措施，防护高度应由地面算起，不应低于 0.9 m，窗距离地面的高度小于或等于 1.8 m 的部分，不应设内悬窗和内平开窗扇。墙角、窗台、窗口竖边等棱角部位做成小圆角，安装的电源插座应不低于 1.7 m，且接地孔安全紧闭。

　　每班应设置独立的符合婴幼儿身心特点的清洁区（卫生间），并相互隔开，尤其是在独立设置的全日制托管型托育机构中。卫生间内均为平整无台阶地面，地面均应使用防滑地砖，避免婴幼儿出现滑跌的现象；墙面边缘及洗手池边缘应做圆角设计，防止婴幼儿碰撞受伤；整体设计需温馨，让婴幼儿感受到舒适、安全，为他们养成良好的如厕习惯奠定基础。乳儿班和托小班的卫生间需要提供尿布台（挂壁式或台式），单独设置在一个区域中，如有条件还应提供单独配套使用的水池和专用垃圾桶。换尿布区域如果不注意清洁消毒，或者未与其他区域相对分开，易传播一些肠道病毒等。托小班、托大班的卫生间内可配备婴幼儿专用坐便器、小便斗或小便池，坐便器高度宜为 0.25 m 以下。每班至少设 2 个大便器、2个小便器，便器之间应加隔板，隔板处可加设扶手，便于婴幼儿如厕时使用。日常使用后均须及时做好清洗消毒工作。若卫生间无窗，需要考虑安装通风设施。每班至少设 3 个适合幼儿使用的洗手池，高度宜为 0.4~0.45 m，宽度宜为 0.35~0.4 m。

　　活动室室内装修应考虑婴幼儿的使用特点，富有童趣，保证安全，易于清洁。活动室的天棚墙壁和课桌椅宜采用反射率高的浅色调，如白色、浅米黄色等。应做暖性、有弹性的地面。婴幼儿使用的通道地面应采用防滑材料，厕所、盥洗室、淋浴室地面不应设台阶，地面应防滑和易于清洗。墙面可用易清洗的油漆或涂料，也可用皮质软包，不仅干净、舒适，也是婴幼儿绘画、做贴画的好场所。墙窗之下可做成壁橱，放置日常生活用品或活动用品，封闭的衣帽储藏室宜设通风设施。墙壁上安装黑板、夹板或绒布板，供婴幼儿涂写、装饰或展示作品。

（二）服务管理用房

1. 晨检室（厅）

晨检室是婴幼儿入园时进行健康检查的场所，是保证婴幼儿健康入园的第一道关卡，在保健工作中起着举足轻重的作用。晨检室应设在建筑物的主入口处，并应靠近保健观察室。

2. 保健观察室

保健观察室用于婴幼儿体检、一般伤势处理、隔离观察等，应与生活用房有适当的距离，并应与婴幼儿的活动路线分开，宜设单独出入口。保健观察室的采光和通风要好，其使用面积按机构规模大小，一般为 12～15 m²，室内配置婴幼儿观察床、桌椅、药品柜、资料柜、洗手池和洗涤池、婴幼儿体重秤和身高计（供 2 岁以上幼儿使用）、量床（供 2 岁及以下婴幼儿使用）、国际标准视力表或标准对数视力表灯箱、体围测量软尺、消毒压舌板、体温计、手电筒等晨检用品，以及空间消毒装置和消毒液等，具有独立厕所，厕所内应设幼儿专用蹲位和洗手盆。

（三）供应用房

1. 厨房

厨房是食品加工的主要场所，为避免厨房中的油烟、气味和噪声对婴幼儿产生不良的影响，故不应将厨房设置在主建筑内。厨房应自成一区，并应与生活用房有一定距离。厨房按工艺流程合理布局，并符合国家现行有关卫生标准和现行行业标准《饮食建筑设计标准》（JGJ 64）的规定。厨房使用面积宜 0.4 m²/人，且不应小于 12 m²。厨房加工间室内净高不应低于 3.0 m。厨房室内墙面、隔断及各种工作台、水池等设施的表面应采用无毒、无污染、光滑和易清洁的材料；墙面阴角宜做弧形，地面应防滑，并应设排水设施；厨房内应配置各种烹饪设备，切洗食物、贮存生熟食物和洗刷餐具的设备，对餐具进行消毒和保洁的设备以及防鼠、灭蝇、灭蟑螂的设备和防尘设施等。当托育机构建筑为二层及以上时，应设提升食梯，食梯呼叫按钮距地面高度应大于 1.7 m。

厨房应设置粗加工区、烹饪区、备餐区、餐具洗消区。烹饪区须使用对食品无污染的炉灶，设有足够的操作台，能满足生熟分开的要求，有排烟、排气装置，配有食物专用留样冰箱，有专人管理和记录，配有合适的餐具消毒柜和储藏柜，以及加盖的中型垃圾桶、泔水桶。炊事人员与婴幼儿配备比例：提供每日三餐一点的机构应达 1∶50，提供每日一餐两点或两餐一点的为 1∶80；不自行加工膳食但提供午餐服务的托育机构，需与具有餐饮服务资质和配餐资质的公司签订合同，购买餐饮服务，但托育机构需设置配餐间，为婴幼儿进行简单餐饮的配备、分餐、奶瓶洗涤、餐具消毒、点心制作、开水供应，配置微波炉、电磁炉、洗手池、洗涤池、饮水装置、操作台、冰箱、消毒柜等。

2. 消毒室

托育机构应设消毒室，以保证婴幼儿所处的环境得到合理、卫生的消毒。配置洗衣机、烘干机、吹风机、衣架、洗涤池、洗涤剂、消毒剂等。托育机构应对日常物品，例如毛巾、餐具、玩具、图书等进行清洁消毒，并将消毒后的物品保存在清洁的橱柜中，防止再次污染，并做好相应的记录；还应对物体表面，例如桌椅、地面、窗台、门把手等进行清洁消毒，确保婴幼儿在卫生、安全的环境中学习、活动。

3. 汽车库

汽车库应与婴幼儿活动区域分开，应设置单独的车道和出入口，并应符合现行行业标准《车库建筑设计规范》（JGJ 100）和现行国家标准《汽车库、修车库、停车场设计防火规范》（GB 50067）的规定。

四、室内环境的卫生要求

（一）采光

托育机构的生活用房、服务管理用房和供应用房中的各类房间等均应有直接的采光条件，并能自然通风，其中采光应符合现行国家标准《建筑采光设计标准》（GB 50033）的有关规定。其采光系数最低值及标准值和窗地面积比应符合表6-2-2的规定。

表6-2-2　采光系数标准值和窗地面积比

采光等级	场所名称	采光系数最低值（%）	窗地面积比
Ⅲ	活动室、寝室	3.0	1：5
	多功能活动室	3.0	1：5
	办公室、保健观察室	3.0	1：5
	睡眠区、活动区	3.0	1：5
Ⅴ	卫生间	1.0	1：10
	楼梯间、走廊	1.0	1：10

（二）噪声控制

托育机构建筑的环境噪声应符合现行国家标准《民用建筑隔声设计规范》（GB 50118）的有关规定。室内建筑允许噪声级应符合表 6-2-3 的规定；主要房间的空气声隔声性能应符合表 6-2-4 的规定。

表 6-2-3　室内允许噪声级

房间名称	允许噪声级（A 声级，dB）
生活单元、保健观察室	≤ 45
多功能活动室、办公室	≤ 50

表 6-2-4　空气声隔声标准

房间名称	空气声隔声标准（计权隔声量）（dB）	楼板撞击声隔声单值评价量（dB）
生活单元、办公室、保健观察室与相邻房间之间	≥ 50	≤ 65
多功能活动室与相邻房间之间	≥ 45	≤ 75

（三）供暖与通风

1. 供暖

严寒与寒冷地区应设置集中供暖设施，并宜采用热水集中供暖系统；夏热冬冷地区宜设置集中供暖设施；对于其他区域，冬季有较高室温要求的房间宜设置单元式供暖装置。采用低温地面辐射供暖方式时，地面表面温度不应超过 28℃。热水地面辐射供暖系统供水温度宜为 35℃～45℃，不应高于 60℃；供回水温差不宜大于 10℃，且不宜小于 5℃。房间的供暖设计温度宜符合表 6-2-5 的规定。托育机构应因地制宜采取可靠的形式供暖，保障环境安全，同时具备可靠的安全防护措施。

表 6-2-5　托儿所、幼儿园房间的供暖设计温度

房间名称	室内设计温度（℃）
活动室、寝室、保健观察室、晨检室（厅）、办公室	20
睡眠区、活动区、喂奶室	24
盥洗室、厕所	22

房间名称	室内设计温度（℃）
门厅、走廊、楼梯间、厨房	16
洗衣房	18
淋浴室、更衣室	25

最热月平均室外气温高于和等于25℃地区的托育机构建筑，宜设置空调设备或预留安装空调设备的空间，空调房间室内设计参数应符合表6-2-6的规定。

表6-2-6　空调房间室内设计参数

参数		冬季	夏季
温度（℃）	活动室、寝室、保健观察室、晨检室（厅）、办公室	20	25
	睡眠区、活动区、喂奶室	24	25
风速（m/s）		$0.10 \leq v \leq 0.20$	$0.15 \leq v \leq 0.30$
相对湿度（%）		30～60	40～60

2. 通风

当采用换气次数确定室内通风量时，房间的换气次数不应低于表6-2-7的标准。

表6-2-7　房间的换气次数

房间名称	换气次数（次/h）
活动室、寝室、睡眠区、活动区、喂奶室	3～5
卫生间	10
多功能活动室	3～5

采用机械通风的空间或空调房间，人员所需新风量应不小于表6-2-8的规定。

表6-2-8　人员所需最小新风量

房间名称	新风量（m³/h·人）
活动室、寝室、活动区、睡眠区	30

房间名称	新风量（m³/h·人）
保健观察室	38
多功能活动室	30

第三节　托育机构的设备卫生

问题情境

　　某托育机构王老师发现 2 岁的小红一直紧闭着嘴巴不说话，于是好奇地走到小红跟前询问。小红一张口，王老师发现她的嘴里竟然有一颗小纽扣。原来小红很喜欢玩班里的小熊绒毛玩具，这次玩的时候把小熊的眼睛咬了下来含在嘴里，幸亏被王老师及时发现。托育机构有那么多设备、玩教具，怎么预防这类事件的发生呢？

一、托育机构家具的卫生

（一）桌椅

　　桌椅是婴幼儿在托育机构使用最多的家具之一，桌椅的构造和尺寸是否符合一定的卫生要求，与婴幼儿身体的正常发育有着密切的关系。桌椅的卫生要求包括适合婴幼儿的年龄和身高，有利于形成良好坐姿，减少疲劳感的产生，有利于保护视力，不妨碍婴幼儿正常的生长发育，同时兼顾安全、坚固、美观、造价经济、方便清洁等特点。

　　6 月龄之前的婴儿因为还没有形成固定的坐姿，更适合躺在地垫上或摇篮中；6～12 个月的婴儿适合配备专用的婴儿座椅，椅子上配备安全带（或前端有凸起）；1 岁以后幼儿的桌椅的类型及尺寸应根据幼儿身高及其身体比例确定。适宜的椅子椅宽应比婴幼儿的臀部略宽，比骨盆宽 5～6 cm；椅深要求婴幼儿就座时大腿的后 2/3～3/4 位置于椅面上，小腿的后方应留有空隙；椅高应与婴幼儿的小腿高相同，使脚掌能平放在地板上，大小腿成直角。在桌椅尺寸的配合关系中，桌椅高差是最重要的因素，它对就座姿势的影响最大，适宜的桌椅高差应为婴幼儿坐高的 1/3。桌椅高差适宜，有利于婴幼儿骨骼的发育（见表 6-3-1、表 6-3-2）。

表 6-3-1   不同年龄幼儿椅子的建议尺寸

年龄		1～2 岁	2～3 岁
椅子的尺寸	总高	40 cm	42 cm
	座高	20 cm	22 cm
	椅宽	26 cm	26 cm

表 6-3-2   不同年龄幼儿桌子的建议高度

年龄	1～2 岁	2～3 岁
桌子的高度	40 cm	42 cm

（二）床具

托育机构应给每个婴幼儿都配备专用的小床和寝具，以避免传染病的传播。床的类型和大小应适合婴幼儿的要求。若有 1 岁以内的婴儿，建议提供适合 1 岁以内婴儿的床。婴儿床的材料首选木材，使用无铅油漆，其中一侧可以拆卸，栏杆间距应小于 6 cm，安装的垫子和床沿之间的距离不应当超过 2 个指头宽，垫子和床的上沿之间的最小高度差应为 88 cm。为 1 岁以上的幼儿提供单层使用的床位。床长应为身长加 15～25 cm，一般为 120 cm 左右；床宽应为幼儿肩宽的 2～2.5 倍，一般为 60 cm。为了幼儿的安全以及便于幼儿自己整理被褥，床不应过高，一般为 20～30 cm。幼儿床的尺寸参考表 6-3-3。

表 6-3-3   不同年龄幼儿床的建议尺寸

年龄		1～2 岁	2～3 岁	3～4 岁
床铺标准	长	120 cm	130 cm	130 cm
	宽	60 cm	60 cm	70 cm
	高	25 cm	30 cm	30 cm

摘自：《学校课桌椅功能尺寸》（GB/T 3976-2002）

儿童床四周应有栏杆。儿童床必须坚固结实，还应注意床板的通气性和软硬度。木板床透气、平直，有利于儿童脊柱正直，最为适宜。床铺摆放应符合安全、卫生要求。床与外墙、窗的距离不得小于 0.6 m。进门通道宽不得小于 0.9 m，床与床之间的通道宽不得小于 0.5 m。并排床位不超过两个，首尾相接床位不超过 4 个，并尾相接呈田字形床位不超过 4 个，且避免床头对床头，以防传染病交叉传染，方便照护者照顾儿童。（见图 6-3-1）。

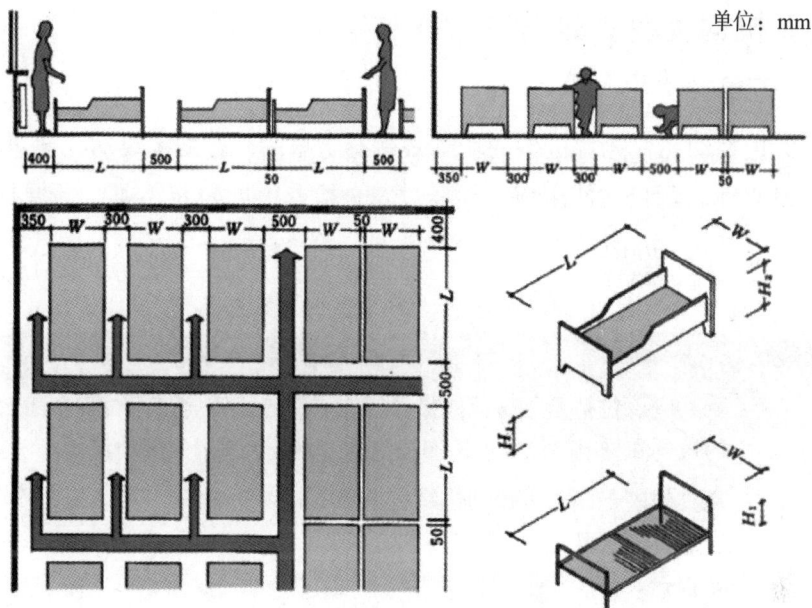

图 6-3-1 床铺摆放要求示例

（三）橱柜

托育机构内可设有多种橱柜，如玩具柜、教具柜、碗具橱和被褥橱等，根据摆放位置可分为靠墙类和不靠墙类。《儿童家具通用技术条件》标准要求橱柜离地面高度 1600 mm 以下位置的可接触危险外角应经倒圆处理，且倒圆半径不小于 10 mm，或倒圆弧长不小于 15 mm。同时，玩教具柜的边缘、柜角都应该做圆角处理，柜子的边缘、柜角处应安装防撞条，以免给婴幼儿造成磕碰伤等。婴幼儿使用的柜体类封闭式家具还应具有一定的透气功能。家具门或者盖板不应配有自动锁定装置，以免造成婴幼儿窒息的安全事故。为了防止婴幼儿在使用家具时将手指卡在家具孔或间隙中，要求婴幼儿家具产品的刚性材料上深度超过 10 mm 的孔及间隙，其直径或宽度应小于 6 mm 或大于等于 12 mm。可接触的活动部件的间隙应小于 5 mm 或大于等于 12 mm。还需定期检修柜子边缘及表面的小五金部件是否松动、脱落等。

在进行房屋设计和装修时，需要将靠墙立柜嵌入实墙固定，以防柜子倾倒、玩教具跌落发生安全事故。靠墙固定的柜子必须安装柜门，并且要安装儿童安全锁。

关于靠墙书柜，标准规定柜子的总高不宜超过 1.2 m，最下排距地不宜小于 0.3 m，靠墙放置。

由于婴幼儿手臂较短，不靠墙的玩具柜的深度不宜过大，以 0.3～0.4 m 为宜；婴幼儿身高较矮，故玩具柜的高度不宜超过 1 m。为了方便婴幼儿找寻和拿取玩教具，建议不设置柜门；照护者可以根据教室的布局，对玩具柜进行开放式自由组合。

二、托育机构玩教具的卫生

（一）玩具

为了保护婴幼儿，托育机构的玩具必须安全耐用，有助于婴幼儿学习、交往、探索和激发兴趣。玩具在使用前必须经过安全检查（见表6-3-4）。玩具的安全检查主要包括以下几个方面。

表 6-3-4　玩具安全检查表

项目	项次	检 查 重 点
玩具	1	玩具应该包括角色扮演的材料，用于促进认知、视觉、听觉和触觉发展的玩具和材料，以及可操作的玩具和促进大肌肉发展的材料
	2	玩具外表干净，无锐利边缘、突出物，以及油漆剥落、破损、掉毛、接合处脱线或裂开等状况
	3	玩具具有安全玩具标识
	4	玩具以及玩具的零件不宜小于 3.8 cm
	5	玩具无刺耳声或巨响
	6	玩具电线或绳子长度不宜超过 15 cm
	7	玩具电池盒牢固且电池不易取出
	8	玩具镜子若为塑胶亮面，需注意不易破碎且无尖锐边缘，并于成人看护下使用
	9	确保玩具使用无铅油漆
收纳盒	1	收纳盒外表干净，无锐利边缘、突出物，以及破损、接合处裂开等状况
	2	以开架式矮柜收纳玩具，体积大、质量大的玩具置于收纳柜的下方
	3	收纳盒材质不易破碎，或于成人陪伴下使用

1. 不含有毒物质

婴幼儿常将玩具放入口中，故有毒材料制作的玩具会对其健康造成伤害。玩具所涂颜料含有的铅、汞、砷及其他有毒物质都必须低于有关卫生指标，还应涂抹 2～3 层透明漆，且透明漆都必须无味，不溶于唾液、胃液和水。

2. 结实、安全

托育机构选用的玩具应结实耐用、安全可靠。玩具不应有棱角或锯齿且表面光滑，无尖刺、无裂缝。如果金属玩具破损后出现锐利的棱角，必须经过修理才能使用；玩具的零部件必须牢固，如娃娃的眼睛、螺丝、钉子等不易脱落；玩具的体积不宜过小，以免婴幼儿误吞或放入鼻中、耳中；容易造成伤害的玩具，如钢珠手枪、喷水手枪等，会对婴幼儿的眼睛造成威胁；产生噪声的玩具，可损害婴幼儿的听觉，应避免使用。

3. 易于清洗消毒

玩具使用率高，需要定期清洗消毒。一般来说，聚乙烯塑料玩具最易清洗消毒。其他玩具可根据材料性质，用温水清洗，或选择用湿布或酒精棉擦拭、曝晒、蒸煮等方法清洁消毒。

（二）图书、文具

1. 图书

托育机构要重视婴幼儿阅读习惯的培养，依据不同年龄段婴幼儿的特点和需求，配备适宜的不同材质、类型的图书，如布书、折页书、卡片书、立体书等，并配备数量足够的开放式书架。供阅读的图书、图片应符合婴幼儿认知特点，画面和文字应印刷清晰，字体大小适宜，色调柔和，色彩协调。文字、插图、符号等与纸张颜色之间要有鲜明的对比。书本大小适宜，厚薄和质量适中，结实，质地致密，表面平滑而不反光，不易被撕坏。

2. 文具

文具的规格与造型应在最大限度上符合婴幼儿的生理特点，且使用方便，不会增加视力负担。油画棒、水彩笔、蜡笔、铅笔及绘画颜料等均不能含有毒色素或其他有毒物质。笔杆上所涂颜料应有不易脱落、不溶于水和唾液的透明漆膜。笔杆粗细应适中，过粗或过细的笔杆会引起婴幼儿手腕部的疲劳。婴幼儿书写和绘画时所用的纸张以白色或浅色为宜，要求质地结实、坚韧。

三、托育机构体育设备的卫生

托育机构的体育锻炼以发展动作为主，体育设备可分为平衡类、攀登类、钻爬类、弹跳类及综合类。平衡类包括摇马、跷跷板、平衡桥、秋千、平衡触觉板、大陀螺、大龙球等；攀登类包括攀登架、攀爬滑梯等；钻爬类包括各种造型的拱门、隧道；弹跳类包括蹦床、羊角球等；综合类包括彩虹伞、海洋球等。

体育设备的选择要适合婴幼儿的身心特点，促进其平衡性、协调性及灵敏性的发展。各种体育器械要坚固、耐用、平滑、安全，便于修理和保养，应指定专人定期检查维修。

有户外体育活动场地的托育机构还需要对户外环境进行整体规划设计，一般会含有游戏区、大肌肉运动区、安静活动区和玩沙区，并配备相应的户外设施。户外设施的配置应适合0～3岁婴幼儿活动。设施类型应多样化，多方面促进婴幼儿身体动作、感知觉的发展，且设施安全，又具有一定的挑战性。对于乳儿班的婴儿，要有相对独立的活动空间；对于托小班和托大班的幼儿，可以提供跑步、攀爬、平衡、跳跃等区域；托大班的骑车区域应相对独立，设置骑车道。户外可配备具有攀爬功能的斜坡、滑梯、轮胎，可玩沙、玩水的浅水池、沙坑，具有平衡训练功能的小吊床或秋千、平衡木等，以及具有空间探索功能的小隧道等。

户外场地是儿童意外伤害最易发生的地方，因此大型器械的安放位置要适宜，周围不能有其他器械，防止在此玩耍的儿童因过于拥挤而造成冲撞。一般来讲，固定器械附近要留有半径为 2.7 m 的空地。带有活动部分的器械，如秋千，其前后 4.6 m 范围内都应是空地。所有游戏设施的下面或者周围都必须设置能够缓减冲力、有弹性的材料来预防伤害，如至少 30 cm 深的柔软、松散的沙子，15 cm 深的橡胶碎条或合适的橡胶垫。同时，设备的维护也是预防风险的关键，设施必须安全且维护良好。

本章小结

本章主要介绍了托育机构的环境卫生，包括托育机构的环境建设、托育机构的园舍和设备的卫生，对有关部门规定的托育机构环境卫生的要求和标准进行了梳理，使照护者对托育机构的主要环境组成部分的卫生要求有初步了解，使其认识到环境对婴幼儿身心发展的重要性。

阅读导航

1. 《托儿所、幼儿园建筑设计规范》（2019 年版）。

了解托育机构的建筑设计标准，对托育机构从事人员而言十分必要。住房和城乡建设部 2019 年 8 月 29 日发布了新版《托儿所、幼儿园建筑设计规范》，于 2019 年 10 月 1 日起施行。新版《托儿所、幼儿园建筑设计规范》，对新开办的动工或未动工的托儿所、幼儿园影响比较大。新标准是在 2016 年版《托儿所、幼儿园建筑设计规范》基础上修订而成的，适用于城镇及工矿区新建、扩建和改建的托儿所、幼儿园建筑设计，乡村的托儿所、幼儿园建筑设计可参照执行。该规范从总则、术语、基地和总平面、建筑设计、室内环境、建筑设备六个方面规范了托儿所、幼儿园的相关建筑及设备，以满足适用、安全、卫生、经济、美观等方面的基本要求。

2. 《托育机构设置标准（试行）》，2019 年 10 月 8 日起施行。

为加强托育机构专业化、规范化建设，按照《国务院办公厅关于促进 3 岁以下婴幼儿照护服务发展的指导意见》（国办发〔2019〕15 号）的要求，国家卫生健康委组织制定了《托育机构设置标准（试行）》。该标准指出，托育机构设置应当综合考虑城乡发展规划、工作基础、人口规模、群众需求、交通环境、社区功能等因素，因地制宜，合理布局。同时，鼓励通过市场化方式，采用公办民营、民办公助等多种形式，在就业人群密集的产业聚集区域和用人单位建设、完善托育机构。该标准还对托育机构的设置要求、场地设施、安全健康、人员规模等方面做出了规定。

学习检测

一、问答题

1. 托育机构环境建设的重要性及原则是什么？
2. 托育机构的选址有什么要求？
3. 托育机构活动室的卫生要求是什么？
4. 婴幼儿桌椅有什么卫生学方面的要求？

二、案例分析

案例 1： 近年来，冬季会有雾霾天气出现，如果在雾霾天气开窗通风，不仅不能保证室内空气清新，反而会加剧空气的恶化。

问题： 请查阅相关资料，找出雾霾天如何更好地通风换气的方法。

案例 2： 据报道，南京市浦口区某早教中心发生了 3 岁幼儿唐唐（化名）坠楼造成手臂和腿部骨折的事件。通过查看早教中心的监控录像发现，老师把唐唐带到办公室后就走了。唐唐满脸是泪，哭着去开门，却发现门打不开了，掉头就开始寻找出口，往窗边沙发上爬，然后就坠楼了……记者查看了现场，发现从唐唐坠落的窗口到下面的水泥地面有十四五米高，相当于普通居民楼的五层楼高，下面有一处伸出来的雨棚。据了解，当时孩子翻窗后，先是落在了雨棚上，然后顺着雨棚斜顶坠到地面。家长质问："他们为什么敢单独把孩子关在办公室？窗户为什么没有防护网？"

问题： 结合本章所学的内容，你认为唐唐意外坠楼的原因是什么？应如何预防？

实践体验

1. 以小组为单位，收集 5 所以上托育机构的宣传单、微信公众号文章等，摘取有关托育机构环境描述的内容，结合托育机构环境卫生的要求，对其描述进行评价和分析。

2. 以小组为单位，调查 5 所托育机构的选址，分析其优劣。

第七章　托育机构的卫生保健

导言

　　卫生保健制度是保障托育机构婴幼儿健康成长，防止和控制疾病发生或在托育机构传播的基本措施。托育机构卫生保健制度涉及一日生活、膳食管理、体格锻炼、卫生与消毒、晨检与全日观察、传染病预防与控制、信息收集等多个方面。本章围绕一日生活制度、健康检查制度、隔离制度、卫生与消毒制度等内容展开。

学习目标

1. 认识制定生活制度的意义，理解制定生活制度的依据。
2. 理解托育机构保育原则，掌握托育机构一日生活各环节的卫生要求。
3. 理解托育机构的健康检查制度及种类。
4. 理解托育机构的隔离制度的意义，了解隔离的对象及要求。
5. 掌握晨检与全日健康观察和常用消毒的方法。
6. 了解婴幼儿意外伤害的主要类型及预防措施。

知识导览

第七章 托育机构的卫生保健

第一节 托育机构的生活制度
- 一、制定生活制度的意义
- 二、制定生活制度的依据
- 三、执行生活制度的注意事项
- 四、托育机构保育原则
- 五、托育机构一日生活保育

第二节 托育机构的卫生保健制度
- 一、健康检查制度
- 二、隔离制度
- 三、卫生消毒制度
- 四、卫生保健登记制度

第三节 托育机构的安全制度
- 一、托育机构意外事故发生的因素
- 二、托育机构的安全管理
- 三、托育机构儿童安全教育

第一节　托育机构的生活制度

问题情境

2020年5月6日12时许，南通市公安局接某幼儿园报警称，该园小班幼儿胡某某发生意外窒息，现送医院抢救。后经调查得知，5月6日中午，该小班三位老师陪同该班幼儿在教室内用餐时，先用完餐的幼儿胡某某独自跑到寝室玩耍，意外被窗帘绳缠颈导致窒息。园方发现后迅速送医救治，经全力抢救，胡某某仍于5月7日早晨不幸身亡。

一日生活各环节的保育是托育机构重要的工作内容。如何制定合理的一日生活制度，有哪些具体的卫生要求呢？

托育机构的生活制度是指根据婴幼儿身心发展的特点，对他们在托育机构内一日生活的每个环节在内容、时间、顺序、次数和间隔上的规定。

一、制定生活制度的意义

（一）促进婴幼儿养成良好的习惯

生活中的一系列活动，按一定时间和顺序重复多次后，就可在大脑皮层形成动力定型从而养成习惯。年龄越小，动力定型越容易形成。因此，要让婴幼儿按一定规律和要求有条不紊地完成每天应该做的事情，将一日生活中的主要内容，如游戏、喂哺、进餐、活动、睡眠等各个生活环节加以合理安排，并相对固定下来（见表7-1-1），使婴幼儿养成习惯，每到一定时间，大脑就"知道"下面该做什么了，并提前做好准备。

表7-1-1　托育机构一日生活流程举例（夏季）

7月龄～1岁日托班		1～2岁日托班		2～3岁日托班	
时间	内容	时间	内容	时间	内容
7：30～ 9：00	入园	7：30～ 8：30	入园	7：30～ 8：30	入园
9：00～ 10：00	户外活动，日光浴，亲子活动	8：30～ 9：00	户外活动，日光浴，亲子活动	8：30～ 9：00	户外活动
10：00～ 11：00	更换纸尿裤，睡眠1小时	9：00～ 9：30	如厕（换纸尿裤）	9：00～ 9：10	如厕，洗手

续表

7月龄~1岁日托班		1~2岁日托班		2~3岁日托班	
时间	内容	时间	内容	时间	内容
11：00~11：30	喂奶或喂辅食	9：30~10：00	上午点心	9：10~9：30	上午点心
11：30~13：00	户外活动，亲子游戏，地毯游戏时间	10：00~11：00	上午睡眠	9：30~10：30	上午课，兴趣活动，游戏
13：00~13：30	喂奶或喂辅食	11：30~12：00	午餐	10：30~11：00	餐前管理，洗手
				11：00~11：40	餐时管理，幼儿进餐时间20~30分钟
		12：30~13：30	餐后亲子活动，游戏	11：40~12：00	餐后散步10~15分钟
13：30~14：30	更换纸尿裤	13：30~14：00	更换纸尿裤，如厕	12：00~12：20	如厕，睡前准备
				12：20~14：20	午睡
14：30~15：30	下午睡眠	14：00~15：00	下午睡眠	14：20~14：45	起床，穿衣
				14：45~15：00	如厕，洗手
		15：00~15：30	下午点心	15：00~15：30	下午点心
15：30~16：00	离园	15：30~16：00	离园	15：30~16：00	离园

（二）保证婴幼儿劳逸结合

婴幼儿大脑皮层发育不够成熟，神经活动过程中兴奋与抑制不平衡，对长期的刺激耐受力小，注意力很难持久，易兴奋，也易疲劳。因此，需要合理安排生活制度，经常变换活动的内容和方式，使大脑皮层的"工作区"与"休息区"轮换，达到劳逸结合。

（三）保证婴幼儿的睡眠

婴幼儿神经系统发育尚未成熟，容易疲劳，需要较长的睡眠时间进行休整。合理安排生活制度，可使他们的睡眠时间有保证。

（四）保证婴幼儿的营养

婴幼儿消化系统发育尚未成熟，消化能力弱，但由于生长发育迅速对能量和各种营养素的需要相对较多。制定合理的进餐次数和间隔时间，可使他们获得足够的营养。

（五）便于保教人员做好工作

托育机构是集体生活的场所，而且婴幼儿人数多，年龄又不一样，所以合理的生活制度就成为保教人员对不同年龄的婴幼儿进行不同教育和护理的工作依据，利于托育机构各项工作有计划、有步骤地进行，也是提高保教质量的基本保障。

二、制定生活制度的依据

（一）依据婴幼儿的年龄特点

婴幼儿正处于生长发育时期，各器官的功能还处于不断完善阶段，而且不同年龄段的婴幼儿在发育上存在较大的差异。因此，应根据他们的年龄特点科学地安排一日生活和作息时间。例如婴幼儿年龄越小，为其安排的睡眠时间则越长，喂哺的次数越多等。

（二）依据《托育机构管理规范（试行）》

国家卫生健康委 2019 年发布了《托育机构管理规范（试行）》，对一日生活有具体的管理要求，主要包括：

托育机构应当科学合理安排婴幼儿的生活，做好饮食、饮水、喂奶、如厕、盥洗、清洁、睡眠、穿脱衣服、游戏活动等服务。

托育机构应当顺应喂养，科学制定食谱，保证婴幼儿膳食平衡。有特殊喂养需求的，婴幼儿监护人应当提供书面说明。

托育机构应当保证婴幼儿每日户外活动不少于 2 小时，寒冷、炎热季节或特殊天气情况下可酌情调整。

托育机构应当以游戏为主要活动形式，促进婴幼儿在身体发育、动作、语言、认知、情感与社会性等方面的全面发展。

游戏活动应当重视婴幼儿的情感变化，注重与婴幼儿面对面、一对一的交流互动，动静交替，合理搭配多种游戏类型。

（三）依据季节变化和地区特点

夏季早晚凉爽、中午炎热，可适当加长午睡时间；冬季昼短夜长、早晚气温低、日照时间短，可适当缩短午睡时间，早晨起床时间推迟，晚上上床时间提前，充分利用阳光充足的时间进行户外活动。同时还应考虑地区的差异，如南北方气温相差很大，作息时间也应有所不同。

（四）依据家长的需要

托育机构有服务家长的责任，既要促进婴幼儿的身心发展，又要解决家长的后顾之忧。因此，在制定生活制度时，也应适当考虑家长的需要，与家长上下班时间相适应，方便家长接送婴幼儿，使婴幼儿的家庭生活和在托育机构的生活相衔接。

三、执行生活制度的注意事项

（一）稳定性与灵活性相协调

托育机构生活制度一旦形成，就应严格执行，不轻易改变。只有让生活秩序保持一定的稳定性，才能在大脑皮层形成稳固的动力定型。需要注意的是，在执行过程中也要有相对的灵活性。例如，起床时间的安排可以弹性处理，起床快的婴幼儿可以早些入座喝水，起床慢的婴幼儿可以按照常规要求来完成活动。稳定性与灵活性相协调体现出"统而不死、活而有序"，以保证每个婴幼儿都能愉快、健康发展。

（二）生活与教育相结合

融教育于一日生活中已成为早期教育的显著特点。婴幼儿以自己的生活为主要学习对象，又以自己的生活为主要学习途径，并以更好地适应生活为学习目的。托育机构应密切结合一日生活的各个环节，通过生活来进行教育。例如，在一日生活中的就餐环节，照护者不仅要合理安排餐点，帮助婴幼儿养成定点、定时、定量进餐的习惯，同时还要帮助婴幼儿掌握就餐技能，了解食物的营养价值。

（三）家庭与托育机构相统一

安排一日生活，需要得到家庭的支持与配合。例如，新入园的婴幼儿，由于对新环境不太适应，午睡时常常不能很快入睡或者会较早地醒来。因此，照护者除了要做好婴幼儿午睡时的保育工作，还要及时与婴幼儿的家长取得联系，告知家长婴幼儿午睡时的情况，并建议家长适当调整婴幼儿在家的生活作息时间，双方相互配合，共同保证婴幼儿健康成长。

四、托育机构保育原则

（一）尊重婴幼儿

坚持婴幼儿优先，保障婴幼儿权利。尊重婴幼儿的成长特点和规律，关注个体差异，促进婴幼儿全面发展。

（二）安全健康

最大限度地保护婴幼儿的安全和健康，切实做好托育机构的安全防护、营养膳食、疾病防控等工作。

（三）积极回应

提供支持性环境，敏感地观察婴幼儿，理解其生理和心理需求，并及时给予积极适宜的回应。

（四）科学规范

按照国家和地方相关标准和规范，合理安排婴幼儿的生活和活动，满足婴幼儿生长发育的需要。

五、托育机构一日生活保育

保育是早期教育工作中不可缺少的组成部分。3岁以下婴幼儿发育不成熟，需要照护者给予更精细的保育，这是托育机构一项重要的工作。托育机构一日生活的环节主要包括晨间清洁卫生、晨间接待、晨间活动、盥洗、如厕、配奶、喂辅食、吃点心、饮水、进餐、睡眠、离园等，并以一定的时间和程序将其相对地固定下来。

（一）晨间清洁卫生

1. 卫生要求

在婴幼儿来园之前，照护者要先做好活动室的通风和清洁工作，打造安全的婴幼儿生活环境。

2. 操作要领

①开窗通风，保持空气流通，保证冬季室温一般不低于18℃，夏季室温不超过28℃。

②将前一天下班后清洗好的茶杯放入消毒柜里消毒半小时。没有班级消毒柜的，交由园内消毒间统一消毒，第二天用专用容器取回，中途需加盖或覆盖消毒

巾以防止污染。采用"一消二清"方法擦拭茶杯柜，手握杯把将茶杯放置入柜。

③为婴幼儿准备饮用水。将饮用水倒入保温桶中，水温要适中，以滴在成人手背上不烫为好，如过烫需要开盖降温。对沉淀物多的保温桶要随时清洗。

④湿式清扫。先用清水将窗沿、桌面、玩具柜面等物体表面擦一遍，然后用消毒液擦一遍。

⑤准备盥洗室用品。备好婴幼儿洗手用的肥皂（洗手液），检查毛巾架上的擦手毛巾是否齐全、挂好，消毒制剂、水瓶等是否放在安全的地方。

⑥有婴儿的班需清洁婴儿配奶间，给奶具消毒，准备配奶的用具。

⑦室外环境清扫。清扫落叶，拔除杂草，注意消灭蚊蝇、蟑螂、臭虫等害虫。

⑧在橱柜、工具房等密闭空间设置防护设施，防止婴幼儿进入。

（二）晨间接待

1. 卫生要求

照护者要以热情、亲切的态度接待婴幼儿及家长，要相互问好，并用简短的语言向家长了解婴幼儿在家的情况，听取家长的反馈和建议。

2. 操作要领

①照护者接待婴幼儿和家长时，服装整齐，端庄大方，态度和蔼可亲。应主动热情地与家长和婴幼儿打招呼，配合适合的安抚动作，如拉拉小手、摸摸头或抱一抱，让婴幼儿的情绪受到感染，愉快入园。

②与家长简短交谈，了解婴幼儿在家的情况。

③冬季室内外温差较大时，在室内应脱去婴幼儿过厚的衣裤，将衣物放进专用橱柜，如没有橱柜，可将衣物挂放在活动室的专设位置。

④1岁以内婴儿入园时，照护者要仔细询问婴儿的喂奶和睡眠情况，把婴儿放入婴儿车里；1～1.5岁幼儿走路不太稳，可将幼儿放在地毯上，或让他坐在有扶手的小椅子上；1.5～2岁幼儿可坐小椅子。

（三）晨间活动

1. 卫生要求

晨间活动包括室内活动和室外活动两种形式，主要进行室外活动，天气不好时，可安排在室内进行。晨间活动有助于婴幼儿的大脑皮层尽快进入兴奋状态，但运动量不宜过大。照护者宜采用多种形式，在保证安全的情况下激发每一名婴幼儿都参与活动。

2. 操作要领

活动前，先查看场地是否安全，地面应平整、防滑、无障碍、无尖锐突出物，清除可能绊倒婴幼儿的家具、电线、玩具等物品。托育机构内的池塘、沟渠、井、鱼缸、鱼池等应安装护栏、护网，水缸、盆、桶等储水容器加盖，并避免婴幼儿进入储水容器所在区域。排除护栏、家具、娱乐运动设备中可能卡住婴幼儿头颈部的安全隐患。有带棱角的花坛应避开。检查娱乐运动设备、玩具有无易掉落的零件，是否潮湿、脱漆、松动，是否有裂口、翘刺和翘钉；观察幼儿的衣服是否合适，鞋带是否系好。

活动时，照护者不在窗户、楼梯、阳台等周围摆放可攀爬的家具或其他设施。照护者要全神贯注地观察每一位婴幼儿，提醒婴幼儿按顺序玩，不要拥挤。可让婴幼儿自己选择玩具，找伙伴嬉戏、玩耍，只要是不妨碍安全的活动都可以进行。不要让婴幼儿去触碰带刺的植物或采摘小果子，以免误入呼吸道发生意外。不得随意离开婴幼儿，如遇特殊情况需要暂时离开，应交代给其他在岗人员。

针对婴儿，在无风的天气，给婴儿摘去帽子，露出手腕、脚踝，实施日光浴，避免让阳光直射眼睛，每次日晒30～60分钟。炎热季节可适当减少户外时间，可在树荫下活动，预防晒伤。

（四）盥洗、如厕

1. 卫生要求

照护者要为婴幼儿准备干净卫生的盥洗用品，引导婴幼儿学习盥洗、如厕生活技能，培养婴幼儿良好的盥洗习惯。

2. 操作要领

（1）准备

准备痰盂、坐便器、肥皂（洗手液）、擦手毛巾、便纸等，将物品摆放在固定的位置，方便取用。注意将洗手的肥皂放在皂盒里。

（2）如厕

及时给0～2岁婴幼儿更换纸尿裤，保持臀部和身体干爽清洁，需要用专用的尿布台，按正确的流程更换。鼓励幼儿及时表达大小便需求，形成一定的排便规律。指导2～3岁幼儿自己上厕所，让他们逐渐学会自己坐便盆，帮助幼儿解决如厕中的困难，如脱穿裤子、擦屁股等。照护者给婴幼儿擦屁股时，需从前往后擦，动作轻柔。对于有肛裂、出血、肛门口疼痛和大便拉在裤子上的婴幼儿，要用温水清洗屁股，必要时及时送医院诊治。

2岁以内的婴幼儿可使用坐便器大小便。坐便器数量应准备充足，满足每

8～10个幼儿有一个坐便器。在婴幼儿用过坐便器后，要及时冲刷坐便器，还要用消毒喷雾剂喷射坐便器坐板。2～3岁幼儿的蹲便器需有扶手。

注意如厕安全。每次进盥洗室的人数以每组6人为好，一组先上厕所，前一组上完厕所洗手时，下一组接着上厕所。厕所周围最好有扶手，台阶不能过高，地面不能潮湿，通风要好。几个班合用厕所时，要分时段安排，并需要由专人照顾。

（3）洗手

婴幼儿手脏时、进食前、大小便后、户外活动后都要用香皂（洗手液）洗手。婴儿由照护者帮助洗，幼儿在照护者的协助和引导下自己洗。幼儿洗手时，照护者帮助其往上推袖子，冬季幼儿穿着过多时照护者可直接帮着洗手。教导幼儿洗手时手心、手背、手指缝及手腕关节都要洗。先用流水淋湿手心、手背等处，然后涂上香皂，双手搓出肥皂泡后再用流水冲洗干净，最后用自己的毛巾擦干双手。

（4）婴儿洗澡

除冲淋外也可用专用澡盆，让婴儿仰面先洗头发，打湿头发后抹上婴儿专用洗发液，轻轻揉搓，然后用温水冲干净。洗完头发，将婴儿放入澡盆，抹上婴儿专用沐浴液。可让婴儿坐在澡盆中，照护者用一只手托住婴儿，也可用婴儿洗澡专用托架，让婴儿斜着仰躺在上面，洗完后用浴巾迅速包裹，擦干后给婴儿抹上婴儿专用润肤乳，并迅速为其穿衣。

（五）配奶、喂辅食、吃点心、饮水

1. 配奶

对于人工喂养的婴儿，照护者在配奶间完成配奶，奶具应先消毒，按要求配置，注意奶温不要过高，以滴到手臂上感觉不烫为宜。喂完奶后，奶具立即清洗消毒，以备下一次使用。对于母乳哺喂的婴儿，园内应设有母乳哺喂室，每日清扫消毒。掌握正确喂奶方法，并记录次数和用量。

2. 喂辅食

如果婴儿在园需喂1次辅食，托育机构应按月龄和婴儿特点配置，也可由家长提供，由照护者加温后喂给婴儿。

3. 吃点心

上午点心。一般户外活动回来后，让幼儿先洗手自己去茶杯箱取茶杯，取完坐在位置上等候，由照护者倒牛奶或豆浆。让幼儿将喝过牛奶或豆浆的茶杯放入容器中，由照护者清洗消毒。消毒后的茶杯应尽快放入茶杯箱，以便幼儿喝水。如果幼儿吃上午点心时喝的是温开水，则喝水茶杯不需要清洗消毒，直接放回茶杯箱。

下午点心。下午点心由炊事人员送进班或让照护者自取。一般安排在午睡起床30分钟后，让幼儿缓解一下睡觉情绪再吃点心。照护者负责下午点心的准备，餐具在中午时消毒，以备下午吃点心时用。

吃汁水较多的水果，以及汤水较多的点心，如赤豆汤、山芋稀饭、烂面条等时，必须准备餐巾给幼儿擦嘴。

4. 饮水

掌握喝水的基本常识，能为不同年龄段的婴幼儿选择合适的饮水容器，能帮助和指导婴幼儿正确喝水并记录次数与用量。

在室内外活动后以及在婴幼儿有饮水需求的时候提供饮水。照护者先辅助或指导饮水的婴幼儿洗手，然后为不同年龄的婴幼儿选择合适的饮水容器。引导幼儿小口喝水，喝水时保持安静，避免说笑引起呛咳，喝完水后将饮水容器放回原处，并及时记录婴幼儿饮水的次数及用量。

（六）进餐

1. 卫生要求

托育机构要制定合理的饮食制度，进餐要定时定量，注意进餐卫生，保证婴幼儿获取安全、有营养的食物，以达到正常生长发育水平。同时，培养婴幼儿良好的饮食习惯。

2. 操作要领

（1）餐前管理

照护者在婴幼儿进餐前30分钟开始餐前准备，配制好擦桌子的消毒液，将餐前准备桌或手推车擦好备用。擦桌子时，第一遍用清水，第二遍用消毒液，擦完消毒液后停5～10分钟，第三遍再用清水擦干净。

精选健康、安全的食材，确保食物在最佳食用期。提前确认婴幼儿有没有食物过敏。花生、坚果类的食物需要再加工，研磨成粉状或小颗粒状后才可食用。

食堂人员将各班的饭、菜送到班上，装饭菜的容器必须加盖。如果食堂人员紧张，可由各班照护者去厨房饭菜存放间窗口领取。能根据月龄安排适宜的饭菜和座位，鼓励幼儿参与协助分餐、摆放餐具等活动，用语言引导幼儿认识和喜爱食物并愉快用餐。掌握温奶的基本常识，选择合理区域为婴幼儿喂奶。

（2）餐中管理

检核餐具、餐点的适宜温度。照护者分发饭菜，应将幼儿的饭和菜放在一个碗内。照护者必须站在餐食准备桌前，面对着幼儿乘饭菜。用手推车时，可将车推至幼儿桌前。饭菜应按照各年龄段儿童膳食要求配置。饭菜乘好后幼儿即可开始吃，可以先安排吃饭慢的幼儿洗手吃饭。

注意观察婴儿所发出的饥饿或饱足的信号，并及时、恰当回应，不强迫喂食。关注幼儿以语言、肢体动作等发出的进食需求，顺应喂养，鼓励和协助幼儿自己进食，培养幼儿选择多种食物、专注进食的能力。荤素菜可和饭一起吃，要求一口饭一口菜，等饭菜全部吃完后才能喝汤。如果照护者需帮助喂饭，应把幼儿固定在有围挡的餐椅上，为其戴上围嘴，用毛巾擦干净小手，每次送入口中的饭菜不要多，以免造成幼儿"嘴包饭"。每个照护者可辅喂两名幼儿。

（3）餐后管理

照护者帮助并指导幼儿完成进餐后的餐具归类整理，事先准备好餐后擦嘴的餐巾，可将餐巾放在茶杯箱上或餐前准备桌上。在幼儿吃完饭菜后让其将餐具放到盆里或桶里，拿餐巾擦干净嘴巴和小手，将用过的餐巾放在指定容器里待洗。老师帮着1~1.5岁幼儿擦嘴和手，并指导幼儿饭后用保温桶里的温开水漱口，防止幼儿用自来水漱口后将水饮下去。等最后一个幼儿吃完后，托育人员实施餐后的卫生打扫，先用清水擦干净桌面，油腻餐桌可先用洗涤剂擦一遍，再用清水擦一遍。

照护者还需要在引入新食物后密切观察婴幼儿是否有皮疹、呕吐、腹泻等不良反应，预防和及时处理食物过敏。

（七）睡眠

1. 卫生要求

儿童的年龄越小，需要的睡眠时间越多。托育机构需要为不同年龄的婴幼儿提供充足的睡眠时间，并使其养成独自入睡和良好的睡眠习惯。托育机构每天应安排1~2次睡眠，1.5岁以内的婴幼儿在每天上下午各睡眠一次。1.5岁以上的幼儿每天睡1~2次。

2. 操作要领

（1）睡前管理

夏季或冬季，照护者要调节好室温，冬天气温低于5℃时要提早使卧室升温，夏天气温超过30℃时要提早开启电扇或空调。睡觉时拉好窗帘，光线不要太暗，以免妨碍观察婴幼儿，卧室中要备2~3个痰盂。冬季室温控制在18℃~20℃为宜，夏季室温控制在26℃~27℃为宜。

为婴幼儿安排合适的睡床，一人一床、一被、一枕，婴儿不用安排枕头。用睡垫的要保证一人一垫。婴儿的睡床要有围栏。

识别婴儿困倦的信号，通过常规睡前活动，培养婴儿独自入睡；小幼儿午睡一般安排在饭后 20 分钟，午餐后安排散步 15 分钟，留 5 分钟时间上厕所，由照护者帮助脱叠外衣裤，不要用外衣裤做枕头，可把外衣裤叠好放在床脚小凳子上。检查婴幼儿身边是否有危险品，禁止在婴幼儿睡眠区域内，尤其是头部附近放置多余的毯子、被子、毛绒玩具等容易在睡眠中导致窒息的物品。对不在托育机构吃午餐但入园午睡的婴幼儿，要和家长约定好时间，统一入园午睡时间。

（2）睡中管理

帮助婴幼儿调整睡眠姿势，采用仰卧位或侧卧位入睡，脸和头不被遮盖。若个别婴幼儿有含奶嘴睡眠的习惯，可在其睡着后拿下；对于需要抱睡、摇睡的婴幼儿，注意观察其睡眠状态，尽量减少抱睡、摇睡等安抚行为；对于难以入睡的婴幼儿要多陪他一会儿，让其尽快入睡。睡通铺的园所，可以让婴幼儿头对脚、脚对头分隔睡觉，以减少呼吸道疾病的传染。

婴幼儿睡眠时，照护者应加强睡眠过程中的巡视与照护，注意观察婴幼儿睡眠时的面色、呼吸、睡姿，避免发生伤害，对睡眠中婴幼儿发生的异常情况，如发热、哮喘、剧烈咳嗽、流鼻血、腹痛、腹泻、呕吐等，要迅速通知保健老师。

（3）睡后管理

婴幼儿起床后，照护者要观察婴幼儿的精神、情绪、面色等是否异常，指导婴幼儿分清鞋子的左右，检查是否穿戴整齐，鞋带、纽扣是否系好扣好，检查床上是否异常，如是否有尿床、流鼻血的痕迹等，并及时给婴幼儿更换尿布，组织婴幼儿上厕所、洗漱。

（八）离园

1. 卫生要求

婴幼儿离园的时间较为机动，婴儿可半日接，大一点的幼儿下午 3 点到 4 点接。根据家长需求，也可晚点接。婴幼儿离园时，照护者要组织安静的活动，进行离园前婴幼儿私人物品的检查，对婴幼儿在园的情况与家长进行交流，实施离园后的卫生清洁。

2. 操作要领

婴幼儿准备离园时，检查要带回家的物品是否放好。来接的家长一定是照护者见过面的，对于陌生人来接原则上不放行，需和家长确认。

家长接婴幼儿时，照护者可简单告知家长婴幼儿的在园情况，有特殊情况的须仔细向家长交代。过了婴幼儿离园时间家长还未到的，一方面要与家长联系，另一方面派人留守、安慰婴幼儿，并及时报告领导。

全部婴幼儿都离园后，用带消毒液的拖布将地面、走廊、楼梯拖一遍。厕所先用清水冲洗一遍，然后用去污液刷一遍，做到无臭味、无黄垢。婴幼儿用的痰盂每日用水洗干净；腹泻婴幼儿用过的痰盂用消毒液浸泡 15 分钟，再用清水冲洗干净。

第二节　托育机构的卫生保健制度

问题情境

某托育园张老师被查出患有肺结核。随后在对全园师生的筛查中，共查出 28 名幼儿、4 名教职工感染了结核杆菌，其中 5 名孩子被确诊为患有肺结核，他们均与张老师存在流行病学关联。经调查，该托育园一直没有安排教职工的年度体检，张老师很早就出现了喉咙不舒服、咳嗽等症状，仍坚持给孩子上课。家长认为托育园监管失职，要求托育园对孩子被传染之事承担法律责任。

婴幼儿的免疫系统尚未发育完善、免疫力较低，是传染病的易感者。托育机构应如何避免以上事件的发生呢？

一、健康检查制度

（一）健康检查的目的

对儿童定期或不定期地进行体格检查，称为健康检查。通过系统的检查，可以了解儿童的生长发育和健康状况，尽早发现疾病或身体缺陷，以便及早采取矫治措施。健康检查是托育机构保健工作中的一项重要内容。

（二）健康检查的种类

1. 入园健康检查

婴幼儿入托育机构前应当完成适龄的预防接种，经医疗卫生机构进行健康检查合格后方可进入园所。承担婴幼儿体检的医疗卫生机构及人员应当取得相应的资格。体检内容包括测量身长（身高）、体重，检查口腔、皮肤、心肺、肝脾、脊柱、四肢等，测查视力、听力，检测血红蛋白或血常规等。患有传染病的婴幼儿不能入园。通过检查可了解婴幼儿有无过敏、惊厥、遗传病史等。体检结果 3 个月内有效。婴幼儿离开托育机构 3 个月以上，返回时须重新体检。

2. 定期体格检查

一般 1 岁以内的婴儿除了进行 42 天体检外，应每 3 个月检查 1 次，1 岁时进行一次总的健康评价；1~3 岁，每半年检查一次，3 岁时进行一次总的健康评价。托育机构须为婴幼儿进行身高（身长）、体重测量，0~1 岁每年 4 次，1~3 岁每年 2 次；进行血色素检查，0~3 岁每年 2 次；定期开展眼、耳、口腔保健及心理卫生保健。对检查出来的可矫治疾病，制订矫治计划，算出矫治率，直至痊愈。对患病婴幼儿做好专案管理，做好登记、统计工作。

3. 晨、午检

晨、午检的主要目的是防止婴幼儿将传染病及危险品（如小钉子、玻璃片等可造成创伤的小东西）带到托育机构内。检查可在婴幼儿每天入园时，由保健人员执行。检查步骤包括一问、二摸、三看、四查、五登记。

一问：通过询问家长，了解婴幼儿在家的健康状况，包括精神、食欲、睡眠、大小便情况以及有无咳嗽等症状。

二摸：通过触摸婴幼儿的前额粗略判断儿童是否发热，对可疑发热者应测量体温。

三看：观察婴幼儿的精神、脸色是否正常，有无流泪、流鼻涕、眼结膜充血等现象，注意皮肤是否有皮疹（特别注意面部、耳后、颈部）。

四查：检查婴幼儿口袋中是否有可造成创伤的小物件。

五登记：接受家长的喂药委托时，须收下药品，按药品名称、婴幼儿姓名、班级、服药时间做好记录，并请家长签字或提供就医病历。

4. 全日健康观察

托育机构全日健康观察分为班级全日观察和保健室全日健康观察两种。

保健人员晨间检查后将需要观察的名单填入班级全日观察表中，然后将全日观察表交给班上照护者。保健老师每日入班级巡视不少于 2 次。

班级全日观察由照护者结合日常护理，随时注意婴幼儿有无异常表现，重点观察精神、食欲、睡眠、体温、活动、大小便情况。遇发热的婴幼儿，上午或下午均要测量体温并及时记录，并通知家长接回，必要时及时就医。

5. 工作人员健康检查

托育机构工作人员须在上岗前到医疗机构进行健康检查，并取得托幼机构工作人员健康合格证后，方可在托育机构工作。《托儿所幼儿园卫生保健工作规范》规定凡有发热、腹泻、流感、活动性肺结核等症状或疾病者须离岗，治愈后须持县级以上人民政府卫生行政部门指定的医疗卫生机构出具的诊断证明和托幼机构工作人员健康合格证回岗，且每年应当进行一次健康检查。有犯罪、吸毒记录者，精神病患者、有精神病史者均不得在托育机构工作。食堂人员按《学校食堂与学生集体用餐卫生管理规定》执行，到指定地点体检，需具备健康证。如果托育机构工作人员患有不适宜担任教育教学等工作的疾病而未采取必要措施造成了婴幼儿伤害事故，托育机构应当依法承担相应的法律责任。

二、隔离制度

隔离制度是托育机构控制传染病传播和蔓延的一项重要措施。隔离是把传染病人与普通人分开，杜绝传染，以限制和阻断传染病的蔓延，这在传染病的管理上有极重要的意义。

隔离制度的贯彻力度直接影响疾病传播以及婴幼儿的身体健康。

（一）对患儿的隔离

发现患传染病的婴幼儿后，应迅速将其与健康婴幼儿隔离，并通知其家长。隔离应有单独的房间或隔离室。患不同传染病的病人、疑似病人应分别隔离，以免相互传染。患儿所在班要进行彻底消毒。隔离室的工作人员要固定，不串班，不与健康婴幼儿接触，不进厨房，进入隔离室要戴口罩，穿隔离衣，离开隔离室时要脱去隔离衣，并按要求仔细洗手。

（二）对接触班的隔离

对接触班的隔离是指将传染病患儿所在的班与其他班级婴幼儿隔离，直到该传染病最长潜伏期结束无新增患儿为止。对接触班的婴幼儿要进行医学观察，并采取必要的防治措施。观察他们的饮食、精神、大小便、体温等是否异常，安排好一日活动，适当增加营养，并随时将护理观察的情况告知保健医生。观察期间，接触班不收新生入园，不混班，不串班，做到分散活动，以缩小传染范围。

（三）返回机构时的隔离

如果离开托育机构 1 个月以上或到外地的婴幼儿，在返回托育机构时，保健人员应向家长询问该婴幼儿有无传染病接触史，同时，需要对该婴幼儿进行必要的健康检查。未接触传染病的婴幼儿，一般要观察 2 周；有传染病接触史的婴幼儿，应进行个人临时隔离，待检疫期满以后方可回班。

三、卫生消毒制度

在托育机构集体生活中，搞好卫生消毒是预防疾病发生以及切断传染病传播途径的一项重要措施。托育机构的环境应以清洁卫生为主，以预防性消毒为辅，应避免过度消毒及其对环境带来的不利影响。当托育机构所在地发生传染病疫情时，托育机构应加强预防性消毒工作；当托育机构内发生传染病疫情时，应按照我国《疫源地消毒总则》（GB 19193—2015）进行消毒。托育机构需要建立并严格执行卫生消毒制度，由保健人员负责消毒工作的技术指导和执行效果的检查。

（一）日常清洁制度

托育机构应当建立室内外环境卫生清扫和检查制度，每周全面检查1次并记录，为婴幼儿提供整洁、安全、舒适的环境。室内应当有防蚊、蝇、鼠、虫及防暑和防寒设备，并放置在婴幼儿接触不到的地方。应早晚通风，保持室内空气清新，采取湿式清扫方式清洁地面；每日定时打扫厕所，做到清洁通风、无异味，保持地面干燥。便器每次用后及时清洗干净；卫生洁具各班专用专放并有标记；抹布用后及时清洗干净，晾晒、干燥后存放；拖布清洗后应当晾晒或控干后存放；枕席、凉席每日用温水擦拭；被褥每月晾晒一两次；床上用品每月清洗两次。保持玩具、图书表面的清洁卫生，玩具每周至少清洗1次，图书每2周翻晒1次。婴幼儿日常生活用品应专人专用，保持清洁。集中消毒应在婴幼儿离园（所）后进行。

（二）预防性消毒制度

预防性消毒是为了预防疾病发生而施行的消毒，消毒的对象为有可能被病原体污染的物品和场所。儿童活动室、睡眠室应当经常开窗通风，保持室内空气清新。每日至少开窗通风2次，每次至少10～15分钟。在不适宜开窗通风时，每日用紫外线杀菌灯进行照射对室内空气消毒1次，每次持续照射60分钟。餐桌在每餐使用前消毒。水杯每日清洗消毒，用水杯喝豆浆、牛奶等易附着于杯壁的饮品后，应当及时清洗消毒。反复使用的餐巾每次使用后消毒。擦手毛巾每日消毒。门把手、水龙头、床围栏等婴幼儿易触摸的物体表面每日消毒。坐便器每次使用后及时冲洗，接触皮肤部位及时消毒。使用符合国家标准或规定的消毒器械和消毒剂。环境和物品的预防性消毒方法应当符合要求。

（三）托育机构常用的消毒方法

针对托育机构中不同的对象，所使用的消毒方法各有差异。托育机构常用物品及环境消毒方法如下：

1. 生活用品消毒

（1）餐具

婴幼儿用过的餐具要及时清洗，每日消毒。使用过的餐具、奶瓶、盛奶器等可采用加热和餐具消毒柜消毒。加热消毒法要求被煮物品应全部浸没在水中，时间为煮沸后 15 分钟以上；蒸汽消毒法要求被蒸物品应疏松放置，水沸后开始计算，时间为 10 分钟。使用餐具消毒柜消毒按产品说明书进行。

（2）被褥、衣物、毛巾

被褥、衣物、毛巾等纺织品用洗涤剂清洗干净后，可采用曝晒、加热和化学消毒法消毒。曝晒法：将洗干净的物品置阳光下直接照射，时间不低于 6 小时，曝晒时不得相互叠夹。加热法：煮沸消毒 15 分钟或蒸汽消毒 10 分钟。煮沸消毒时，被煮物品应全部浸没在水中；蒸汽消毒时，被蒸物品应疏松放置。化学消毒法：使用次氯酸钠类消毒剂消毒，使用浓度为有效氯 250 mg/L～400 mg/L，将织物全部浸没在消毒液中，浸泡消毒 20 分钟，消毒后用自来水冲净后晾干存放。

2. 玩教具消毒

（1）玩具

耐热的木制玩具可在开水中煮沸 10～15 分钟，塑料和橡胶玩具可在 100 mg/L～250 mg/L 有效溴或有效氯的消毒液中浸泡 10～30 分钟，怕湿怕烫的毛绒类玩具可在阳光下曝晒 4～6 小时，电动电子玩具可定期用酒精棉球擦拭触摸部位。

（2）图书

图书可采用曝晒法消毒，将图书放在阳光下翻晒，时间为 4～6 小时。

3. 卫生用具消毒

（1）脸盆

平时应保持清洁，采用化学消毒法消毒。传染病流行期，患儿使用的脸盆先用 1000 mg/L 有效氯或有效溴的消毒液浸泡 30 分钟，取出冲洗干净。

（2）便盆、坐便器

平时应保持清洁，采用化学消毒法消毒。一般可用 500 mg/L 有效溴或有效氯的消毒液浸泡 30 分钟，冲洗干净备用。传染病流行期，患儿用过的便器，以 1000 mg/L 有效溴或有效氯的消毒液浸泡 30 分钟，然后用清洁剂刷洗干净，再浸泡于 500 mg/L 有效溴或有效氯的消毒液中 30 分钟，取出冲洗干净备用。浸泡用消毒液每日更换 1 次。

（3）痰杯（盂）的消毒

公用痰盂用清水冲洗干净，浸泡于 1000 mg/L 有效溴或有效氯的消毒液中 30 分钟，冲洗干净后备用。一次性痰杯用后焚烧。

（4）抹布、拖布

抹布、拖布采用化学消毒法消毒。使用次氯酸钠类消毒剂消毒，使用浓度为有效氯 400 mg/L，浸泡消毒 20 分钟。消毒时将抹布全部浸没在消毒液中，消毒后可直接控干或晾干存放，或用生活饮用水将残留消毒液冲净后控干或晾干存放。传染病流行季节，使用后的抹布、拖布用 1000 mg/L 有效溴或有效氯的消毒液浸泡消毒 30 分钟。

4. 环境及物体表面消毒

（1）空气

婴幼儿居室在外界温度适宜、空气质量较好、保障安全性的条件下，应采取持续开窗通风的方式消毒，开窗通风每日至少 2 次，每次 10~15 分钟。在不具备开窗通风条件时，在室内无人条件下，使用悬吊式或移动式紫外线灯直接照射。采用室内悬吊式紫外线灯消毒时，将带有反射罩的紫外线杀菌灯安装于距地面 2~2.5 m 高处，灯的数量按不少于 1.5 W/m^3 计算。在灯管紫外线辐射强度符合要求的情况下，照射时间不少于 30 分钟。

（2）地面

常规保洁每天可用清水拖地，或不定期用季铵盐含量为 1000 mg/L 的消毒液或 250 mg/L 有效溴或有效氯的消毒液拖地。当地面受到病原微生物污染时，用 1000 mg/L 有效溴或有效氯的消毒液拖地或喷洒地面，作用 30 分钟。

（3）家具、门把手及墙面

家具、门把手及墙面等的消毒可用擦拭、喷洒消毒法，常用有效氯 1000 mg/L 的消毒液喷洒和擦洗处理。用布或其他擦拭物浸以消毒剂使用浓度的溶液，依次往返擦拭被消毒物品表面。喷洒消毒时，用消毒剂使用浓度的溶液直接喷洒物品表面，作用至规定时间。对家具、门把手等物体表面进行喷洒消毒时，作用至规定时间后还要用清水擦洗，去除残留消毒剂。墙面消毒一般到 1.5 m 高即可。喷雾量根据墙面结构不同，以湿润不流为标准，一般为 100 mL/m^2~300 mL/m^2。

四、卫生保健登记制度

托育机构应当建立健康档案，包括工作人员健康合格证、儿童入园（所）健康检查表、儿童健康检查表或手册、儿童转园（所）健康证明。

托育机构应当对卫生保健工作进行记录，内容包括出勤、晨午检及全日健康观察、膳食管理、卫生消毒、营养性疾病、常见病、传染病、伤害和健康教育。工作记录和健康档案应当真实、完整、字迹清晰。工作记录应当及时归档，至少保存 3 年。定期对儿童出勤、健康检查、膳食营养、常见病和传染病等进行统计分析，掌握儿童健康及营养状况。有条件的托育机构可应用计算机软件对儿童体格发育评价、膳食营养评估等卫生保健工作进行管理。

第三节　托育机构的安全制度

问题情境

2017 年 7 月 21 日，在嘉兴市区某早教机构上课的一位 27 个月大的幼儿，独自从机构里走了出来，掉进了机构旁边的一条小河里，不幸溺水身亡。记者从相关部门了解到，出事的这家早教机构是一家加盟店，有独立的法定代表人。如果你是法定代表人，你应如何避免此类悲剧的发生呢？

伤害是儿童面临的重要健康威胁。婴幼儿伤害的发生与其自身的生理和行为特点、被照护情况、环境等诸多因素有关。常见的伤害类型包括窒息、跌倒伤、烧烫伤、溺水、中毒、异物伤害、道路交通伤害等。大量证据表明，大多伤害不是意外，可以预防和控制。

一、托育机构意外事故发生的因素

（一）婴幼儿自身因素

托育机构意外事故发生的原因与婴幼儿身心发展的特点有关，其主要表现如下。

1. 运动系统发育不成熟，运动机能不完善

婴幼儿运动系统处于不断发育的过程中。婴幼儿动作协调性差，在运动过程中会出现走路或跑步不稳的现象，容易导致摔伤、磕伤和擦伤等意外伤害的发生。

2. 神经系统发育不完善，对危险因素缺乏认知

婴幼儿大脑发育不完善，认识水平较低，对外界事物缺乏准确判断和理解，更不会对事物之间的因果关系进行合理推理。主要表现为：思维是以自我为中心的，只能专注于一件事情；很难区分幻想和现实情况，行为常常是由情感来主导，而不是由逻辑来主导的；过高地估计了自己的能力，常觉得自己无所不能；视野不是很开阔，无法看到很多潜在的危险等。例如，有的孩子在玩跷跷板的过程中突然跳下；面对迎面而来的汽车常常不知道躲闪；过马路只注意一个方向的车辆而不顾另一个方向，对汽车车速的快慢缺乏正确的判断，误认为噪声小的汽车没有危险等。

3. 具有强烈的好奇心，缺乏对事物的完整认识

婴幼儿对未知的世界充满兴趣，有时还容易激动和冲动，缺乏理智和判断能力。例如，有的孩子错把彩色药片当糖豆服用，引起药物中毒；将手插入电线插孔造成触电；从高处跳下造成摔伤或骨折等。

4. 自救能力差，安全防范意识不强

婴幼儿无法每次都把学到的知识和技能应用到其他情况中，而且传统的儿童保教观是"保护"和"养育"，没有提供更多的学习和践行自我保护的机会。婴幼儿一旦遇到意外，因缺乏一定的自我保护意识、经验和能力，往往在危机中不知所措，无法正确应对。

（二）托育机构因素

1. 设施设备安全性弱

某些托育机构的房屋、场地、家具、玩教具、生活设施等未符合国家相关安全标准和规定；某些托育机构办学规模小，资金有限，造成一些较先进的安全设施，如接送记录机、录像监控设备、食堂恒温设备、食堂卫生监测设备、报警系统、身份识别系统等无法配备或配备不全；某些托育机构的大型玩具年久失修、生锈严重、铁钉外露等，从而为事故的发生埋下了重大隐患。

2. 安全管理制度不健全、执行力弱

某些托育机构安全制度不健全、不完善或执行不严格，会导致意外伤害事件频发。制度是一切活动顺利进行的重要保障。托育机构应建立健全各项安全制度，如药品管理制度、接送制度、交接班制度、房屋设备管理制度、定期全园（所）安全排查制度等。同时托育机构应当建立重大自然灾害、食物中毒、踩踏、火灾、暴力等突发事件的应急预案，如果发生重大伤害，应当立即采取有效措施，并及时向上级有关部门报告。托育机构在贯彻落实各项安全制度的过程中，应明确岗位职责，加强检查监督，最大限度地预防婴幼儿意外伤害的发生。

3. 安全教育培训不足

安全教育培训不足，会导致婴幼儿和职工安全意识淡薄，应急能力差。托育机构保教人员应定期接受预防儿童伤害相关知识和急救技能的培训，做好儿童安全工作，消除安全隐患，预防窒息、跌倒伤、烧烫伤、溺水、中毒、异物伤害、道路交通伤害等伤害的发生。同时加强对其他工作人员、儿童及监护人的安全教育和突发事件应急处理能力的培训，定期进行安全演练，普及安全知识，提高其自我保护和自救的能力。

二、托育机构的安全管理

托育机构应针对本地区 3 岁以下婴幼儿实际面临的伤害问题，建立伤害防控监控制度，制定伤害防控应急预案，开展伤害防控工作，最大限度地确保婴幼儿健康安全。重点开展以下五方面工作。

（一）健全安全制度，明确岗位职责

加强对全体人员的现有法律、相关规定要求及职业道德教育，提高安全意识，夯实"安全第一"的思想。落实安全管理的主体责任，明确岗位职责。健全细化安全防护制度，制定和落实预防窒息、跌倒伤、烧烫伤、溺水、中毒、异物伤害、道路交通伤害等 3 岁以下婴幼儿常见的伤害类型的管理细则，认真执行各项安全措施，加强检查监督，杜绝事故发生。

（二）了解安全清单，掌握安全问题

婴幼儿在成长过程中，可能会遭遇哪些常见的隐患呢？全球儿童安全组织的 0～4 岁儿童安全清单（见表 7-3-1），从儿童的角度出发，让照护者了解保护婴幼儿的正确知识。

表 7-3-1　0～4 岁儿童安全清单

0～6 个月		
你知道吗？	需要注意的安全问题	给照护者的安全提示
● 我会挥舞小手，但盖在我口鼻上的东西，我却拿不掉。 ● 我很喜欢水，可是在水中，我需要时刻保护自己。 ● 我会舔我的手指，用小手抱住奶瓶，也能伸出小手去拿自己面前的东西，然后放到嘴巴里。 ● 我头部的囟门还没有完全闭合，而且头重身轻，随时可能头朝下跌倒。	● 窒息和气道阻塞预防 ● 跌落预防 ● 烧烫伤预防 ● 溺水预防 ● 道路交通伤害预防	● 在婴儿小床上，不要放置任何塑料包装材料和有缝口的包等，如果这些东西盖住了婴儿的口鼻，可能引起婴儿窒息。 ● 为预防窒息，降低婴儿猝死综合征的发生，婴儿应该脸向上睡。千万不要让婴儿睡在任何柔软的物件上，它们可能遮盖住婴儿的口鼻。 ● 让婴儿单独睡，不要与成人一起睡。已多次发生成人的被褥盖住婴儿口鼻而导致婴儿窒息的事件。 ● 千万不要把小的物件放置在婴儿可以接触到的地方，即使一会儿也不行。如果婴儿发生气道阻塞，你要有所准备。问医生发生这种情况时，你要采取的步骤是什么？你要学会如何救助一个气道阻塞的孩子。

7～12个月		
你知道吗？	**需要注意的安全问题**	**给照护者的安全提示**
● 我能有意识地爬着去拿东西了，并会从椅子上突然站起，你可不能把我单独放在椅子上啦。 ● 我能好奇地拨弄桌上的小东西如爆米花、葡萄干等，还可能把它们放入口中。 ● 我能自己扶栏杆站起来，坐下，还有可能独立走上几步。 ● 我在水中更高兴了，还可以自己在水中玩。可是，我一旦滑入水中，自己就起不来了。	● 窒息和气道阻塞预防 ● 跌落预防 ● 烧烫伤预防 ● 溺水预防 ● 道路交通伤害预防	● 不要给孩子吃硬的食品如胡萝卜、苹果、葡萄、花生和爆米花，要把给孩子吃的食品切成薄片。 ● 在婴儿小床上，不要放置任何塑料包装材料和有缝口的包等，如果盖住了婴儿的口鼻，可能引起婴儿窒息。 ● 千万不要把小的物件放置在婴儿可以接触到的地方，即使一会儿也不行。 ● 药品和化学用品（清洁剂等）要放在高处或锁起来。记住，当婴儿探索时，他只有好奇，而不会记住你曾说过的"不"。 ● 给婴儿服用药物时，要仔细阅读说明书，或按医嘱服用。 ● 如果婴儿发生了气道阻塞，你要有所准备。问医生发生这种情况时，你要采取的步骤是什么？你要学会怎样救助一个气道阻塞的孩子。 ● 如果婴儿因为误食而中毒，应该拿上该物品，马上送医院。
1～2岁		
你知道吗？	**需要注意的安全问题**	**给照护者的安全提示**
● 我会自己走路，并喜欢练习蹦。但我的平衡能力很差，因为我的头比较重。 ● 我的皮肤很薄，一旦烫伤，对我的伤害会很大。 ● 我会去拿起任何可以拿到的东西，有毒的物品一定不能让我拿到。 ● 我会自己拿起杯子就喝，你可要让任何高温的液体远离我。	● 跌落预防 ● 烧烫伤预防 ● 溺水预防 ● 中毒预防 ● 汽车伤害预防	● 幼儿已能奔跑，所以保持家中的地面干燥，特别是盥洗室的干燥十分重要。 ● 幼儿已会爬上沙发等，因此，靠窗不要放置凳子和沙发等家具。 ● 为楼梯装上安全门。在可能使幼儿受伤的地方，随时关上门。 ● 在一楼以上的窗户上安装护栏。 ● 保证家具是牢固地靠墙而立的。带有尖角的家具可能伤害幼儿。 ● 如果幼儿有严重跌伤，或跌落后行为不正常，立即送去医院诊治。

3~4岁		
你知道吗?	需要注意的安全问题	给照护者的安全提示
● 我仍在学习平衡和攀爬,跌倒常会发生。 ● 我喜欢玩发亮的东西如火柴和打火机,但我不了解火可能带来的伤害。 ● 我呼吸的频率很快,因为我的肺很小且还在生长,气体的吸入也很快。 ● 我会尝试大孩子或大人的动作,而这些动作可能是我能力所不及的。 ● 我会到处翻东西还能旋转瓶盖,因为我对一切都很好奇。 ● 我仍需要时刻的看护。	● 割伤预防 ● 跌落预防 ● 烧烫伤预防 ● 中毒预防 ● 溺水预防 ● 汽车伤害预防	● 幼儿已能熟练地打开关闭着的房门和抽屉,任何刀具和其他工具都可能被他取出做玩具,因此,带尖头的用具和小件物品如剪刀、针、珍珠项链、笔帽等要放在上锁的抽屉中(或幼儿不易拿到之处)。 ● 在厨房做菜时,尽可能关上门,不要让幼儿进入厨房。 ● 食品加工电器,如豆浆机、榨汁机等,使用时成人不离开,成人离开时关上电源。 ● 低的桌子如茶几等,四边应为圆角,特别是玻璃桌子。 ● 为幼儿挑选玩具时,要注意玩具的边角是否锐利。 ● 可以给幼儿准备专用的儿童剪刀,以方便幼儿学习剪纸等。

（三）排查并消除隐患，提升安全水平

托育机构内的设施设备的检查、维修应经常化、常态化。应委派专人定期、不定期地检查机构内的房屋、场地、用具、玩教具、生活用品、器械等，发现问题及时维修，防患于未然。重点对婴幼儿生活环境开展窒息、跌倒伤、溺水、烧烫伤、中毒、异物伤害风险的定期排查和清除，对婴幼儿娱乐运动设备开展窒息、跌倒伤风险的定期排查和消除。

（四）规范照护流程，细化一日管理

做好晨午晚检和一日生活各环节的仔细观察，发现危险因素，及时做出果断处理。做好婴幼儿睡眠、进餐、盥洗、游戏、上下楼、出行等环节的照护与管理，关注婴幼儿服饰、玩具、电器等设备的安全和婴幼儿用药的安全。例如晨检时和户外活动归来后，防止婴幼儿随身携带小刀、石子、珠子等危险物品，一旦发现应及时收缴保存，待离园时交给家长并告知其危害；在户外活动和如厕时，应防止幼儿跌倒、滑倒，避免摔伤、跌伤和磕伤；进餐和饮水时防止烫伤；发现睡眠异常，如婴幼儿蒙头睡觉、趴睡，应予以矫正；离园时严格执行接送制度，防止婴幼儿走失。

（五）开展安全教育，加强技能培训

托育机构应配备基本的急救物资，同时工作人员应懂得一般的安全常识，包括生活安全常识、交通安全常识、防火安全常识、重大自然灾害应急知识等，重点预防窒息、跌倒伤、烧烫伤、溺水、中毒、异物伤害、道路交通伤害等3岁以下婴幼儿常见的伤害类型，同时还要注意动物伤、锐器伤、钝器伤、冻伤、触电等其他类型伤害的预防控制，开展相应的安全教育和技能培训。工作人员还应能认识和识别影响婴幼儿安全的危险物和危险行为，掌握意外伤害急救的知识和处理方法，这些需要在岗前培训、园所内的教研活动以及社会继续教育中得以学习和提高。托育机构同时还需对家长以及幼儿进行伤害预防教育和技能培训。

三、托育机构儿童安全教育

（一）树立安全意识和规则意识

托育机构工作人员应该通过多种多样的教学方式使婴幼儿学习有关生命的知识，珍爱生命；在组织婴幼儿一日生活活动时，要随时结合婴幼儿在活动中出现的问题，抓住契机，适时、及时地提醒，进行必要的、合理的安全教育，树立安全意识，强化安全行为，巩固已有的安全知识，让安全意识逐步在婴幼儿心里扎根，让安全行为逐渐成为习惯。

安全规则包括交通规则、运动和游戏安全规则等内容，如红灯停绿灯行、不玩危险物品等。在生活常规教育中，安全规则教育是非常重要的内容，婴幼儿应根据各项安全规则的要求活动，养成良好的规则意识。

（二）掌握基本的安全知识与技能

安全教育涉及的内容广泛，主要是对婴幼儿进行的安全知识与技能的教育，通常包括生活安全、交通安全、食品安全、活动安全、紧急求救的教育等方面。婴幼儿应掌握一些基本的安全知识与技能，主要包括以下几类：

1. 生活安全

了解托育机构、家庭生活中的各种安全要求，知道玩电、玩火、玩水的危害，了解水、电、火、煤（天然）气、刀具、常用药物的使用等方面的安全知识和注意事项，学习触电、起火、落水时自救的简单技能；与父母外出要紧跟父母，不接受陌生人的东西，不随便跟陌生人走，拒绝他人随便触摸自己的身体等。

2. 交通安全

学习认识交通标识，了解基本的交通规则，知道交通规则的意义和作用。如红灯、绿灯、黄灯、人行横道线，并知道这些交通标志的意义和作用；懂得基本的交通规则，如红灯停、绿灯行，过马路要走人行道等。

3. 食品安全

饮食有规律，不暴饮暴食，进食时不嬉戏打闹、专心就餐；不随便饮用或食用来路不明的食品；不吃不卫生的、变质的食物；吃带刺、骨的食物时要小心，避免被卡住等。

4. 活动安全

在托育机构内上下楼梯、出入教室时不拥挤，不嬉闹，按次序走；外出活动时不擅自离开照护者；不做危险的动作，特别要会正确地使用大型玩具、运动器械的方法。

5. 紧急求救

了解应对自然灾害（如火灾、雷击、地震、台风、洪水等）的常识，懂得及时避开危险场所，学习在遇到自然灾害时如何逃生和自救；了解防拐骗的安全知识，知道常用的求救电话和使用方法等。

（三）培养基本的自我保护能力

在进行安全教育的过程中，婴幼儿并不是被动的被保护者。照护者既要高度重视和满足婴幼儿受保护、受照顾的需要，又要尊重婴幼儿不断发展、逐渐独立的需要，在保护婴幼儿的同时，鼓励并指导他们学会生活自理、自立，增强他们的自我保护能力，包括对危险情境的判断及对意外伤害事故的原因、后果的认知和对自我保护策略的选择。

本章小结

托育机构是对婴幼儿实施照护和开展早期教育的场所，通过保教结合，对婴幼儿实施全面发展的教育，促进其身心和谐、健康发展。托育机构的保教任务的完成，依赖于合理安排的婴幼儿的一日生活活动、规范的卫生保健和安全制度。因此，我们要在充分认识婴幼儿身心发育规律的基础上，根据卫生学的原理，制定适合婴幼儿身心发育特点的托育机构的生活制度、卫生保健与安全制度，促进婴幼儿全面发展。

阅读导航

[1] 南京市卫生健康委员会.0—3岁婴幼儿托育机构实用指南 [M]. 南京：江苏凤凰教育出版社，2019.

本书是南京市卫生健康委员会牵头组织多位专家编写的专门针对国内0～3岁婴幼儿托育机构设立与业务管理的全方位的指导用书。内容分为0～3岁婴幼儿托育机构的设立与管理、0～3岁婴幼儿托育机构卫生保健、0～3岁婴幼儿发展指导三个部分，涵盖了托育机构的选址、空间设计、人员配置、课程安排、安全防范、机构管理等方面，同时提供了卫生消毒、膳食管理、疾病预防与护理、意外伤害预防与处理、婴幼儿发展指导与评估等专业知识和技能，有利于托育机构科学、规范地开展托育工作，促进0～3岁婴幼儿健康成长。

[2] 托儿所幼儿园卫生保健工作规范（2012年版）。

《托儿所幼儿园卫生保健工作规范》于2012年5月由卫生部印发，由卫生部与全国妇联、人社部联合制定。该规范分卫生保健工作职责、卫生保健工作内容与要求、新设立托幼机构招生前卫生评价、附件四个部分，是托儿所、幼儿园卫生保健工作的规范和指南。

[3]《托育机构管理规范（试行）》，2019年10月8日起施行。

为加强托育机构专业化、规范化建设，按照《国务院办公厅关于促进3岁以下婴幼儿照护服务发展的指导意见》（国办发〔2019〕15号）的要求，国家卫生健康委组织制定了《托育机构管理规范（试行）》。本规范对托育机构的备案管理、收托管理、保育管理、健康管理、人员管理、监督管理进行了详细的说明。

[4]《托育机构婴幼儿伤害预防指南（试行）》，2021年1月12日发布。

为进一步加强对托育机构的指导，提高托育机构服务质量，保障婴幼儿安全健康成长，国家卫生健康委组织编写了《托育机构婴幼儿伤害预防指南（试行）》（国卫办人口函〔2021〕19号）。《托育机构婴幼儿伤害预防指南（试行）》共分为九个部分，前七个部分分别针对窒息、跌倒伤、烧烫伤、溺水、中毒、异物伤害、道路交通伤害等3岁以下婴幼儿常见的伤害类型，为托育机构管理者和工作人员在安全管理、改善环境、加强照护等方面开展伤害预防提供技术指导。第八部分提出注意做好动物伤、锐器伤、钝器伤、冻伤、触电等其他类型伤害的预防控制。第九部分为婴幼儿伤害紧急处置提示。

学习检测

一、问答题

1. 托育机构制定生活制度的依据是什么？
2. 制定托育机构一日生活制度有哪些益处？
3. 简述托育机构晨检和全日健康观察的内容及要求。
4. 儿童健康检查的方法有哪些？
5. 简述托育机构一日生活主要环节的卫生要求。

二、案例分析

案例 1： 2016 年 6 月 25 日下午，江苏省扬州市一名 4 个月大的女童在午睡时翻身后趴着睡。半小时后家长发现女童已失去意识，立即将她送往医院抢救，但最终未能挽回她的生命。

问题： 如果你是孩子的家长，应该如何避免这种悲剧的发生？

案例 2： 2020 年 2 月，广西南宁市邕宁区蒲庙镇 1 岁 8 个月大的小林，因持续呕吐、腹泻被送到医院治疗。通过腹部 X 射线检查，医生在小林的胃里发现了两个球状异物，是一种带有磁性的钢珠玩具。经过近 1 小时的紧张手术，这两颗直径约 0.5 cm 的"磁珠"终于被取了出来，但"磁珠"附近的胃黏膜已经出现了凹陷性溃疡。不过小林已经脱离了生命危险。

问题： 如果你是孩子的家长，应该如何预防这种事件的发生？

实践体验

1. 以小组为单位，选择 3～5 家托育机构，记录托育人员一日工作流程及各环节的工作要求，分析各环节中托育人员所对应的知识和技能要求。

2. 以小组为单位，选择一家托育机构，对其活动场地、设施设备、活动环境、动植物等进行风险等级识别与评估，并做出预防性调整，形成调研报告。

第八章　特殊儿童的早期发现及干预

导言

　　特殊儿童与普通儿童一样是一个独特的群体，具有受教育权、游戏权。在托育机构中，照护者时常会接触到特殊儿童。然而现实情况是，我们对特殊儿童这个群体知之甚少，不了解他们的发展特点与照护要点。照护者不仅要掌握普通儿童的心理发展规律、年龄特点，也需要了解特殊儿童的发展需要。本章主要介绍特殊儿童的概念、分类，并对智力障碍儿童、听觉障碍儿童、视觉障碍儿童和超常儿童四种类型的特殊儿童做重点阐述，以便指导托育工作实践，促进所有婴幼儿健康发展。

学习目标

1. 了解特殊儿童的概念、分类。
2. 理解四种类型特殊儿童的概念。
3. 掌握四种类型特殊儿童的早期发现。
4. 能在实际的工作中为特殊儿童提供科学的干预措施。

知识导览

第八章　特殊儿童的早期发现及干预

第一节　特殊儿童概述
- 一、特殊儿童的概念
- 二、特殊儿童的分类

第二节　智力障碍儿童的早期发现及干预
- 一、智力障碍儿童的概念
- 二、智力障碍儿童的早期发现
- 三、智力障碍儿童的干预

第三节　听觉障碍儿童的早期发现及干预
- 一、听觉障碍儿童的概念
- 二、听觉障碍儿童的早期发现
- 三、听觉障碍儿童的干预

第四节　视觉障碍儿童的早期发现及干预
- 一、视觉障碍儿童的概念
- 二、视觉障碍儿童的早期发现
- 三、视觉障碍儿童的干预

第五节　超常儿童的早期发现及干预
- 一、超常儿童的概念
- 二、超常儿童的早期发现
- 三、超常儿童的干预

第一节　特殊儿童概述

问题情境

阳阳，3岁2个月，是某托育园最大的男孩。他不会说话，不会叫"爸爸""妈妈"，不与人眼神交流。集体教学时，他会在教室里到处走。户外活动时，他听不懂老师的指令，一个人沿着操场慢慢转圈。小朋友们愉快地去玩滑梯时，老师试图也带他上去玩，但他很害怕，哭叫着说不愿意。

你觉得阳阳是特殊儿童吗？如果你在托育机构中发现了像这样有点"特殊"的孩子，你会怎么做？

不同的学者对特殊儿童有不同的界定，不同的国家对特殊儿童的分类也有所不同。了解特殊儿童的概念和分类，有助于我们更好地对特殊儿童进行教育和照护。

一、特殊儿童的概念

特殊儿童是一个特殊的社会群体。他们由于在身体或心理上存在一些障碍，在社会生活中往往会受到不公平的待遇。他们需要得到社会的关注和支持。那么，什么是特殊儿童？

有人认为，特殊儿童是指在生理上、心理上及智能上异于普通儿童，具有特殊的教育需要的儿童。其特殊的教育需要包括：特殊的教育场所、特殊的教育方法、受过特殊教育训练的教育者和教学手段等。他们在正常教育环境下无法发挥最大潜能，必须借助特殊方法，才能获得最大的发展。有人从教育目的出发对特殊儿童进行界定，认为特殊儿童就是那些需要特殊教育和相关服务才能发挥他们全部潜能的人。[1]从上述概念可以看出，具有特殊需要的儿童即为特殊儿童。

需要澄清的是，从教育的观点看，并不是所有在身体上或心理上呈现"特殊"特质的儿童皆可称作特殊儿童。特殊儿童之所以特殊，是因为其学习需要具有特殊性。例如，一位智力低下、具有社交障碍的儿童，在学习或者生活上有特殊的需要，需要教师在教学上或者生活上给予其个别化的照顾，那么，他就是特殊儿童。因此，我们应该把特殊儿童视为"有特殊教育需要的学习者"。

---

① ［美］哈拉汉等：《特殊教育导论》（第十一版），北京，中国人民大学出版社，2010。

我国对特殊儿童从广义和狭义两个方面进行了界定。广义上的特殊儿童指的是与正常儿童在各方面存在显著差异的各类儿童，这些差异可表现在智力、感官能力、情绪和行为以及语言发展等方面，既包括发展上慢于普通儿童的儿童，也包括发展上快于普通儿童的儿童，以及轻微违法与犯罪的儿童等。狭义的特殊儿童主要指的是残疾儿童，即身心发展上存在一定缺陷的儿童，又称"缺陷儿童""障碍儿童"，包括存在智力障碍、听觉障碍、视觉障碍、情绪和行为障碍等的儿童。0～3岁特殊儿童是指在发展过程中存在着显著的个体差异或有特殊需要的婴幼儿。具体说，他们在某方面或某几个方面存在显著的个体差异，在生活适应及学习上有着特殊需要或困难。

二、特殊儿童的分类

特殊儿童是存在于社会中的人，具有人的各种属性，也具有个体之间的差异性。我们逐渐认识到了特殊儿童与普通儿童的不同，即认识到了他们的特异性。这些特异性主要是生理和心理发展上的较大差异：或者是其发展水平明显不同于多数儿童的发展水平，或者是在器官上有明显的异常。这些特异性使人们逐渐认识他们并将他们作为一个特殊的群体。

对特殊儿童的分类工作要服从于分类的目的。分类的目的主要是更好地了解每一类特殊儿童的特殊性，根据各类特殊儿童的特点对他们进行有针对性的教育或训练，帮助他们尽快融入社会，成为社会中平等的成员。

各个国家在不同时期对特殊儿童的分类不尽相同。有一些国家用法律加以规定，有一些国家则由学术界加以统一。

《美国百科全书》第九卷"教育"条目（1980年版）中"特殊儿童教育"中关于特殊儿童的定义是在智力、感官、情绪、身体、行为或表达能力上与正常情况有较大差距的儿童。根据这个定义，特殊儿童的特殊性分为：天才、智力落后、身体和感官缺陷、其他健康缺陷、言语障碍、行为异常、学习障碍。其中，身体和感官缺陷包括视觉障碍，分为盲和低视力；听觉障碍又分为聋和重听。行为异常包括行为混乱、非机体原因言语障碍。

美国学者K. E. 艾伦和L. S. 施瓦兹在《特殊儿童的早期融合教育》一书中，将特殊儿童的特殊性分为：①发展障碍，包括智力障碍、语言发展障碍和自闭症谱系障碍；②学习障碍和行为障碍，包括学习障碍、注意缺陷多动障碍、情绪与行为问题；③感官障碍，包括听觉障碍、视觉障碍；④身体障碍和健康问题，包括肢体障碍、病弱；⑤资质优异，即超常。[1]

在我国，1951 年政务院《关于改革学制的决定》仅提到"聋哑、盲目"两类特殊学校。1982 年《中华人民共和国宪法》提到"盲、聋、哑和其他有残疾的公民"。1987 年全国残疾人抽样调查规定的五类残疾是视力残疾、听力语言残疾、智力残疾、肢体残疾、精神残疾，实际在调查和统计中又增加了综合残疾（多重残疾），即有上述残疾中的两种或两种以上者。1989 年国务院转发的《关于发展特殊教育的若干意见》提到了盲、聋、智力残疾、肢体残疾、学习障碍、语言障碍、情绪障碍等类型残疾少年儿童。1990 年年底颁布的《中华人民共和国残疾人保障法》规定："残疾人包括视力残疾、听力残疾、言语残疾、肢体残疾、智力残疾、精神残疾、多重残疾及其他残疾的人。"从以上的列举中我们可以看到以下几点：①我们对残疾人（包括残疾儿童）的认识和规定是逐步完善的；②以上列举的均是狭义的特殊教育对象，即残疾儿童。我国的科学研究中也有广义的特殊教育概念。1990 年出版的《教育大辞典·第二卷》的特殊教育部分就包括了天才儿童和轻微违法与犯罪儿童的教育。

我国学者雷江华将特殊儿童分为以下四种：①生理发展障碍儿童，包括听觉障碍、视觉障碍、肢体障碍和身体病弱儿童；②智力异常儿童，包括智力超常儿童和智力落后儿童；③语言发展障碍儿童，包括构音异常、流畅度异常、发音异常、语言发展异常等类别；④广泛性发育障碍儿童，即一组发病于婴幼儿期的全面性精神发育障碍，如儿童自闭症、注意缺陷多动障碍等。[2]

本书对智力障碍儿童、听觉障碍儿童、视觉障碍儿童和超常儿童四种类型的特殊儿童做重点介绍。

第二节　智力障碍儿童的早期发现及干预

问题情境

朵朵是个早产儿，有新生儿窒息史，刚出生时体质非常弱，经常患病。2 岁时，妈妈发现她说话还不清楚，虽然会说简单的句子，但经常自言自语，和爸妈说话时所表达的句意很模糊。朵朵运动能力欠佳，刚刚能走路，但是她走路摇晃、

---

[1] ［美］K. E. 艾伦、L. S. 施瓦兹：《特殊儿童的早期融合教育》，上海，华东师范大学出版社，2005。

[2] 雷江华：《学前特殊儿童教育》，武汉，华中师范大学出版社，2008。

重心不稳，粗大动作、精细动作及手眼协调能力均不如其他同龄的孩子。去医院做检查后，医生将朵朵诊断为发育迟缓，轻度智力低下。医生建议家长带朵朵做早期干预。

面对这样的孩子，你认为在照护时应注意些什么呢？

智力障碍是由先天与后天多种因素造成的，而且这些因素可能是相互作用的。0~3岁是婴幼儿身心发展的重要时期，所以照护者应该掌握儿童身心发展的专业知识，做到及时发现异常。

一、智力障碍儿童的概念

美国智力落后协会（AAMR）在2002年把智力障碍定义为："智力障碍是在智力功能和适应行为方面存在实质性限制的一种障碍，主要表现在概念、社交和实用的适应能力方面。障碍发生在18岁以前。"这一定义将适应能力归为三个方面：概念化技能、社会技能、实践技能。①概念化技能：接受性和表达性语言、阅读和写作、金钱概念、自我引导。②社会技能：人际关系、责任、自我尊重、信任、真诚、遵守规则、遵守法律、避开危险。③实践技能：个人生活自理技能，如吃、喝、穿衣、行走和如厕；使用日常工具的活动技能，如准备食物、医药护理、使用电话、财务管理、使用交通工具、处理家务；职业技能；维持安全环境。

2006年第二次全国残疾人抽样调查将智力障碍定义为：智力显著低于一般人的水平，并伴有适应行为的障碍。由于神经系统结构、功能的障碍，此类个体活动和参与受到限制，需要环境提供全面、广泛、有限和间歇的支持。智力障碍包括：在智力发育期间（18岁之前），由各种有害因素导致的精神发育不全或智力迟滞；智力发育成熟以后，由各种有害因素导致的智力损害或智力明显衰退。

综上所述，智力障碍儿童是指智力发育低于同龄儿童的一般水平，处在生长发育期（18岁以前），且伴有明显的社会生活适应能力障碍的儿童。

二、智力障碍儿童的早期发现

早期发现就是在儿童生活的早年，或者在智力障碍发生的早期，找出那些可能导致智力障碍的因素，或者发现有智力障碍表现的儿童，这能够为早期诊断提供线索。照护者在智力障碍儿童的早期发现、鉴别中起重要作用，应有利于智力障碍儿童的早期干预、诊断及早期治疗、康复训练。

首先，照护者应了解智力障碍儿童的心理和行为特征。

在认知方面，智力损伤限制了智力障碍儿童感知觉活动的深度和广度，缺少同龄普通儿童所具有的好奇心与对外界刺激的积极性；注意力容易分散，很难将注意力持续维持在某一个特定的学习任务上，注意广度小，注意分配困难，甚至更容易将注意力放在外界的无关刺激上；记忆过程缓慢，记忆容量小，记忆持续时间短；记忆的目的性欠缺，有意记忆差；意义记忆差，机械记忆相对较好；语言发展水平明显滞后于同龄正常儿童的水平，因此，造成了智力障碍儿童在沟通与交往上存在明显的困难。

在行为特征上，智力障碍儿童智力水平比较低，理解与接受能力也较差，还伴随着粗大动作、精细动作发展迟缓，手眼协调能力欠佳，而且后天的教育与训练不足，这些都会导致他们自理能力较差；智力障碍儿童存在不同程度的社会适应能力障碍。与普通儿童相比，他们普遍存在社会性发展水平低、社会交往能力差的特点，这是由认知处理能力低、语言发展水平差、存在不正常或不适宜的行为等方面造成的。在情感方面，他们情感不稳定，高级情感发展迟缓；智力障碍儿童表现出行为问题的比例要远远高于正常儿童。

其次，照护者应做好观察与鉴别工作。

智力障碍程度不同的儿童，其个体差异较大。智力障碍严重的儿童容易被发现，但是程度轻的儿童因其外观、行为上与正常儿童差别不大，很难鉴别，从而可能延误干预与教育的最佳期。

儿童智力发展异常，一般可以从他们的外表和异常的行为表现两方面进行观察、判断。①从儿童的外表中发现。母亲是最先看到新生儿的人之一，儿童先天外表的异常会引起母亲的高度重视。例如，先天愚型的孩子生下来就有特殊的面容：舌头伸出口外，鼻梁塌，头扁平，眼角内眦褶下垂，眼距宽，眼外眦上斜，体形矮胖。先天愚型的孩子几乎都伴有中度到重度的智力低下。另外，儿童头颅的大小、形状也会引起家长的注意，成为早期发现发育迟缓儿童的线索。②从儿童异常行为表现中发现。不同年龄阶段的儿童有不同的行为表现。例如，新生儿出生后数天，便会自发地微笑，4~6周见人会微笑，3个月能笑出声，4个月能大声地笑。会笑是婴儿的一个显著特点。如果婴儿很少笑，被逗引时也没有反应，不注意别人对他说的话，不会用视觉、听觉追踪物体，表现冷漠，细心的家长就应对婴儿的这种表现产生疑问。有的婴儿已经4~5个月或9~10个月了，仍旧躺在床上不哭不闹，十分安静，从不主动去抓握玩具。过去我们认为这样的孩子"乖"、好带，其实这可能是智力发展落后的表现。另外，早期有吞咽或咀嚼困难、双眼凝视或眼球震颤、烦躁不安、尖叫等症状，都可以成为早期发现儿童发育迟缓的线索。

三、智力障碍儿童的干预

（一）接纳智力障碍儿童，保护其自尊心

智力障碍儿童在智力、认知、语言等方面存在着一定的缺陷，这使他们在生活、学习、社会交往方面面临诸多困境，如生活不能自理、情绪变化无常、行为表现反应迟钝、与人沟通困难、心理上缺乏自信等。照护者首先要做的就是接纳，努力为智力障碍儿童创设一种安全、温馨、和谐的环境，在日常生活、学习过程中与智力障碍儿童建立良好的师幼关系，怀抱着乐观的心态为他们树立榜样，让他们感受到温暖并获得自信。

（二）在一日生活中渗透教育

养育即教育。对智力障碍儿童的早期干预关键在于要让他们具备自己生活的能力。生活是最真实的"学习场域"，一日生活中有丰富的教育契机。如果照护者利用这些契机进行相应的教育，智力障碍儿童则更易于接受。比如，每天穿衣服时，引导婴幼儿自己伸胳膊，照护者同时用语言指导："宝宝，来，要穿衣服啦，我们伸伸胳膊！"当婴幼儿配合时，照护者及时反馈，给予积极强化。照护者要特别注重婴幼儿生活自理能力的培养，如进餐时，可以提供适宜的餐具，让他们学会自己用手抓东西吃，或者学习用勺子、筷子吃饭，并练习控制大小便等。照护者从提供帮助到逐渐学会"退出"，不断提高婴幼儿的生活自理能力。

（三）提供个别化、游戏化的照护

首先，注重个别化。儿童的智力障碍可分为轻度、中度、重度和极重四个等级。每个智力障碍儿童因为家庭、个人成长经历等因素的不同而表现出较大的个体差异性。在对智力障碍儿童进行了全面的、系统的评估之后，应该基于他们不同的身心发展特点、生理与心理上的不同需求，本着以人为本、实事求是的精神，制定个别化的教育、照护或训练方案，进行有针对性的、一对一的教育。其次，重视游戏化。对于婴幼儿来说，游戏即学习，学习即游戏。智力障碍儿童在学习较为复杂、抽象或者枯燥的内容时，很难保持持久的注意力。照护者可以组织不同种类的游戏，如做操、转圈圈、爬隧道、跳蹦床、玩枕头大战等运动游戏，跟婴幼儿聊天、吹泡泡、照镜子、找东西、躲猫猫等认知语言游戏，过家家、逛超市等角色扮演游戏。不同种类的游戏还可以互相交叉重叠，如吹泡泡时边唱儿歌边跳起来打泡泡，这样可以在一个游戏中促进婴幼儿动作、语言、认知、社交等多方面能力的发展。

（四）为智力障碍儿童提供沟通与交往的机会

目前我国最主要的特殊教育模式是家庭教育模式，绝大多数特殊儿童由接受过最基本训练的父母来承担其主要教育任务。这种模式较为经济，也有利于密切亲子关系，但是如果这类儿童长期生活在家庭人际交往圈里，不利于其社会适应能力的改善。因此，家长一定要帮助儿童扩展社交圈，多接触周围环境，增加他们与人、事、物接触的机会。尤其是自然环境能够给予儿童丰富的感官刺激。通过触、嗅、视、听等感官，他们会感受到花香、鸟鸣、风吹等的乐趣。大自然既可以愉悦孩子的身心，又可以发展孩子的感知觉。

第三节　听觉障碍儿童的早期发现及干预

问题情境

2008年3月2日，小宝百日。窗外爆竹声声，洋溢着春节的欢乐气氛。爸爸摇动着拨浪鼓说："小宝乖，看爸爸这里的拨浪鼓。"小宝忽闪着大眼睛，没有反应。

2009年8月17日，经医院确诊，小宝患有先天性重度听力障碍，也就是耳聋。

2011年9月30日，训练。父子俩侧着脑袋把耳朵贴在音箱上，随着节奏击扣；爸爸拿着小宝的手放在自己的喉部，一字一字地说："小，宝，乖……"小宝打出手语："爸爸，我想要说话。"

2013年7月25日，争执！新声！小宝与同伴在游戏中发生了争执，玻璃珠子撒了一地。爸爸急忙奔下楼，见小宝满脸通红地咿咿呀呀。刹那间，小宝拉住爸爸，说："爸爸……爸爸乖。"就在这一天，小宝发出了新声！

这是2013年中央电视台出品的名为《无声的世界》公益广告片段，主题是关注听障儿童。片中小演员是真实的听障儿童，片中出现的情景都是听障儿童真实生活的再现。对于片中爸爸对小宝的做法，你的评价如何？我们怎样早期发现和照护像小宝这样的听障儿童呢？

照护者应掌握必要的专业知识，力求给予听觉障碍儿童适宜的关怀。

一、听觉障碍儿童的概念

听觉障碍，也称为"听力残疾"。现今我们反对用"聋人""哑巴""聋哑人"将特殊儿童"标签化"。在称谓上我们需要关注听觉障碍儿童，因此，我们要说"这是一位听觉障碍儿童"。

2006年第二次全国残疾人抽样调查提出，听力残疾是指人由于存在双耳不同程度的永久性听力障碍，听不到或听不清周围环境声及言语声，以致影响日常生活和社会参与。听觉障碍儿童是由先天或后天因素造成的听力受损和语言、社会性发展受到限制的儿童。

很多婴幼儿在出生前或者在学会说话前就丧失了听力，失去了语言习得的机会，造成了他们既听不见又不会说话，但是他们的言语器官一般没有问题。但是随着科学技术、医疗水平和特殊教育的不断发展，这种情况会逐渐得到改善。

二、听觉障碍儿童的早期发现

造成婴幼儿听觉障碍的因素有很多，例如遗传、耳毒性药物、噪声、感染与疾病（如中耳炎）等。听力受损的程度、类型和年龄、佩戴助听器的年龄、听力补偿情况、是否伴有其他障碍等多种因素，都会对婴幼儿的认知、社会交往、语言、社会情感等发展产生不同程度的影响。照护者在发现0～3岁婴幼儿听力损伤中起到了关键作用，有利于对婴幼儿进行早期诊断、早期教育和早期训练。

首先，照护者应了解听觉障碍儿童的心理和行为特征。

感知觉方面。婴幼儿自出生起就开始通过视觉、听觉、触觉、味觉、嗅觉等多种感官途径感知周围环境。但是听力受损的婴幼儿却丧失了运用听觉器官进行社交的机会。这类婴幼儿在感知事物的过程中缺乏语言活动的参与，造成了第一信号系统与第二信号系统的脱节，进而限制了他们感知觉活动的深度和广度。但是听觉障碍儿童的视觉优势明显，他们借助触觉、嗅觉、动觉等感知并探索周围世界。

语言方面。绝大多数听觉障碍儿童都不同程度地出现了语言发展迟缓的现象。例如在口语方面，听觉障碍儿童在构音、语调上常常出现问题；学习书面语时还有措辞不当、语序颠倒、写错别字、漏字等现象。另外，听力受损对儿童语言发展产生的影响，与其出现听力损失的年龄、听力受损程度、听力补偿效果、所处的环境、接触语言的年龄及接受语言训练的持续性等因素密切相关。例如，听觉障碍发生的时间越早，语言上的缺陷就越大。

社会交往方面。多数听障儿童的社会性发展落后于同龄普通儿童。他们缺乏沟通技能，情绪不稳定。社会对听觉障碍不够接纳也是听障儿童出现社会适应问题的原因。听力受损使听障儿童在社会交往中，难以感受到对方的语音、语调的变化，由此造成一定程度的沟通障碍。沟通与交往问题又往往带给听障儿童诸多不良心理问题，如自卑、封闭、多疑、遇事退缩、胆小害羞、急躁等，这些问题都不得不引起我们的重视。

其次，照护者应做好观察与鉴别工作。

在日常生活和学习过程中，照护者一方面要保护婴幼儿的听力不受到外界环境（噪声、药物、疾病）的损害，如预防中耳炎。中耳炎是 6 岁以下儿童最常见的耳病，常常由婴幼儿呼吸道感染或者不适当地擤鼻涕等引起。如果中耳炎治疗不及时、方法不得当，可造成不同程度、不同类型的听觉障碍。另一方面，照护者要做到及时发现问题、尽早干预。例如，婴幼儿长期耳部感染、耳部流脓或鼓膜被戳破等；对声音无法做出反应；经常要求对方重复他们的话；发音不协调，尤其是对 p、h、s、f 等这类声母辨别不清；语言发展明显滞后于普通婴幼儿等，这些都是婴幼儿听力损伤的重要警告信号。

三、听觉障碍儿童的干预

（一）用爱呵护听障儿童

听障儿童由于听力受损会产生一些不良的心理问题，因此，照护者应为听障儿童创设温馨、和谐、包容、平等的氛围，引导健听儿童与听障儿童友好相处，鼓励健听儿童与他们主动交往，共同用爱呵护他们的心灵；积极帮助他们进行康复训练，使其逐渐掌握适当的表达方式，尝试用手语、口语或者体态语，与家人、同伴交往；耐心地感受他们的情感，理解他们的想法和需求，增强其主动交流的意愿，促进其社会性健康发展。

（二）积极开展听觉康复训练

针对听障儿童的训练主要有听觉训练、语言训练。听觉训练是指充分利用听障儿童的剩余听力和助听设备的作用，通过专门而系统的训练提高听障儿童的听觉能力。听觉训练旨在培养听障儿童聆听的兴趣和习惯，提高其听觉能力，以达到与人交往的目的。听觉训练的方法有：①声物配对法。将声音与物体结合起来，如出现小狗的实物或图片时，发出"汪汪"的声音，将声音与狗相对应。②声音辨别法。如发出"咩咩"的声音，请听障儿童辨别"这是哪一种动物的叫声"。③听动协调法。听觉与动作相结合进行训练。如照护者与婴幼儿边发出"喵喵"的叫声，手部边做出小花猫的动作。此外，照护者还可引导听障儿童有意识地感知自然界、生活中丰富多彩的声音，逐渐分辨不同的声音，以及学会注意倾听自己的声音。语言训练旨在帮助听障儿童建立语音意识，训练正确发音，逐步掌握词汇，最终能够在交往过程中发展语言能力。照护者应为听障儿童创设一个良好的语言环境，引导其想说、敢说、喜欢说，逐步增强他们的自信心和对自身的认可。

（三）注重生活化、游戏化

婴幼儿的年龄特点、思维方式决定了他们的学习是以直接经验为基础，在游戏和日常生活中进行的。因此，照护者应珍视生活和游戏的独特价值。在日常生活中，照护者应每天多与听障儿童说话、交流，引导他们有意识地倾听并辨别环境中的声音，耐心地帮助他们纠正发音，给他们示范正确的发音口型，在这种真实的语言情境中逐步提升他们的语言能力、交往水平。此外，照护者应尽量采用婴幼儿喜欢的游戏强化训练，如角色游戏、语言游戏、表演游戏等。

第四节　视觉障碍儿童的早期发现及干预

问题情境

琪琪，一个3岁的小女孩，独生女，先天性视觉神经发育不良，全盲，无家族遗传史；性格胆怯，依赖大人，不愿意独立行走。因为父母平时工作忙，保姆主要负责照顾琪琪的生活起居。保姆害怕因琪琪走路摔倒而担负责任，很少给琪琪提供独立行走的机会。2岁之前琪琪能够独立在家行走。但是有一次因为保姆在家做事没有照顾好她，琪琪自己走路撞到了。从那以后，她就很害怕走路，心理上产生了对走路的恐惧感。

对于保姆因为怕承担而减少琪琪行走机会的行为，你如何评价？应该怎样照护像琪琪这种有视觉障碍的儿童？

视觉障碍儿童在心理和行为上都会有一些特征。照护者应掌握必要的专业知识，做到及早发现、及时干预，从而帮助视觉障碍儿童更好地适应社会生活。

一、视觉障碍儿童的概念

视觉障碍即视力残疾，指由于各种因素导致个体双眼视力低下并且不能矫正或视野缩小，以致影响其日常生活和社会参与。视觉障碍包括盲与低视力两类。盲狭义上是指视力丧失到全无光感，广义上是指双眼失去辨析周围环境的能力；低视力是指个体能利用剩余视力接受教育及进行工作和生活的能力。

二、视觉障碍儿童的早期发现

视觉作为儿童重要的感觉，一旦受到损伤，将会对儿童的感知觉、注意、语言、社会交往等方面产生很多消极的影响，进而还会影响儿童的心理健康。照护者若能在婴幼儿视觉障碍的早期发现中发挥关键作用，将有利于对婴幼儿进行早期教育、早期训练。

视觉障碍儿童的心理和行为特征如下。

认知方面。视觉障碍儿童虽然可以通过听觉、触觉、嗅觉、味觉等进行视觉补偿，但是与普通儿童相比，他们空间知觉的准确性不高，尤其是在对距离的准确知觉和深度知觉方面；视觉障碍儿童探索周围世界时，在听觉、触觉、嗅觉、味觉等的注意上存在一定的优势；他们的记忆以机械记忆为主，有较强的听觉记忆；因无法通过视觉获得对事物的直接感知，想象、思维等发展受限。

语言方面。视觉障碍儿童能够较好地模仿语言的语音、语调，只是对于一些复杂的发音，还需要加强训练；与普通儿童相比，视觉障碍儿童在说话时缺少体态语的辅助，语言表达过程中还会存在用词不当的现象，这些都会影响其思维的发展。

社会适应方面。在人际交往中，视觉障碍儿童无法通过视觉获得他人的非言语信息，如表情、手势和肢体语言等，势必影响对对方想法的全面理解，从而导致他们交往技能欠缺，人际关系稳定性差。与普通儿童相比，他们也较容易出现消沉、颓废、灰心和焦虑不安等消极情绪，容易产生自卑感，不愿意主动参与社交活动，社交圈狭窄，从而影响了其心理的健康发展。

在婴幼儿视觉障碍的早期发现中，照护者起着重要作用。在日常生活和学习过程中，照护者可以通过观察婴幼儿的行为、外部表情和语言，来判断他们是否出现了视觉障碍。先天性全盲比较容易被发现，例如，照护者会发现婴儿看不到他人或自己手里握着的玩具，通常这一类孩子可以在出生后的一年之内确诊。但是有部分婴幼儿只有剩余视力，则需要照护者细心观察，否则很容易被忽视。

视觉障碍儿童在行为上往往会表现出以下特征[1]：①目光呆滞，表情呆板；②走路时盲目躲闪，或蹒跚不稳；③无法看清物体、图画的颜色或细节；④害怕有光的物体；⑤常斜眼阅读或看物体；⑥看东西时上身前倾、颈部前伸；⑦看细小物体时揉眼、皱眉、眯眼、眨眼或出现焦急状；⑧阅读书籍过远或过近；⑨阅读时找不到句子、页码，或跳行、跳字；⑩书写不整齐，字句常超出格子；⑪看书时间不长，否则会出现恶心、头晕、呕吐的症状。若孩子出现以上症状，照护者应及时带孩子去医院就诊，做到早发现、早干预。

---

[1]　雷江华：《学前特殊儿童教育》，武汉，华中师范大学出版社，2008。

三、视觉障碍儿童的干预

（一）充分发挥家庭教育的作用

家庭是视觉障碍儿童生活的重要场所。父母是视觉障碍儿童最亲近的人，与他们接触的时间较多。家长对儿童视力缺陷的态度与家长的教养方式，都会影响他们的心理健康。很多视觉障碍儿童的家长却没有意识到这一点，他们往往"以护代培"，忽视了对孩子独立自主能力的培养，在家庭中对孩子百依百顺、过度代劳。还有些家庭则相反，他们对视觉障碍儿童漠不关心，甚至逃避对孩子的教育责任，严重者还会打骂孩子，对孩子的身心造成了负面影响。

视觉受损使得视觉障碍儿童比普通儿童更需要父母悉心照料。视觉障碍儿童早期干预开始得越早，他们的身体、智力、社会性等就会越接近普通同龄儿童。首先，家长应该为孩子营造温馨、安全的心理环境，接纳孩子的生理缺陷，使其逐渐接纳自己。其次，家长要采用科学的教养方式，既不自暴自弃、放任不管，也不过分宠爱、事事代劳。大多数视觉障碍儿童都通过父母的教育训练，逐渐掌握了基本的生活技能、认知能力、交往技巧等，为其更好地生活、学习奠定了良好的基础。

（二）积极开展感官训练

感官训练是指对视觉障碍儿童的听觉、触觉、嗅觉、味觉及剩余视觉等感官功能进行有计划的干预训练，以使其他感官更好地代偿视觉的缺失，使视觉障碍儿童能够客观地认识世界、学习各种技能、适应社会生活。[①]一方面，科学开展剩余视觉训练。照护者应在了解视觉障碍儿童的视觉状况之后，选择适宜的材料或玩具，循序渐进地进行用眼训练，如从最开始的对光亮产生注意，到注意周围环境中的事物。照护者在视觉训练过程中要注重引导他们用语言表达，并有意识地结合触觉等其他感官。另一方面，多种感官协同作用。视觉障碍儿童通过听觉学习语言、开展社交，利用触觉感知事物的特性、获得经验。可以说，听觉、触觉成为视觉障碍儿童感知世界的重要手段。照护者要充分借助听觉、触觉、嗅觉、味觉等其他感觉，发展视觉障碍儿童的感知能力。如帮助视觉障碍儿童认识苹果时，可以提供苹果实物，让他摸一摸，感受苹果的形状；也可以让他闻一闻，体会苹果的香味；再让他尝一尝苹果的味道。在与儿童互动过程中，照护者同时给予语言的引导，"这是红红的苹果，你摸起来感觉怎么样？"激发视觉障碍儿童用

---

① 王萍：《学前特殊儿童教育》，北京，清华大学出版社，2019。

语言表达自己对事物的认知。

（三）锻炼定向行走能力

照护者除了要尽早培养视觉障碍儿童的生活自理能力，还应锻炼其定向行走能力。定向是指视觉障碍儿童运用多种感官确定自己在一定环境中与环境及其他物体之间的相互位置关系的过程，而行走是从一地移动至另一地的能力。定向是行走的前提，行走前和行走过程中个体都需要根据环境中的各种信息不断地定向。视觉障碍儿童由于看不清或看不见，活动范围受限。如果照护者不尽早引导婴幼儿学会独立行走，势必会影响婴幼儿早期运动的发展和对世界的探索，从而影响其认知能力、社会性的发展。对于年龄小、能力差的婴幼儿，照护者应为他选择合适的助行工具，如玩具推车、儿童盲杖等。视觉障碍儿童可以先在房间内和小区域内活动，摸着墙壁和家具行走。行走范围遵循从内到外、从近到远的原则逐步扩大。在婴幼儿外出的过程中，鼓励他调动视觉以外的感官去自主感受周围环境，逐渐建立空间概念、环境概念。定向行走训练是一个循序渐进的过程，需要照护者与婴幼儿共同努力。

第五节　超常儿童的早期发现及干预

问题情境

华裔数学家陶哲轩在幼年时期便展现出数学天分。陶哲轩2岁时，父母就发现了他在数学方面早慧。于是，他3.5岁时被送进一所私立小学。然而，尽管智力明显超常，但他却不懂得如何与比自己大两岁的孩子相处。几星期后，父母明智地将小哲轩送回了幼儿园。在幼儿园的一年半时间里，由母亲指导，他自学了几乎全部的小学数学课程。其间，父母开始阅读天才教育方面的书籍，并且加入了一个天才儿童协会。陶哲轩也因此结识了其他的天才儿童。陶哲轩5岁时，父母决定将他送到一所公立学校。因为这所小学的校长向他们承诺可以为陶哲轩提供灵活的教育方案。一入学，陶哲轩就进了二年级，但他的数学课则在五年级上。在浓厚兴趣的驱使下，7岁的陶哲轩开始自学微积分。校长在征得他父母的同意后，主动说服了附近一所中学的校长，让陶哲轩每天去该校听中学数学课。不久，陶哲轩出了自己的第一本书。

有的超常儿童在幼年就会显露出他在某些领域早慧。照护者如何做到及早发现超常儿童，又该如何创设适宜的条件支持他们的发展呢？

超常儿童在心理和行为上都会表现出一些特征。照护者应掌握必要的专业知识，做到及早发现，通过科学的照护，帮助超常儿童充分挖掘其潜能，使其身心得到全面发展。

一、超常儿童的概念

超常儿童，又称为"高天资儿童"或"天赋优异儿童"，是智力（才能）、创造力及良好非智力个性特征相互作用而形成的统一体，具体包含三个方面的深层意义。[①]首先，超常儿童的本质属性仍然是儿童，他们只是儿童中智慧才能较突出的部分，与常态（普通）儿童之间仍有很多共性，没有不可逾越的鸿沟。其次，超常儿童虽然具有较好的遗传因素，但是同时他也受到后天教育与环境的影响。我们不仅仅从智力水平这个单一的角度去衡量超常儿童，也强调其创造力和非智力个性特征。最后，超常儿童的超常智力虽较为稳定，但也并非固定不变的。他们的智力有可能不断增长，也可能停滞或倒退。这与后天的教育环境、教育条件、超常儿童本身的个性特点或主观努力等多种因素紧密相关。

二、超常儿童的早期发现

超常儿童是客观存在的。有些超常儿童既有较高的智力水平，又有某一方面的特殊才能，如在数学、科学、艺术、运动等方面。也有一类超常儿童智力很高，但是在学业上表现并不突出，还会存在某种缺陷或障碍，如视觉障碍、听觉障碍、阅读障碍等。由于超常儿童的表现形式多样，很多儿童在幼时不容易被发现，甚至因为某些障碍或行为表现，被教师或同伴视为"问题儿童"。超常儿童是可遇不可求的，需要照护者多细心观察。我们可以通过以下这些特点来识别超常儿童。[②]

（一）感知觉敏锐，观察力强

感知观察能力是对客观事物进行迅速而灵敏的获知和辨识的能力，是精细地感知事物的特征、辨别相似事物和发现新异事物的能力。首先，超常儿童具有较强的感知能力。这种能力主要依靠感觉器官的直接获知。比如，听觉、视觉、触觉等感觉灵敏。其次，超常儿童具有敏锐的观察力。他们善于区分事物的异同，如不同动物的形状、叫声、动作等。同时他们的观察是有目的、有条理的，能抓住观察对象的主要特点，能够从环境中获取最有效的信息。

---

① 查子秀：《超常儿童心理学》，北京，人民教育出版社，2006。
② 查子秀：《超常儿童心理学》，北京，人民教育出版社，2006。

（二）注意力集中，记忆力较强

注意力和记忆力是智力品质中的重要因素。注意力是能够较长时间观察事物和学习知识的品质。这是人获取知识、组织和维持智力活动的必要条件。记忆力则是识记、保持、再认和重现客观事物所反映的内容和主观体验的能力。超常儿童的注意力能高度集中于感兴趣的事情上，如阅读、绘画、游戏或是观察某个小动物的活动等，而且超常儿童记忆力强、记忆快、记忆保持时间长。

（三）思维敏捷，有创造力

思维是人类所具有的高级认识活动，是人对新输入信息与脑内储存知识经验进行一系列复杂的心智操作的过程，包括分析、综合、比较、分类、判断、概括等心理活动。许多超常儿童在日常生活和学习中思维敏捷，概括能力强，善于抓住事物、图形或数量之间的本质关系或主要特征并进行推理，且思维的逻辑性较强，能够有策略、创造性地解决问题。创造力是定义超常儿童的核心，超常儿童的创造力水平整体上明显高于普通儿童，但不同超常儿童个体之间的创造力存在较大差异。

（四）兴趣浓厚，求知欲强

兴趣和求知欲是学习的动力，也是影响智力品质的重要因素。超常儿童很小就表现出强烈的好奇心。他们好学好问，常爱打破砂锅问到底，喜欢摆弄东西，拆开玩具或用具，探索其中的奥秘。有些超常儿童兴趣广泛，对任何新异事物都有探索的兴趣和求知的欲望。有些超常儿童则兴趣单一，仅对自己感兴趣的某一方面或几方面的知识有求知欲，如数学、绘画、语言或者大自然等。不管兴趣广泛还是兴趣单一，浓厚的学习兴趣和强烈的求知欲都不断激发着超常儿童潜能的发展。

每个超常儿童都具有某一种或几种特点，形成了自己的特色。有些超常儿童在某一领域可以是天才，但是在其他领域却表现平平。正因为此，超常儿童之间的表现是多元化的。除了以上心理特征，我们还应该关注超常儿童的个性品质，如专心致志、不怕困难、持之以恒、进取心强等。

三、超常儿童的干预

（一）重视早期教育

很多超常儿童在婴幼儿早期就会表现出一定的特征，如异于常人的识字与阅读能力、计算能力，或者艺术天赋等。照护者是超常儿童的重要他人，应该掌握必要的儿童心理发展规律，把握超常儿童的发展特点，密切关注其早期成长，以便及早发现超常儿童与普通儿童的不同之处。照护者不仅要善于发现超常儿童，更要对他们多加爱护和珍惜。他们的健康成长离不开照护者的精心教育与培养。我们要为超常儿童创设一个温馨、宽松的环境，使他们的各种才能有充分发展的机会，因为良好的早期教育对超常儿童的成长起到了关键作用。天才数学家陶哲轩后来取得了如此高的成就，就离不开家庭对其进行的早期教育。

（二）针对个体差异，提供个别化的教育

第一，超常儿童首先是儿童，他们既有一般儿童具有的特征，如好奇、好动、好问，喜欢探索周围环境等，也有自己的独特性，如他们在认知、语言、意志品质或社会适应等多方面都异于普通儿童。第二，不同类型的超常儿童之间也存在很大的个体差异。有的超常儿童是创造型、艺术型的，有的则是领导型或运动型的。这些类型的超常儿童都具有自己的独特之处。第三，超常儿童自身存在着身心发展不平衡的现象。有学者称此为"不同步发展综合征"[1]，主要表现有智力的不同方面发展不同步（如感知觉、记忆、思维等方面），智力和情感发展不同步，儿童行为与社会要求不同步等。因此，照护者应该遵循他们的个体差异，为其提供个别化的教育，鼓励他们用自己的方式大胆探究，激发学习兴趣。

（三）注重培养良好的个性品质

有的超常儿童在婴幼儿时期就会表现出异于同龄伙伴的能力或天赋，经常获得周围人的赞赏与肯定。但也有超常儿童由于较难适应常规的托育机构课程，被照护者误认为是"问题儿童"，再加上其身心存在发展不平衡的现象，这些都容易导致超常儿童在社会交往、情绪情感方面面临一定的困境，如孤僻、不合群、不主动与人交往。超常儿童良好的发展状态离不开其不怕困难、持之以恒等良好个性品质。照护者应该对他们抱有合理的期望，既细心呵护又不过度包办代替，既发展其潜能，又注重培养其个性品质，在婴幼儿期为他们身心健康发展打下良好的基础。

本章小结

特殊儿童的分类有很多。托育工作者应该掌握不同类型特殊儿童的早期发现与照护要点，在教育实践中善于发现、注意鉴别，与家庭密切合作，共同为特殊

---

[1] 查子秀：《超常儿童心理学》，北京，人民教育出版社，2006。

儿童提供适宜的保教，以促进特殊儿童健康发展。

阅读导航

［1］刘建梅，赵凤兰. 特殊儿童早期训练与指导［M］. 上海：复旦大学出版社，2013.

针对特殊儿童，我们需要秉持"早发现、早诊断、早康复"的教育理念，将基础理论与实践技能相结合，以满足特殊儿童早期教育与康复的需要。本书主要介绍了特殊儿童早期训练与指导的相关理论，全纳教育，各类特殊儿童的概念，障碍的分类、心理和行为特征、诊断与鉴别，早期训练与指导及家庭与社区康复等相关知识，早期训练的常用方法等。

［2］朱楠. 特殊儿童发展与学习［M］. 武汉：武汉大学出版社，2016.

本书既介绍了特殊儿童发展与学习概述，也针对各类特殊儿童的发展与学习进行了系统、翔实的论述，涉及发展障碍、学习障碍和行为障碍、感官障碍、身体障碍和健康问题、天赋优异儿童。除了学习本教材有关特殊儿童早期干预的基本内容，我们还可以通过此书，拓宽知识面。

［3］王萍. 学前特殊儿童教育［M］. 北京：清华大学出版社，2019.

本书具体阐述了学前特殊教育的理论基础和发展概况，并分别对视觉障碍、听觉障碍、语言障碍、智力超常与低常等类型的特殊儿童的表现进行了分析与归因，同时也对有效训练进行了阐述。本书既有知识深度，又有实用性，也通俗易懂。每章内容之后有思考与练习，能让读者学以致用，并进行创造性学习。

学习检测

一、问答题

1. 什么是特殊儿童？特殊儿童的分类有哪些？

2. 假设你班上有智力障碍儿童，结合所学知识，你如何为他／她提供帮助？

3. 华裔数学家陶哲轩的案例，给你的启发是什么？

二、案例分析

案例1：这是一个真实的故事——《5岁聋儿：我想对妈妈说》。"我的世界很安静，没有一点声音。妈妈说我1岁时就会叫爸爸妈妈了，我特别爱笑，听到音乐就手舞足蹈。妈妈说3年前，我发高烧，用药不当后，我的听力越来越弱。我知道声音都在我耳边，我很努力听，不过就是听不到！妈妈，我怕！我不敢跟其他小朋友一起玩，只能远远看着。有时候我会大发脾气，摔东西。妈妈，不是我不乖，只是想对你说话，但急得说不出来！是我把妈妈气哭了，但妈妈却跟我说对不起！我想跟妈妈说：妈妈，不哭，妈妈笑！"因为用药不当，我国每年约有30000名儿童陷入无声的世界。（来自《药物性耳聋公益宣传片》）

　　问题：请结合案例和所学知识，谈一谈如何给听觉障碍儿童创设良好的环境。

　　案例2：英国男童迈克3岁时智商高达145，可以用英语、法语、西班牙语、俄语及日语五国语言从1数到10，阅读及书写年龄已经达到8岁水平。平时除了喜欢看书，他对算数也十分有兴趣。迈克因为具有高智商提前就读了小学。

　　问题：请结合所学知识，谈谈应该如何发现和对待超常儿童。

实践体验

　　在你见实习的托育园或当地特殊学校做一次特殊儿童调查，并撰写调查报告。报告中说明特殊儿童的类型、导致障碍的原因、特殊儿童的心理和行为特征，以及照护者采取的干预措施。

参考文献

1. 康松玲. 学前儿童卫生保健［M］. 上海：华中师范大学出版社，2013.

2. 王雁. 学前儿童卫生与保健［M］. 北京：人民教育出版社，2018.

3. 万钫. 学前卫生学［M］. 北京：北京师范大学出版社，2006.

4. 郦燕君，方卫飞. 学前儿童卫生保健［M］. 北京：高等教育出版社，2019.

5. 南京市卫生健康委员会. 0—3岁婴幼儿托育机构实用指南［M］. 南京：江苏凤凰教育出版社，2019.

6. 金扣干，文春玉. 0~3岁婴幼儿保育［M］. 上海：复旦大学出版社，2012.

7. 张兰香，潘秀萍. 学前儿童卫生与保健［M］. 北京：北京师范大学出版社，2011.

8. 谢源，杜晓鸣，汤杰. 学前儿童卫生与保健［M］. 长沙：湖南师范大学出版社，2019.

9. 人力资源和社会保障部中国就业培训技术指导中心. 育婴员［M］. 北京：海洋出版社，2019.

10. 北京市教育委员会. 0~3岁儿童早期教育指南［M］. 北京：北京师范大学出版社，2010.

11. 朱家雄. 学前儿童卫生与保育［M］. 北京：北京出版社，2017.

12. 颜爱华，罗群. 0~3婴儿护理与急救［M］. 北京：科学出版社，2015.

13. 孟亭含. 婴幼儿卫生与保健［M］. 上海：同济大学出版社，2016.

14. 刘定梅. 营养学基础（第三版）［M］. 北京：科学出版社，2016.

15. 崔焱. 儿科护理学（第5版）［M］. 北京：人民卫生出版社，2012.

16. 张玉兰，王玉香. 儿科护理学（第4版）［M］. 北京：人民卫生出版社，2018.

17. 李小萍. 基础护理学（第2版）［M］. 北京：人民卫生出版社，2006.

18. 张波，桂莉. 急危重症护理学（第3版）［M］. 北京：人民卫生出版社，2012.

19. 张兰香. 学前儿童卫生与保健：学习指导与能力训练［M］. 北京：北京师范大学出版社，2015.

20. 尤黎明，吴瑛. 内科护理学（第5版）［M］. 北京：人民卫生出版社，2012.

21. 丁文龙，刘学政. 系统解剖学［M］. 北京：人民卫生出版社，2018.

22. 王波，王珊. 婴幼儿保育基础教程［M］. 北京：中国财富出版社，2016.

23. 刘丽云. 0～3岁儿童教养［M］. 上海：复旦大学出版社，2014.

24. 张劲松. 学前儿童心理健康指导［M］. 上海：复旦大学出版社，2013.

25. 刘建梅，赵凤兰. 特殊儿童早期训练与指导［M］. 上海：复旦大学出版社，2013.

26. 朱楠. 特殊儿童发展与学习［M］. 武汉：武汉大学出版社，2016.

27. 王萍. 学前特殊儿童教育［M］. 北京：清华大学出版社，2019.

28. 陆颖. 学前儿童人体解剖生理［M］. 西安：陕西师范大学出版总社，2019.

29. 济南阳光大姐服务有限公司. 母婴护理职业技能实训手册［M］. 北京：高等教育出版社，2020.

30. 施春梅，周嫣. 3岁前儿童口腔常见疾病及其防治［J］. 医学文选，2006，25（3）：532-534.

31. 蔡一飙，吴一峰，赵凤敏. 宁波市江北区2008—2012年婴幼儿报告传染病疾病谱分析［J］. 现代实用医学，2014，26（11）：1347-1349.

32. 皮玉洁，刘济华，陈文英. 2085名婴儿身高体重及常见疾病的动态观察［J］. 预防医学文献信息，2003，9（3）：366.

33. 吴怡，程蔚蔚. 我国出生缺陷防治体系的长足发展及技术进展［J］. 中国计划生育和妇产科，2019，11（9）：4-6.

34. 孙宏英. 新生儿脐带脱落时间的调查和护理体会［J］. 中国伤残医学，2014，22（5）：240-241.

35. 董晓秋. 预防出生缺陷建设健康中国［J］. 中华医学信息导报，2019，34（17）：15.

36. 叶云，张艳珍. 远离出生缺陷　拥抱健康宝宝［J］. 健康博览，2019（9）：4-8.

37. 李巧玲，李孟荣. 儿童食物过敏的诊断和治疗［J］. 国际儿科学杂志，2013，40（6）：568-571.

视频资源索引